（第2版）

THE PRACTICAL VACUUM TUBE AMPLIFIER HANDBOOK

电子管声频放大器实用手册

设计·装配·调试

唐道济 著

U0383093

人民邮电出版社

北京

图书在版编目（CIP）数据

电子管声频放大器实用手册 / 唐道济著. — 2版
. — 北京：人民邮电出版社，2018.1（2023.5重印）
ISBN 978-7-115-46141-4

Ⅰ. ①电… Ⅱ. ①唐… Ⅲ. ①电子管－音频放大器－
手册 Ⅳ. ①TN722.1-62

中国版本图书馆CIP数据核字(2017)第169489号

内 容 提 要

本书主要介绍音响领域的电子管应用，从电子管原理、结构、特性谈起，内容包括电子
管的正确使用，电子管在音频放大中的各种应用，电子管的替换以及电子管声频放大器的装
配、调试、检修等原理和有关计算。本书内容深入浅出，切合实际，音频领域应用电子管所
必须了解的知识以及易被忽略的问题，都有较详细的叙述。书中还列出了大量适于实际应用
的数据、实物图片以及典型电路。

本书适合电子管音响爱好者及有关专业人士阅读参考。

◆ 著　　　　唐道济
　　责任编辑　房　桦
　　执行编辑　买晓然
　　责任印制　周昇亮

◆ 人民邮电出版社出版发行　　北京市丰台区成寿寺路 11 号
　　邮编　100164　　电子邮件　315@ptpress.com.cn
　　网址　http://www.ptpress.com.cn
　　北京七彩京通数码快印有限公司印刷

◆ 开本：700×1000　1/16
　　印张：18.75　　　　　　　　　2018 年 1 月第 2 版
　　字数：368 千字　　　　　　　2023 年 5 月北京第 14 次印刷

定价：89.00 元

读者服务热线：(010)81055493　印装质量热线：(010)81055316
反盗版热线：(010)81055315
广告经营许可证：京东市监广登字20170147号

序

《电子管声频放大器实用手册》是唐道济老师为普及电子管应用技术而奉献给广大音响爱好者的又一佳作。该书实用价值大、文字结构严谨，学术品位高，对电路的原理分析、应用、调试、检测都有着不可取代的作用。

唐道济老师学识渊博，有着雄厚的电子、电声技术理论基础。在多年的实践操作探求过程中，注重理论与实践的结合，有着丰富的实践经验。他为人随和，平易近人，和蔼可亲。多年来他为众多企业解决各类电子、电声方面的技术疑难问题，从不计报酬；他对求学者总是循循善诱，充满着爱护之情。唐道济老师为人师表、助人为乐的精神令人尊敬。

唐道济老师自小爱好广泛，喜欢戏曲、音乐、美术、文学、机械结构、电气、电子技术。良好的教育使他从小就显示出极强的求知欲和勤奋执着的秉性。他至今仍有坚持读书、做笔记的良好习惯。他酷爱电子、电声技术，20世纪70年代就开始从事电声及电子产品的研究和开发工作，为普及我国的音响技术做了大量的工作；20世纪90年代参与当时的国家劳动部有关专业的国家标准及规范的制订；1995年、1996年先后担任国家音响技术相关标准专家组的主审工作。唐道济老师对学术孜孜不倦、锲而不舍的精神更是大家的榜样。

唐道济老师有着十分扎实的理论基础知识，更有着丰富的实践经验。凭着对电子、电声技术的钟爱，20世纪80年代以来他先后出版了10本电子、电声方面的专著，成了广大音响爱好者的良师益友。

李克俭

代序 古典电子管技术的稀世汇整

自工业革命以来，科学突飞猛进，大部分的科技产品每隔一段时间，便会被新的材料、新的原理、新的形式所取代。200多年来，人类的生活，便是在这样的反复演进之中逐步提升，达到今日人人皆如顺风耳、千里眼的境界。

可是，在科技的日新月异之下，电子管的声频放大技术，却是不动如山，纵使半导体的应用日益壮大，也依然能够生生不息，循着历史的轨迹，香火延续至今，非但不轻言创新，反而充满了老酒陈香的文化，与科技快速更迭的步调背道而驰。

这样的现象，说明了电子管放大器有其独特的魅力，特别是在音响的应用上，有其不可取代的地位。此乃因电子管虽为早期的电子科技，却是经过千锤百炼，累聚万千人耳鉴赏的考验，故能源远流长。

故电子管在声频上的应用，已发展成为一门专有之学问，与一般科学的相异之处在于特别重视仿古、复古，甚至于"考古"。究其原因，乃在于若要深入理解电子管之奥妙，常需纵贯古今，遍阅散见各处之资料文献，方能登其堂奥。特别是电子管的电路形式，与其生成谐波之形态，对音质、音色皆有举足轻重之影响，尤其后者常能赋予悦耳之听感，故能受人喜爱，历久不衰。这一特色犹如许多美食流传千年而仍受赞赏，不会因时间的流逝而改变。

因此之故，唐道济老师的这本《电子管声频放大器实用手册》便显得格外珍贵，此书之内涵，就如其另一本著述《Hi-Fi 音响入门指南》，深入浅出，广征博引，巨细靡遗，一路引领读者由基础开始，循序进入如何识管、选管、换管之境界。更难能可贵之处，本书将各类知识分辑整理，并辅以图片，以供辨识，让电子管爱好者得以如拥有实物般参考，亦有助于分辨真伪。

故就当前之声频电子管工具书而言，不论海内外中外文版本，这本由唐道济老师精心编撰的实用手册，堪称是搜罗广阔，汇整了电子管爱好者亟欲追求之知识，即或是道行深入之专业人士，亦能够开卷有益，作为案头之重要参考文献，本书之用大矣！

中国台湾《高传真视听》杂志社　总编辑

蒲鸿庆

前言

电子管发明迄今已逾百年，这个古老的器件，虽已从电子技术主舞台淡出，不再为大家熟悉，但在音响领域却保有一席之地，而且长盛不衰。声频放大器处理的是声音，声音有个音质问题，不容易掌握，所以声频放大器才有其特有的电路技术。而且音响技术属于实验科学范畴，在设计时需要经验的融入。此外，在设计声频电路时，有必要把听觉因素考虑进去，并设法使它不受信号源和负载的影响。

鉴于电子管放大器历经衰落再东山再起，存在低谷期，致使现今有些设计人员，未能承袭昔日电子管电路之设计精髓，出现技术断层，在电子管应用上存在一些误区，甚至错误，导致某些产品性能欠佳，电子管过早夭折损坏。

现在有关电子管放大器的基础设计资料很少，笔者从事电子产品开发和音响技术研究数十年，近年来对电子管放大器作了温故、实验。《高保真音响》杂志曾连续刊载拙作《电子管特性及其应用》，历时 2 年，受到广大读者的欢迎。现对有关电子管放大器的理解、设计、制作问题及实用数据作了全面的充实，特别是一些易被忽视的问题都作了阐述，论述虽避免抽象的数学推导和烦琐的理论分析，但仍给予正确概念，现奉献给广大电子管放大器爱好者和有关专业人士，希望能对当前流传的一些误解，从原理上进行澄清，于实际工作上有所帮助。

电子管 DIY 爱好者仿制一些名机时，有些实际问题需要注意。首先不要盲目模仿，因为复杂的电路并非一定都好，而且出于广告宣传的目的，有的机器常用花很高代价追求并不合理的特性的设计。其次在使用与原机牌号不同的电子管及类型不同的电容器时，声音效果会有差异，有时必须对相应元器件值进行修正。另外有些非常著名的机器，由于几十年前技术条件的限制，在频率响应和分析力等方面已远不能适应现在的听音要求。历史上的名机，是那个时代的产物，可以视为古董，至于现实的实用性则是另一回事，排除商业因素，实在没有必要花费大量时间、精力去复古。

一台声频放大器，除了合理的电路设计，还需要适当的元器件相匹配，而元器件没有最好，只有最合适，更不能迷信所谓"发烧元件"，"发烧元件"常有极强的个性，难以取得正确、平衡的声音，所以对元器件的性能应有相当了解，并善加运用，以使电路性能发挥致最佳。

电子管放大器装响容易装好难，指标与声音俱佳的电子管放大器并不好做，决不是罗列一些高档元件就能奏效那么简单，各级工作状态又如何调整，实在有好多问题可研究探讨。

欢迎交流。

唐道济

再版的话

自《电子管声频放大器实用手册》成书后，几年来笔者对第 1 版反复作了推敲，感到有些问题深入不够，需加充实增补，如一些特殊电子管的应用和参考电路等，以期使内容更完善、更切合实际。

第 1 版受到广泛欢迎和好评，多次重印也早售罄，现将修订增补后的第 2 版付梓出版，希望能更多地满足有关人士的需要和期望。

2017 年 6 月

再版序 1

2013 年为电子管发明 110 周年。1904 年英国人弗来明（J.A.Fleming）发明二极管，1907 年美国人德·福里斯特（D.Forest）发明三极管，这一段惊天动地的发展历史，大家耳熟能详，如今阅读《电子管声频放大器实用手册》一书，敬佩唐道济先生耕耘于声学原理、电声基础，博览影音专知和音乐欣赏知识技巧，翔实搜罗影音设备的专业术语、学理、部分古董级或当红的组件与机种，并务实地叙述出个人的经验，分门别类地完成巨册，分享同好。

余在台湾联合大学理工学院任教二十余年，现掌海峡视听音响发烧协会，常与吴永光、陈坤志、苏集达、王清旺、吴坚新、周家成、罗兴泉等电子管专家聚会研讨，也举办过培训研习班。我们概略地将音响玩家分类成以下 3 个群体。

第一类群体的人有一定的音乐素养，平时会收藏自己喜好的音乐、名曲、演奏实录等，供作闲暇时独自或与同好欣赏之用，因此，对还原影音原貌的设备，尽可能要求巨细靡遗，这是超级追求忠于原貌者（高保真度）。

第二类群体的人是为了追求声色的刺激，例如动感、声光、节奏……他们会为了达到个人追求的目标，常去比较影音设备，极崇尚品牌，只要经济许可，就会汰换不懈，没有止境。

第三类群体的人是从事影音设备的产销，从事相关设备成品组件的研究、制造、贩售者，可能为了个人的理想或客户的需求，自制或他求，来获取无穷无尽的第一巅峰产品。

基本上，不管是哪类人，相信都可以在此巨著之内，获得很多的认知与启发才对，特此向大家推荐！

海峡视听音响发烧协会　理事长

蒋希文 博士

再版序 2

1907 年，美国人德弗里斯特（D. Forest）发明了三极电子管，使微弱的信号放大成为可能，扩大了热电子管被用于广播、电视和计算机，亚洲和北美之间的距离大大缩短，人类生活因此转变成快速的节奏，我从加拿大打电话给在中国台湾的朋友，就好像我打电话给邻居一样，从此天涯若比邻。

近半世纪以来，人类总是想要使用比较轻、比较薄，而且比较小的装置，研究人员遂不眠不休地研发集成电路，以取代电子管系统，在北美和欧洲无管化产品早已俨然成型。

几个月前，加拿大的好友 Alfouso Petra 邀请我到他家，分享电子管音响的音乐宴，我轻松陶醉在悠美的旋律中，超爱这种美妙之音。

为提升电子管音响的质量，节省宝贵的时间和费用，高档音响配线是最佳的选择，而唐老师所写的《电子管声频放大器实用手册》，主要介绍了如何测试、修理、替换部分零配件，要言不烦，便捷而务实，干净利落又愉快，手脑并用。

我是查理士，现任 ACE WIRE 总经理，曾先后在日本 N.H.K 中央研修所研习电视工程，在美国 Raytheon 雷声特训班受业微波课程，在美国的 RCA 进修尖端科技，并在电视工程部门工作了 25 年。

依据我的经验，本书涵盖各专业类型的电子管知识，启发了许多新观念，减轻了大家的烦恼，这是一本值得推荐的实用手册，了解电子管音响，一起来分享宝藏。

祝福所有的读者！

ACE WIRE 总经理　查理士

Charles Cheng

目录

"胆"机与"胆"味

随着声频放大器的晶体管化，其技术指标虽然非常高，但音响爱好者却对其音质并不满意，鉴于电子管放大器的音色一般比较甜美温暖，特别是中频段更柔顺悦耳，所以电子管放大器得以在 20 世纪 70 年代末东山再起，与晶体管放大器分庭抗礼。加上早期激光唱机的声音较冷硬，正需要这种放大器作补偿，于是人们开始寻觅 20 世纪五六十年代的经典电子管放大器设计，并成再度热门。

电子管放大器又称"胆"机，晶体管放大器又称"石"机，由于晶体管和电子管传输特性的不同，造成两种放大器的声音有一定差异。晶体管功率放大器的长处在于大电流、宽频带、低频控制力、处理大场面时的分析力、层次感和明亮度要比电子管功率放大器优越，但电子管功率放大器的高音较平滑，有足够的空气感，具有一种相当部分人所喜欢的声染色，甜美润厚，尽管声音细节和层次少了些，但那种柔和的声音却是美丽的。

电子管功率放大器的谐波能量分布，是 2 次谐波最强，3 次谐波渐弱，4 次谐波更弱，直至消失。晶体管功率放大器的谐波能量分布，则直至 10 次谐波以上几乎是相等的量，其高次谐波量减少极小。可见，电子管功率放大器引起的主要是偶次的 2 次谐波，这种谐波成分非常讨人喜欢，恰如添加了丰富的泛音，美化了声音。而晶体管功率放大器产生的谐波中，多次谐波分量相当大，这就会引起听觉的不适。而且当放大器处于过激励而进入过载状态时，晶体管放大器的谐波失真和互调失真会急剧增大，波形被削成梯形的平顶状，声音严重劣化，而电子管放大器则比较平缓，只是波形头部变圆或略呈弯曲，声音虽失真，但还能接受。

电子管功率放大器的负载阻抗-输出功率特性与晶体管功率放大器不同。三极电子管输出有一个最大输出阻抗值，大于或小于此值都会使输出功率减小，多极电子管输出在一定范围内，随着阻抗值增大输出功率也增大。晶体管单端推挽输出则随着负载阻抗值的增大，输出功率相应减小。鉴于作为负载的扬声器阻抗是随着频率的不同而变化，所以在相同条件下，电子管功率放大器的低音和高音重放声压级要比晶体管功率放大器高。

此外，由于晶体管放大器比电子管放大器的过载性能差，所以同功率或同电平等级的晶体管放大器比电子管放大器要求有更高的功率储备量或电平储备量。如电子管放大器的最大输出功率应是其平均使用功率的 3 倍以上，而晶体管放大器就要求在 10 倍以上。这也是通常认为同样功率的电子管放大器的驱动能力大于晶体管放大器的原因。

电子管功率放大器输出端的输出变压器，由于铁心的磁滞作用，会降低放大器的瞬态响应特性，丢失部分声音细节，但它使重放声变得比较"甜美温暖"。晶体管功率放大器输出端没有电抗性元器件。电子管的内阻大，晶体管的内阻极小，故电子管功率放大器的阻尼系数远比晶体管功率放大器小，对扬声器机械运动系统的控制能力较差，对低音表现不利。此外，需用高压电源、效率低、热量大、抗振性差、体积大、成本高、低频及高频上段较薄弱等都是电子管放大器的弱点。不过电子管放大器有一个独特的好处，就是换插不同牌号或不同时期生产的电子管，会有不同的音色表现，可尽享玩"胆"之乐趣。

电子管放大器虽有其特有的声音表现，但说它比晶体管放大器优秀实在是一种误解，一般中档的电子管放大器和晶体管放大器孰优孰劣是个见仁见智的问题，它们各有所长，也各有所短。

"胆"味是电子管放大器特有的一种音色，那种甜甜的、平滑而泛音丰富的声音，听起来非常悦耳。这种音色是因为一定量的 2 次谐波造成的修饰，由于大多数电子管放大器难以利用适当的负反馈提供良好的线性，加上输出变压器铁心的磁滞作用降低了瞬态响应，遂提供了这种 2 次谐波造就的泛音。实质上是电子管改变了原来音乐的色调，老式电子管放大器虽温暖柔和，但稍显朦胧的声音，难免有些软绵绵，现代电子管放大器则都有较高透明度、良好的声场、较少的电子管声染色。

电子管放大器的通病是有味无力,"胆"味不足,细节模糊,声音粗糙。如电子管前置放大器最易犯的毛病,是甜浓过度的中频,偏暗,缺乏光彩,速度感缓慢,冲击力欠佳,信噪比偏低。好的电子管放大器具有醇厚的"胆"味,明快的速度以及宽阔的频响。如好的前置放大器瞬态反应快,充满弹性和凝聚力,全频透明,细节丰富,密度高,宽松自然,很容易使人投入到音乐中去。电子管放大器以其微妙的"胆"味,充分体现了电子管的魅力,使不少音响爱好者为之痴迷、倾倒,并引发出"胆""石"之争,历数十年而不息。自己动手制作电子管放大器,寻求其中的韵味奥秘,更是音响发烧之最大乐趣所在。

第1章

电子管及其特性

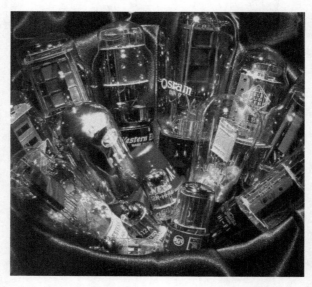

　　电子管（electron tube，英国称 valve）也叫真空管，也称它为"胆"。它从电子教科书中删去已有 30 多年，不再是人们所熟知的电子器件，但电子管在现代音响设备中却长盛不衰，仍然占有一席之地。

　　电子管通常指一种密封管壳内抽成高真空，具有两个或多个电极的有源器件，它的基本工作原理是借助电场来控制真空中自由电子的运动。

　　阴极（cathode）是利用热电子发射原理而发射电子的电极。为发射电子而使热电子发射体达到高温的方法，有用表面涂有金属氧化物的细丝形或带形灯丝本身直接加热的直热式（direct-heated type）灯丝（filament），或用易发射电子材料覆盖的镍圆筒由里面放置的加热丝（heater）加热的旁热式（indirect-heater type，也称间热式）阴极，如图 1-1 所示。旁热式阴极的灯丝与阴极间是绝缘的，所以灯丝采用交流加热时不容易感应交流声，但有些电子管屏极电压在 1000V 以上时，出于寿命等原因，不能采用旁热式阴极。

直热式灯丝一般由折成 V 字形的镍丝构成，底部用两根硬线支承，顶部有弹簧拉紧。旁热式阴极是一个镍金属管，管内有加热用的螺旋形或发夹形镍丝或钨丝构成的热丝，螺旋形热丝可抵消热丝电流形成的磁场减小交流声。

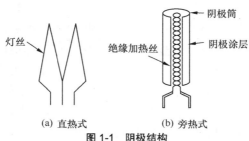

灯丝

阴极筒

绝缘加热丝

阴极涂层

(a) 直热式　　　　(b) 旁热式

图 1-1　阴极结构

钨灯丝可以在高温下运用而且机械强度高，工作温度在 2200～2300℃，呈耀目的白色光辉。由于它发射效率低（2～10mA/W），现在除高电压、大功率的发射管和旁热式加热灯丝外，都不采用钨作阴极。

钍钨灯丝也称敷钍钨灯丝，它的工作温度为 1650℃，呈明亮的黄色光辉，发射能力为 20～40mA/W，远大于钨灯丝，多用于 1000V 以上空气冷却的中等功率发射管。

氧化物阴极是用镍及其合金等为基金属，以稀土金属氧化物涂敷作为发射层，它可在低得多的温度下具有较大的发射能力，加热后呈暗红色，温度 700～750℃，发射效率可达 60～100mA/W，但这种阴极不能在高场强下工作，所有接收放大管都是氧化物阴极。电压在 1000V 以下而且屏极耗散较小的电子管，由于管内残留气体影响小，而且电极放散的气体也少，亦可使用氧化物阴极。

长寿命电子管的阴极温度较低，工作时阴极的亮度较暗，也需要稍长时间预热才能进入最佳状态。

二极管（diode）由真空密封管壳内的阴极和屏极（plate 也称板极，英国称阳极 anode）组成，屏极是包围在阴极外的镍（或镀镍钢）椭圆管状或匣状电极，如图 1-2 所示，为提高热辐射能力，屏极常经碳化处理呈灰色，或配备散热片帮助耗散热量。当屏极电位比阴极电位正时，来自阴极的自由电子被正电位的屏极所吸引，产生电流，当反向偏置时，屏极不能吸引电子而没有电流，故电子二极管的特性与半导体二极管相似，都是单向导电。

图 1-2　屏极的外形

5

三极管（triode）比二极管多一个控制栅极（control grid），它是在支架上以螺旋形状用金属丝绕一定圈数而形成的，位于阴极附近，它可以用静电控制的方式控制从阴极流到屏极的电子流，如图 1-3 所示。在给定屏极电压时，栅极电压可以控制屏极电流的大小，这种栅极的控制效果，就是三极管放大的关键。在三极管的控制栅极上加一个交流信号电压后，就能控制屏极电流产生相应变化，该信号电压的微小变化，能引起屏极电流很大地变化，这些屏极电流的变化，再使屏极电路电阻两端的电压发生改变，所以三极管具有电压放大作用。为了保证信号幅度工作在所需特性曲线区域内，作线性放大，栅极必须适当地加以负偏压（bias）。三极管自发明以来，一直被广泛使用在电子设备中，用来放大低频信号，但由于栅极-屏极间极间电容较大、增益低，一般不适宜作高频放大。

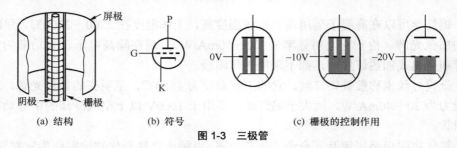

(a) 结构　　　　　　(b) 符号　　　　　　(c) 栅极的控制作用

图 1-3　三极管

表示三极电子管特性的基本参数有 3 个，即放大系数 μ，屏极内阻 r_p（或 R_i）和互导 g_m（或 S）。

$$\mu = \frac{\text{相同屏极电流变化所需屏极电压的变化值 } \Delta V_p}{\text{相同屏极电流变化所需栅极电压的变化值 } \Delta V_g} \quad \text{（屏极电流为常数时）}$$

$$r_p = \frac{\text{屏极电压的变化 } \Delta V_p}{\text{屏极电流的变化 } \Delta I_p} \quad \text{（栅极电压为常数时）单位为 } \Omega \text{ 或 } k\Omega$$

$$g_m = \frac{\Delta I_p}{\Delta V_g} \text{（屏极电压不变时）单位为 mA/V(m}\Omega\text{)、mS 或 } \mu\text{A/V}(\mu\Omega)\text{、}\mu\text{S}$$

3 个参数间的关系，可用方程式 $g_m = \dfrac{\mu}{r_p}$ 表示。其中 g_m 和 r_p 随电子管栅极电压和屏极电压不同而有所差异，是变量，μ 在一定屏极电压和栅极电压范围内，几乎不变，可视作常数。电子管参数与屏极电流或者栅极电压的关系曲线见图 1-4。

传统的栅极是螺旋形结构，两根边杆的相对位置靠栅丝的弹性维持，栅极易变形，难以确保栅丝在一个面上，所以不宜用在阴-栅距离小和要求栅丝细的电子管中。为了克服螺旋形栅极的缺点，1958 年出现了框架栅极（frame-grid），框架栅由坚固的焊接框架构成，绕以钨丝，在张力作用下，结构稳定精密，能准确定位，框架栅极的公差可做到小于±5μm，适于阴-栅距离小的高互导管。栅丝镀金是为了减小栅极发射。

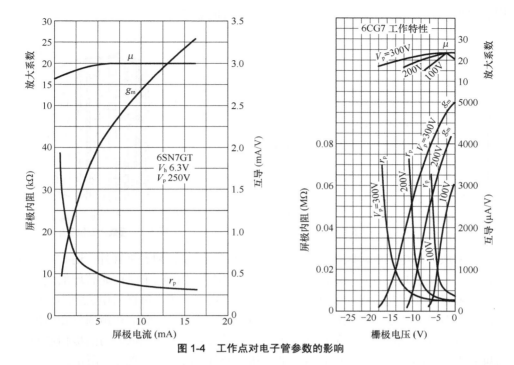

图 1-4　工作点对电子管参数的影响

为了减小屏极与控制栅极之间和屏极与阴极之间的极间电容，在屏极和控制栅极间再加进一个帘栅极（screen grid），在屏极和控制栅极间起静电屏蔽作用，帘栅极的引入，还减少了屏极电流对屏极电压的依赖。这种四极管，在屏极电压低于帘栅极电压时，由于帘栅极加的是正电压，对电子具有加速作用，这些加速的电子打到屏极时会使屏极表面产生不可忽视的二次电子发射，形成电子云——空间电荷，使屏极电流下降，出现严重失真。

为了克服二次电子发射，就在帘栅极与屏极之间又增添了一个绕得很稀疏的抑制栅极（suppressor grid）。它通常与阴极相连，并不阻碍从阴极来的高速电子通过，却能把屏极发射的二次电子排斥回屏极不致形成电子云，这就是五极管（pentode），见图 1-5。五极管增益高、极间电容小，在屏极电压达到一定值后，屏极电流几乎不受屏极电压的影响，并且屏极内阻高，被广泛用作射频、中频和声频放大。

当电子管的控制栅极栅圈的间距相等时，其屏极电流随着栅极电压变负有较陡的截止特性，称锐截止（sharp cut-off）管。当栅极栅圈的间距有疏密时，其屏极电流随栅极电压变负时截止较慢，称其为遥截止（remote cut-off）管或可变互导管，见图 1-6。高频宽频带放大电子管的特点是高互导，低输入、输出电容，低噪声以及小的非线性失真等。不少的五极管在其整个电极结构的外面，围有屏蔽用金属网（或片），用来减小外界电场对电子管的影响。

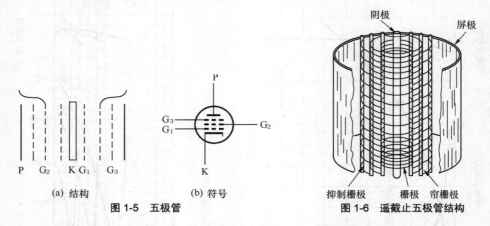

图1-5 五极管   图1-6 遥截止五极管结构

功率放大用电子管，以前习惯上称强放管，除三极管和五极管外，还有一种电子注管——集射功率管（beam-power tube），它应用定向电子射束显著增加电子管的功率容量，其控制栅极和帘栅极金属丝基本上对齐，所以帘栅极电流很小，而且从阴极发射出的电子流收敛成一系列扇形射束状高密度电子流，在帘栅极和屏极空间内形成极低的电位区域，阻止屏极的二次电子发射返回帘栅极，与阴极相连的集射屏对电子流起收敛作用，防止特性曲线扭曲及效率减低，如图1-7所示。

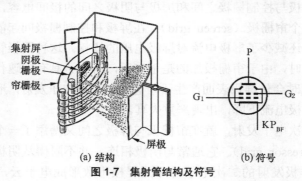

图1-7 集射管结构及符号

电子管内必须保持高度真空，这对电子管的使用寿命及正常运作至关重要。将管内残留的微量气体完全除去并不现实，因为电子管在使用中电极发热后会有气体逸出，故电子管内设有吸气剂，蒸发在电子管壳内表面，以消除管内残留的微量气体。

有些电子管在玻壳内表面涂覆碳层，这黑色或灰色的涂层可减小因阴极高速发射出的电子，在轰击屏极时会有部分脱离屏极，产生二次发射（secondary emission）效应，这些电子撞到玻壳使玻壳带电荷，干扰电子从阴极到屏极间的正常飞行，引起失真。

电子管中，电子流在电极之间分配时会引起随机的起伏噪声，即分配噪声（partition noise）。五极管的分配噪声比三极管要大，若接成三极管时可减小 6～14dB。

为了减小体积、降低功耗，在一个管壳内封装两组或两组以上的电极系统，并通过各自独立的电子流，这种电子管称为复合管（multiple-unit tube），如双二极管、双三极管、三极·五极管等。

某些设备要求选用特别的接收管，它们的性能在一个或多个方面进行了改进，超过了一般用于电视机、音响和收音机的类型，这些特别品质电子管（special quality tube），包括高可靠型和长寿命型，是工业和特殊用途（如交通设施）所必需。它们通常可为一般品质原型的直接替代品。高品质电子管有优良的设计，高精度的制造规格，以及材料和制造过程的严格品质管理，使它们具有比同类型管平均寿命长得多的寿命。

电子管手册是一种工具书，它提供各种电子管的简单介绍，并列出工作条件、特性、额定值、管基接线图等，对电子管电路及电路设计能提供有用资料。

各种电子管都有不同的特性，公开发表的曲线和数据仅能反映其中心值，而实际上典型的电子管特性常被忽略，如图 1-8 所示为不同电子管类型的典型屏极特性曲线。五极管特性基本成为水平线，而三极管特性则倾向为垂直线，也就是说，五极管近似于恒流特性，而三极管对某一给定的栅极电压，接近于恒压特性。常用电子管的屏极特性曲线见附录 11。

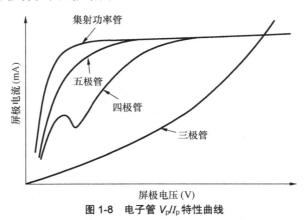

图 1-8　电子管 V_p/I_p 特性曲线

电子管正常工作时，必须对控制栅极进行偏置，如图 1-9 所示。固定偏压电路，采用独立的栅-阴负电源 V_{gg} 使栅极保持适当的负值，从而使输入的交流信号能够控制屏极电流 I_p。阴极偏压电路，这是最流行的一种自给偏压电路，它不需要专门的或附加的偏压电源，在电子管的阴极电路中利用一个电阻提供栅偏压，通过阴极电阻 R_K 的电流为屏极电流 I_p，它使阴极对地产生一个正电压，故对阴极而言，栅极被偏置为负，即 V_{gk} 为负电位。

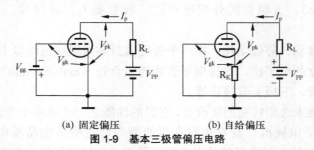

(a) 固定偏压   (b) 自给偏压

图 1-9　基本三极管偏压电路

　　为了提供栅极偏压，在栅极和地之间必须插入一只电阻，不过栅极总会有很小的电流向地流动，所以这只电阻就称栅漏（grid leak）电阻，它的取值会影响前级电路的增益，并影响低频截止频率，尽管取较大值有利，但不同电子管和不同偏置方式都不能超过其最大值，应严格根据电子管厂商提供的值使用。

　　一个典型的三极电子管的输出特性（即 V_P/I_P 屏极特性）如图 1-10 所示。负载线（Load Line）是在电子管的一族特性曲线上的一条直线，用来说明当输入信号加到该电子管时，负载两端的电压和负载上的电流之间的关系。电子管的静态工作点是由屏极特性的负载线与 $V_{gk}=-V_{gg}$ 特性曲线的交点所确定。A 类放大的静态工作点，在负载线与栅极负偏压的交点上，它的输入信号电压峰值不得超出该点栅极偏压值，以免增大非线性失真。

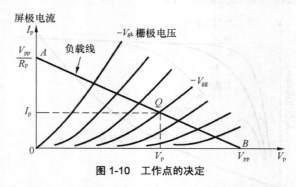

图 1-10　工作点的决定

　　工作点（operating point）或静态工作点 Q 的坐标是屏极电压 V_P 和静态屏极电流 I_P，对某一确定屏极电源电压 V_{PP} 和屏极电阻 R_P，静态工作点可在屏极特性上通过由方程 $V_P = V_{PK} = V_{PP} - I_P \cdot R_P$ 给出的直线来决定。通过决定它和 $I_P = 0$ 轴和 $V_P = 0$ 轴的交点来画出这条直线即静态负载线，于是

$$I_P = 0 \qquad\qquad V_P = V_{PP}$$

$$及\ V_P = 0 \qquad\qquad I_P = \frac{V_{PP}}{R_P}$$

动态特性（dynamic characteristics）是在给定负载时，电极电流与电压之间的
关系曲线，如三极电子管屏极电路中接入电
阻后，当屏极电流增大时，会引起屏极电压
降低，故动态 I_p–V_g 特性曲线与一些不同屏
极电压时的静态特性曲线相交，如图 1-11
所示。它的显著特点是其斜率小于静态特性
的斜率，对于五极管，由于屏极电压对屏
极电流的影响很小，故动态特性与静态特性
相同。

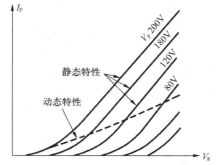

图 1-11　三极管动态特性曲线

为了使放大的输出波形与输入波形相
同，不致失真，就必须工作于动态特性曲线的线性范围内，电子管放大的线性范
围受制于：①屏极电流接近零时，动态特性曲线弯曲；②栅极电位在正范围时，
有栅极电流流动，使输入波形产生失真。

电子管符号见图 1-12，其中包括一些老式的绘法。在电原理图中，为了简便，
使用的电子管符号，习惯上往往把旁热式阴极的加热灯丝省略不绘。

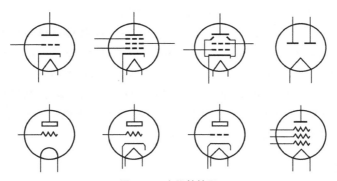

图 1-12　电子管符号

集射四极管在电原理图中，常绘成五极管一样的符号。

资料

逆栅电流

逆栅电流（inverse grid current）是由于电子管内残余气体被电离，栅极受热
而发射电子，栅极与其他电极绝缘不良，栅极受光激发而发射光电子等原因产生
的，它会使电子管输入电阻降低，限制了栅极电阻的使用值，还会引起电子管工
作点的不稳定，对电子管的工作极为不利。

中间层阻抗

中间层阻抗（intermediate layer impedance）也称界面电阻（interface resistance），是在由氧化物阴极的涂层与基金属间界面上生成的薄层——中间层形成的，相当于在阴极回路中串联一个电阻（可达几百欧）和电容（可达 10^4 pF）并联的阻抗。长期处于待机状态（灯丝点燃而不加高压）的阴极内，中间层阻抗增加很快。中间层阻抗会引起随频率而变化的负反馈，使电子管工作点变化，参数降低，还使放大时低频噪声增大。

极间电容

电子管的极间电容（interelectrode capacitance）有输入电容、输出电容和跨路电容。这些极间电容都是电子管在冷态下测定的静态极间电容。电子管在工作时，由于电极之间有空间电荷存在而使介电常数改变，极间电容将会增大。

输入电容（input capacitance）是指电子管共阴极电路控制栅极与屏极以外的其他电极间的静电电容 C_{gk}。通常手册列出的输入电容并不包括管座或管脚等处的电容，实际管座的电容 MT 管约 0.6pF，GT 管约 1.3pF。

输出电容（output capacitance）是指电子管共阴极电路屏极与控制栅极以外的电极间的静电电容 C_{pk}，三极管为 0.5～5pF，五极管为 5～8pF，三极接法的五极管较大，为 11～17pF，而依 MT 管、GT 管、ST 管顺序趋大。

跨路电容（transfer capacitance）是指电子管共阴极电路控制栅极与屏极之间的电容 C_{gp}。跨路电容对输入电路的电压可直接影响输出电路，产生直接流通，输出电路的电压也会影响栅极电路产生反馈电流。

电子管结构零件

典型的电子管零件结构见图 1-13。电子管心柱的功用是支撑电子管的电极部分和封闭电极的引出线，使电子管不漏气，保证气密性。支撑电极的支架是较粗的镍丝或铜铁合金丝（莫耐尔丝），下接铜包铁镍合金丝（杜美丝）心柱引出线。下部焊铜导线。心柱底部接有排除管内空气的抽气管。阴极是壁厚 0.05mm 左右镍制圆管（或矩形管），外面涂敷氧化钡、氧化锶、氧化钙的混合物，阴极发射的优劣，取决于其材料性质和氧化物敷层的好坏。热丝是钨丝或钨钼合金丝，涂以纯净的氧化铝作绝缘，置于阴极套管中。栅极是镍锰合金丝、钼丝、镍铁合金丝等，在两根支柱上绕成螺旋状，对特别容易发生栅极放射的电子管，要使用镀金或镀银丝。屏极在小功率管一般用镍板或镀镍铁板，功率管则在镍板表面涂石墨或进行碳化处理，以提高散热能力。五极管等在电极的两端设有镍板或镀镍铁板的屏蔽皿，以减小跨路电容 C_{gp}。吸气剂的主要成分是钡，装在吸气剂板（架）上的吸气剂，用高频加热使其蒸发在管壁上，呈黑棕色或银色，用以吸收抽真空后管内的残留气体及使用过程中由电极放出的气体。部分电子管玻壳内壁有黑色或灰色涂层，该涂层可吸收二次发射电子。

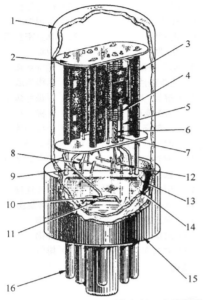

（1）封壳——钙玻璃（管内真空度 10^{-8} 大气压）

（2）绝缘垫片——喷涂氧化镁的云母

（3）屏极——碳化的镍或镀镍钢（屏极直径误差 0.005mm）

（4）栅极丝——镍锰合金或钼（栅极直径误差 0.0025mm，栅极丝直径误差小于 0.00023mm）

（5）栅极支撑条——铬铜、镍或镀镍铁

（6）阴极——敷以钡钙锶氧化物的镍（敷层涂布量误差 ±0.002g 以下）

（7）热丝——钨或钨钼合金并敷以氧化物绝缘涂层（热丝直径误差小于 0.00005mm）

（8）阴极托盘——镍

（9）装配支架——镍或镀镍铁

（10）吸气剂支架及环——镍锰合金或钼

（11）吸气剂——钡镁合金

（12）热丝接头——镍或镀镍铁

（13）心柱引出线——镍、铁镍合金、铜

（14）握式心柱——铅玻璃

（15）底座（管基）——胶木

（16）管脚——镀镍黄铜

图 1-13　电子管零件结构（电极尺寸精度）

小型电子管的详细结构见图 1-14。

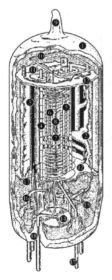

（1）封壳

（2）内部屏蔽

（3）屏极

（4）第 3 栅极（抑制）

（5）第 2 栅极（帘栅）

（6）第 1 栅极（控制）

（7）阴极

（8）热丝

（9）排气管

（10）吸气剂

（11）顶部屏蔽

（12）上云母垫片

（13）下云母垫片

（14）心柱屏蔽片

（15）钮扣型心柱

（16）引线

（17）管脚

（18）管脚封口

图 1-14　小型五极管构造

13

金属管的详细结构参见图1-15。电子管的精度见图1-16。

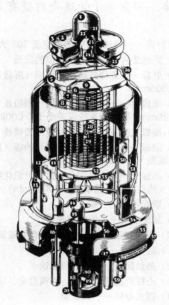

（1）焊锡	（21）栅极帽
（2）绝缘盖	（22）栅极引线
（3）固定卷边	（23）密封玻璃珠
（4）帽盖	（24）铁镍钴合金圈
（5）栅极屏蔽	（25）铜焊焊接
（6）控制栅极	（26）真空密封钢壳
（7）帘栅极	（27）阴极
（8）抑制栅极	（28）螺旋状热丝
（9）绝缘垫片	（29）阴极涂层
（10）屏极	（30）屏极绝缘支架
（11）装配支架	（31）屏极连结引线
（12）支架环	（32）绝缘垫片
（13）吸气剂翼片	（33）屏蔽垫片
（14）密封玻璃珠	（34）管壳端密封焊接
（15）铁镍钴合金圈	（35）联管
（16）引线	（36）管壳连接
（17）卷曲固定	（37）8脚基座
（18）对正键	（38）管脚
（19）封口	（39）焊锡
（20）对准塞	（40）排气管

图 1-15　金属管结构

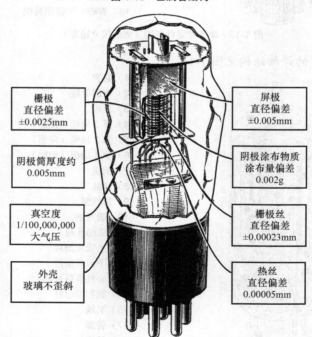

栅极
直径偏差
±0.0025mm

阴极筒厚度约
0.005mm

真空度
1/100,000,000
大气压

外壳
玻璃不歪斜

屏极
直径偏差
±0.005mm

阴极涂布物质
涂布量偏差
0.002g

栅极丝
直径偏差
±0.00023mm

热丝
直径偏差
0.00005mm

图 1-16　电子管电极精度

第2章

电子管的正确使用

电子管的外壳最初是仿照白炽灯泡制造的,玻璃管壳呈球形,顶端有抽气头,电极装在心柱上,心柱是一端平的玻璃管,圆端封接在灯泡上,外壳底部装有一个带管脚(pin)的胶木管基(base,也称底座),可插入管座(socket)。随后,玻璃管壳演变成茄形 S 管(spherical tube),1927 年管壳改变为头部呈筒形的瓶形(葫芦形)ST 管(shouldered tube),上部筒形段用来支撑电极,握式心柱为扁平状玻璃柱。1935 年发明了金属外壳封装的管基中央带定位键(key)的 8 脚金属电子管(metal tube,美国 RCA),其电极引线穿过熔入金属壳内的玻璃小珠。1937年出现筒形玻壳的管基带定位键的 8 脚 GT 管(glass tube,美国 RCA),小鸡式心柱是缩小尺寸的扁平状玻璃柱。1939 年发明了钮扣状心柱平面玻璃管底无管基MT 小型管(miniature tube,美国 RCA,7 脚,抽气头在顶部),稍后又发明了 9脚小型管(noval,诺瓦型标准 9 脚小型管),为了对管座定位,管脚 1 和管脚 9之间的间隔大于其他管脚之间的间隔。同时期还出现了玻璃外壳直接封接 1.25mm粗管脚,包绕管基的金属套有一柱塞锁键,能与管座牢固地锁紧的锁式管(Locktal tube,美国沙尔文)。这些电子管外形的变革使电极和心柱尺寸变小,引线缩短,极间电容减小,扩展了高频使用范围。1948 年发展出高品质管(SQ 管)。1960年发展出可耗散较大功率的钮扣状平面管底无管基大型 9 脚功率管(NOVAR,Φ30mm、Φ40mm,抽气头在顶部或管底,美国 RCA)。1964 年前后,美国发明复合多只标准化的电子管基本组件于同一管壳内的小型平面玻璃管底 12 脚(duo-decar,GE 称 compactron,抽气头在管底中心)紧密电子管。

收音机、电视机、音响设备等使用的,以及工业用、军用、通信用的小功率电子管,通称接收管(receiving tube)。小型管由于具有一系列的优点而得到普及使用,国际上作为推荐品种,具有国际互换性。

一些专业设备对电子管的性能有特殊要求,如高可靠、长寿命、稳定性、一致性及坚牢性等,为此开发的特殊品质管(special quality tube),有长寿命型、坚牢型、高可靠型等,长寿命型的实际寿命在 10 000h 以上,坚牢型耐冲击耐振动。高品质管的平均寿命比普通管要长得多,一般电子管因高度复杂的机械、物理化学性质使其正常寿命在 1000h 以内，且很难确定预期的故障率和寿命。音响用电压放大电子管因运用于较低的实际屏极电压和电流，它的寿命可以得到极大延长。电子管超过额定值运用，是寿命缩短的主要原因。功率输出电子管若降低屏极耗散功率为其最大值的 80%工作，寿命能延长近一倍。

常见电子管外形见图 2-1，有 ST 式瓶形玻璃管（Φ40mm、Φ46mm、Φ52mm 的瓶形玻璃壳及塑料管基，分 UX 型 4 脚、UY 型 5 脚、UZ 型 6 脚）；G 式大型玻璃管（Φ40mm、Φ46mm、Φ52mm 的瓶形玻璃壳及带定位键的 8 脚塑料管基 Octak Bose，称 US 型）；GT 式 8 脚玻璃筒形管（也称金属玻璃管，外形尺寸比 G 式小，Φ30mm、Φ33mm、Φ37mm、Φ40mm 的筒形玻璃壳及带定位键的 8 脚塑料管基或金属箍管腰塑料管基）；MT 式小型管（也称花生管或指形管，有 7 脚 Φ19mm 和 9 脚 Φ22mm 两种玻璃壳，顶部有抽气头，无管基）。所有电子管管壳直径均指最大尺寸，实际都要略小些。某些电子管的顶端有金属帽状端子（top cap，顶帽），与管内栅极或屏极连接。

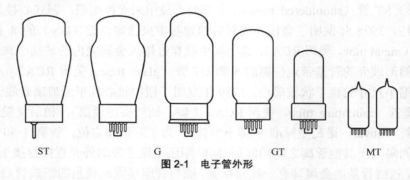

图 2-1　电子管外形

应用电子管时，要严格注意下列问题，否则将影响使用效果或降低寿命。

① 灯丝电压应按规定供给。灯丝供电电压波动范围不应超过额定电压值的 5%，这时对工作及寿命都没有影响，若超出±10%时，会加速阴极发射材料的蒸发，寿命就会缩短。如 6.3V 则最好在 5.9～6.6V，不能超出 5.7～6.9V。过低会造成阴极中毒，过高则造成阴极过热，都会缩短电子管寿命，例如直热式电子管灯丝电压超出 10%时寿命可能会降低为原来的 60%，低于 10%的危害则更大，尤其是功率管及整流管。对于普通电子管，一般不推荐热丝串联供电工作。旁热式电子管必须让阴极充分加热再工作，加热时间需 10s 左右，有的甚至要 30～40s。直热式电子管的预热时间不超过 1.5～2s。阴极没有充分预热即加上高压，阴极会受损害。但没有屏极电流而继续加热阴极，则会导致阴极表面活性金属的污染。

② 任何电子管的运用值，都不可超出该管的最大额定值。用到极限值的参数不能多于 1 个，即使是短时间超出极限值也将影响使用寿命。

屏极电压和帘栅极电压，均不得超出它们的最大允许值。屏极电压是指加到电子管屏极的实际电压，并不是电源供给电压。电子管各极电压的基准点是阴极，直流直热式则是灯丝的负极端。

电压放大器如采用串联降压电阻法取得帘栅极电压，只要在任何信号输入时，帘栅极耗散功率不超过规定最大值，允许存在帘栅极电压超过规定。

屏极耗散功率和帘栅极耗散功率，在各种工作状态下均不得超出它们的最大允许值。屏极耗散功率超出会使电极赤热发红，造成阴极损伤而显著缩短电子管寿命；帘栅极则绝对不允许过热发红。最大屏极耗散功率，A 类放大是发生在无信号输入时，B 类放大则实际可能发生在任何输入信号时。最大帘栅极耗散功率，A 类放大在输入信号的峰值等于栅极负压时达到。

③ 功率放大管的栅极电路直流电阻值，不得超出特性手册给出的最大值，以免管内残留气体，栅极发射现象引起逆栅电流，造成屏极电流异常增大，使工作不稳定，甚至超出耗散功率，过载红屏。一般功率管在自给偏压时的栅极电阻在 500kΩ 以下，固定偏压时的栅极电阻大多在 100kΩ 或以下。高互导电压放大管的栅极电阻一般不宜大于 1～2MΩ。

④ 接地的灯丝和阴极间的电位差，不能超出电子管的灯丝-阴极间峰值电压。这在阴极有较高电压的电路，如阴极输出器、长尾电路、级联电路等，应引起重视，并选用适当的管型，如 12AU7/ECC82、12AX7/ECC83、6CG7、12BH7A、E182CC/7119、6681/E83CC、6N1/6 н 1 п 、6N6/6 н 6 п 等的灯丝-阴极峰值电压都在 180～200V，而一般电子管的只有 90V。灯丝电路与阴极电路之间，必须有电阻通路，此灯丝-阴极间最大电阻一般不大于 150kΩ。

⑤ 整流电子管在采用电容输入滤波电路时，滤波电容器的容量大，则屏极峰值电流也大，故而滤波输入电容器的电容量过大（如 5Y3GT 在 40μF 以上），必须增大屏极电源阻抗值到大于特性所示值以上（如 5Y3GT 为 50Ω），以限制屏极峰值电流在额定值内。

⑥ 集射功率管或五极功率管在未加屏极电压前，不得先加帘栅极电压，否则帘栅极电流将会很大而过热发红，导致损坏。

⑦ 大部分的接收放大用电子管的装置位置并不受限制，不论垂直、水平都可，但少数直热式电子管，因灯丝结构关系，必须垂直安装，如 2A3、5Y3GT、5U4G……热量较大的功率管及整流管也最好垂直安装。为防止高增益前级电子管产生颤噪效应，管座可装在有弹性的支架上。

⑧ 不对电子管施加过大振动，不在过于潮湿和高温的环境使用。环境温度高，管壳过热，如功率管工作时管壳允许的极限温度一般不超过 150℃，否则就会促使电子管的心柱玻璃发生电解，并破坏吸气剂的工作，使电子管过早损坏。降低外壳温度不仅可减小噪声，还可延长管子工作寿命。功率管、整流管必须有足够的通风，保持壳体洁净，以利散热。电子管不宜倒装，否则会对周围空气流通不利，易产生过热。

⑨ 玻璃管壳脆弱易碎，要防止敲击或碰撞。采用优质管座，小型电子管及无管基电子管的管脚不能受到过大引力，管脚有弯曲时，应先弄直后再插入管座，并使用柔软的多股线连接管座。除功率管和整流管外，小型管管座中心的屏蔽柱应接地。插拔电子管时要垂直于管座平面，不能前后左右摇晃着拔，避免不必要的拔插电子管。

⑩ 对推挽放大等应用场合，要求特性非常相同的电子管，应选用同一制造厂、同一时期，而且同一批号、特性一致的电子管。配对不能光凭电子管测试器，最好用替换法实地检验一下。

合格电子管的参数应在其标准参数规格值的规定范围内，即允许偏差：

灯丝或热丝电流	±10%
屏极电流	±30%（功率放大管）
	±40%~50%（电压放大管）
帘栅极电流	±50%
互导	±25%
放大系数	±20%
热丝与阴极间漏电流	<50μA（±45V 时）
栅极反向电流（逆栅电流）	<2μA（I_P<10mA）
	<3μA（I_P<30mA）
	<5μA（I_P>30mA）
整流输出电流	±15%
输出功率	±30%
绝缘电阻	>50MΩ（各电极间，500V 时）
	>20MΩ（栅极与阴极间，100V 时）

资料

氧化物阴极电子管衰老复活法

电子管使用到一定时日，性能会逐渐下降，出现衰老，这种电子管在采取下列措施后，还可正常使用一段时间。

① 提高灯丝电压 10% 左右供电，就能恢复正常工作。

② 将衰老电子管灯丝接至额定值 1.6 倍电压，持续通电 5~6min，其他电极都不接电源，电子管由于重激活（reactivation），阴极原来的发射表面层被"蒸发"掉而露出新表面，通过这个激活电子管阴极热发射的过程，电子管阴极的热发射效能就能得到恢复。

电子管漏气判别法

电子管漏气，管内真空破坏，即告损坏，如电子管管壳玻璃有裂纹或被打破。正常电子管的吸气剂，沉积在玻壳壁顶端或底侧部，呈镜面的银白色或黑棕色，一旦发生漏气，吸气剂很快变为暗白色。电子管不良，真空度降低，暗处工作时管内会发出紫红色辉光，且出现噪声。功率放大管管内出现不明显的蓝色辉光则属正常现象。

第 3 章

电子管阻容耦合放大器

6189 Amperex

7025 RCA

12AT7 BRIMAR

EF86 Mullard

6SL7GT KEN-RAD

6SN7GT SYLVANIA

电压放大器是专用来增大信号电压的放大器，通常只能供给一个小电流，主要是以电子管的栅极激励为负载，使用中放大系数、高放大系数三极管或五极管，在输出电压较高的场合（＞100V），可使用五极或集射功率管。电压放大各电子管间的耦合，最有代表性也是应用最广泛的是阻容耦合放大（resistance-capacitance coupled amplifier）电路，以电阻和电容元件的组合形成耦合，也称 RC 耦合放大。与其他形式放大相比，它的频率特性和相位特性较好，非线性失真较小，更换电子管引起的影响也小，屏极电源电压在相当大范围内变动时增益变化不大。阻容耦合放大器由于使用目的不同（如取得大的输出电压，或者取得大的增益而输出电压不大），其设计方法也有所不同。

对于阻容耦合放大器而言，电子管的实际工作条件（电压、电流）与手册标准相差甚大，故电子管特性表所提供的参数值实际作用不大，应根据阻容耦合放大的特点按图表说明使用。

五极管阻容耦合放大电路可取得的增益及输出电压最大，高互导五极管可在较小屏极负载电阻下得到较大增益，但噪声较大。高放大系数三极管阻容耦合放大电路的增益较大，但最大输出电压较小。中放大系数三极管阻容耦合放大电路的最大输出电压较高，但增益较小。对高增益多级放大的第一级，还要求使用低噪声及低颤噪效应的电子管。

阻容耦合放大器的基本电路见图 3-1 和图 3-2。阻容耦合放大工作在小电流状态，如果工作点不正确，就很难满足工作要求。小信号放大的屏极电流大多在 1～2mA，不同类型电子管会有不同。

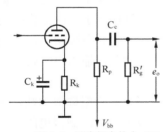

图 3-1　阻容耦合放大（1）

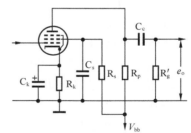

图 3-2　阻容耦合放大（2）

$$G_0 = \mu \frac{R_L}{r_p + R_L} \approx g_m \cdot R_L \qquad R_L = \frac{R_P \cdot R_g'}{R_P + R_g'}$$

式中，G_0——电压增益，μ——三极电子管放大系数，r_p——三极电子管屏极内阻，g_m——五极电子管互导，R_L——屏极负载电阻，R_P——屏极电阻，R_g'——后级栅极电阻。

电子管的屏极内阻 r_p，在阻容耦合放大时，随着其工作状态的不同而有所变化。表 3-1 为 4 种典型三极电子管在电源电压 $V_{bb}=250V$ 时，作阻容耦合放大的实

际屏极内阻 r_p 值。当 $R_P=100k\Omega$ 时，中放大系数三极管的屏极内阻将比规格值增大 80%～100%，高放大系数三极管将增大 15%～20%；当 $R_P=250k\Omega$ 时，中放大系数三极管增大 160%～170%，高放大系数三极管增大 40%～80%。

表 3-1　　　　　　　　　　　典型三极管的屏极内阻

型　号	规　格　值	实际屏极内阻	
		$R_P=100k\Omega$	$R_P=250k\Omega$
6SN7GT	7.7kΩ	15.6kΩ	20kΩ
12AU7	7.7kΩ	14kΩ	21kΩ
6SL7GT	44kΩ	53kΩ	63kΩ
12AX7	62.5kΩ	72kΩ	114kΩ

$V_{bb}=250V$

阻容耦合放大器的输出交流负载阻抗

$$Z_O = \frac{r_p R_P R_g{'}}{r_p R_P + R_P R_g{'} + r_p R_g{'}}$$

式中，r_p——实际屏极内阻，R_P——屏极电阻，$R_g{'}$——次级栅极电阻。

对同一电子管而言，屏极电阻 R_P 越大，增益越高，但屏极电阻加大时，其上的直流压降也随之增大，使电子管实际屏极电压随之下降，屏极内阻 r_p 有增大倾向，线性范围减小，所以任意增大屏极电阻并没有实际意义，屏极电阻必须合理选择。通常 R_P 的实际取值，高放大系数（$\mu=70\sim100$）三极管为其 μ 值的 1～4 倍（kΩ），中放大系数三级管（$\mu=15\sim20$）为 μ 值的 1～20 倍（kΩ），$\mu=20\sim40$ 时为 μ 值的 2～20 倍。虽说 R_P 越大增益越高，但 R_P 在 r_p 3 倍以上时增益提高不明显，而 R_P 过大（$R_P>5r_p$）时，由于屏极电流减小，将使电子管的工作区局限在屏极电流接近截止区的弯曲部分，导致非线性失真增大，对高频响应也不利。一般输入电平较低时，可选较大的屏极电阻 R_P，以求高增益，输入电平较大时，宜取较小 R_P，使管子有足够的动态范围。

后级栅极电阻 $R_g{'}$ 对增益、输出电压及失真都有影响，希望选得大些，从最大输出电压考虑，$R_g{'}$ 应比 R_P 大 2～5 倍，但 $R_g{'}$ 是后一级电子管的栅极电阻，它的最大值由次级电子管及其工作方式决定，从电子管的工作稳定考虑，在实用上不宜过大，特别是屏极电流较大的功率放大管，更有严格限制。

阻容耦合放大器的最大输出电压远比电源供电电压为低，但低内阻电子管可输出较高的电压。

$$e_o = \frac{1}{4} \cdot \frac{R_P}{\mu R_P} \cdot (V_{bb}-0.3\mu) \quad [\mu=70\sim100 \text{ 三极管}]$$

$$e_o \approx \frac{1}{4} V_{bb} \quad\quad\quad [\mu=15\sim20 \text{ 三极管，} R_P(k\Omega)>>\mu]$$

$$e_\mathrm{o} \approx \frac{1}{4} \sim \frac{1}{6} \, V_\mathrm{bb} \qquad \text{[五极管]}$$

式中，e_o——最大输出电压（V_rms），V_bb——电源供电电压（V）。

若需要较大的输出电压，应使用屏极内阻低的中放大系数三极管（如 6CG7、12BH7A、5687），较高的电源电压，并选用较大的屏极电流（2.5～5mA），但为保持足够高的屏极电压，扩大动态范围，屏极电阻不宜取得太大（如 22～47kΩ）。

阻容耦合放大电路中，栅极偏压电路大多采用阴极自给偏压方式，极少采用固定电源供给的固定栅偏压方式。因为高互导管如果采用固定栅偏压，由于电子管特性的不一致性，工作点容易变动，必须分别进行调整，极不方便，故大多采用阴极电阻取得的自给偏压。自给偏压的静态工作点可自动调整，工作稳定，不易受电源电压波动的影响，而且电路简单。

阴极电阻对失真影响较小，但和电压增益有关，通常在不需要得到最大输出电压时，阴极电阻取值小些为好，但稍大一些则对改善较大输入信号时的性能有利。对前置放大电子管而言，由于栅极存在初速电流，即使栅极电压为零或稍稍为负时，仍有从阴极发射的具有某一初速度的少数电子流进栅极，这个初速电流会使输入阻抗降低，故阴极电阻上的压降以 1V 左右为宜，为使其不受栅极初速电流影响，一般取 1.3～2V。对较大信号放大时，栅极偏压选得不当会使非线性失真增大，故务必把输入信号电压的峰值限制在栅极偏压值以下，使电子管屏极电流不进入截止区。

帘栅极电压大多是以串联电阻方式供给，简单而且稳定性好，当电子管特性不一致时，工作点有自动调节作用。五极管阻容耦合放大电路的帘栅极电阻 R_S，在一般情况下是屏极电阻 R_P 的 4～5 倍。帘栅极旁路电容器 C_S 一般接地，也可接到阴极，但有电流反馈作用，会对频率特性产生影响，没有阴极旁路电容器时，还会稍许降低增益。

阻容耦合放大电路的高频响应好时，施加负反馈也稳定。阻容耦合放大电路的高频响应取决于电子管内阻 r_p 和屏极电阻 R_P、次级栅极电阻 R_g' 的并联值和杂散电容的乘积。杂散电容包括电子管的跨路电容、电路布线对地电容、耦合电容器对地电容及次级电子管的实际输入电容等，所以减小 R_P 是改善高频响应唯一的方法。实用上，R_P 一般取 47～220kΩ，对三极管来说，取值大小并无问题，但五极管可认为 100kΩ 是它的最大值，高频上限在 20kHz。

例如，阻容耦合放大器在 $R_\mathrm{P} = 100\mathrm{k}\Omega$、$R_\mathrm{g}' = 220\mathrm{k}\Omega$、$C_\mathrm{C} = 0.1\mu\mathrm{F}$、$C_\mathrm{S} = 100\mathrm{pF}$（分布电容）时，五极管的低频下限 $f_\mathrm{L} \approx 5\mathrm{Hz}$，高频上限 $f_\mathrm{H} \approx 23\mathrm{kHz}$，高放大系数三极管（如 12AX7）的低频下限 $f_\mathrm{L} \approx 6\mathrm{Hz}$，高频上限 $f_\mathrm{H} \approx 45\mathrm{kHz}$，中放大系数三极管（如 6SN7GT、12AU7）的低频下限 $f_\mathrm{L} \approx 6.8\mathrm{Hz}$，高频上限 $f_\mathrm{H} \approx 125\mathrm{kHz}$。

电子管的输入电容，由于密勒效应的作用，其实际等效输入电容会大幅增大，见表 3-2。五极管由于栅屏间电容极小，密勒效应对输入电容的影响也小。

表 3-2　　　　　　　　　　　三极管的实际输入电容

型　　号	放 大 倍 数	实际输入电容（pF）
6SL7GT	40～55	200～320
6SN7GT	14～16	85～115
12AT7	30～40	150～180
12AU7	12～14	45～65
12AX7	50～70	185～330

阻容耦合放大器中，各电容器的电容量为：

$$C_C = \frac{159}{R_g' f_L}(-3\text{dB}) = \frac{318}{R_g' \cdot f_L}(-1\text{dB})$$

$$C_K = \frac{159}{R_K \cdot f_L}(-3\text{dB}) = \frac{318}{R_K \cdot f_L}(-1\text{dB})$$

$$C_S = \frac{159}{R_S \cdot f_L}(-3\text{dB}) = \frac{318}{R_S \cdot f_L}(-1\text{dB})$$

式中，C_C、C_K、C_S——耦合、阴极、帘栅极电容（μF），R_g'、R_K、R_S——次级栅极、阴极、帘栅极电阻（kΩ），f_L——最低重放频率（Hz），可取 10Hz。

阻容耦合放大器的耦合、阴极和帘栅极电容器的计算值见表 3-3、表 3-4、表 3-5，可选用近似的标准系列值使用。

表 3-3　　　　　　　　　　　耦合电容器值

R_g'	10Hz/–3dB	10Hz/–1dB	实 用 值
1MΩ	0.016μF	0.033μF	0.022～0.047μF
470kΩ	0.033μF	0.068μF	0.033～0.1μF
270kΩ	0.06μF	0.12μF	0.1～0.22μF

表 3-4　　　　　　　　　　　阴极旁路电容器值

R_K	10Hz/–3dB	10Hz/–1dB	实 用 值
3.3kΩ	4.8μF	9.6μF	10～22μF
2.2kΩ	7.2μF	14μF	15～33μF
1.5kΩ	10.6μF	21μF	22～47μF
1kΩ	15.9μF	31μF	33～68μF
470Ω	33.8μF	68μF	47～100μF
300Ω	53μF	106μF	100～220μF

表 3-5　　　　　　　　　　　　帘栅极旁路电容器值

R_S	10Hz/−3dB	10Hz/−1dB	实　用　值
270kΩ	0.058μF	0.116μF	
330kΩ	0.048μF	0.096μF	0.1～0.22μF
390kΩ	0.041μF	0.08μF	
470kΩ	0.034μF	0.066μF	

耦合电容器 C_C 的取值，将会影响放大电路的低频响应和负反馈时的相移，在可能范围内应取较大值，但不可过大，以免影响响应速度。耦合电容器的介质不同，对放大器音色有不同影响，选用时应予注意。此外，阻容耦合放大电路的低频响应还受阴极旁路电容器 C_K 及帘栅极旁路电容器 C_S 的影响，应取计算值或稍大，但过大会影响快速变化的信号，一般阴极旁路电容器取 33～100μF，帘栅极旁路电容器取 0.05～0.5μF。当然耦合电容器和帘栅极旁路电容器还要注意它的额定工作电压，必须大于电源电压。

耦合电容器在信号通路中除隔直流外，还将产生一个高通滤波效应，使低于某一频率的信号以−6dB/oct 乘以电容器数量的速度衰减，会造成负面影响，在电路设计时必须了解。

屏极电源电压 V_{bb} 在电子管允许范围内要尽可能选得高些，使屏极实际电压较高，电子管特性的线性范围有所扩大，如 12AX7、12AU7、6AU6、EF86 等最高可达 400V，这对取得更大的输出电压和增益都有利，而且失真小。实用时要求屏极电源电压至少高于电路最大输出电压的 4 倍。五极管决定屏极电流 I_P 的是栅极电压和帘栅极电压，当 I_P 大时，R_P 上压降增大，屏极电压变小，使栅极前面产生虚阴极而大大降低电子管的放大作用，所以 R_P 增大时，必须减小 I_P，务必使屏极电压高于供电电压的 1/3，而且高于帘栅极电压。

阻容耦合放大的谐波失真和互调失真，在输出电压为 1Vrms 时都在 1%或更小，而且电源供电电压越高，失真越小。屏极电阻 R_P 增大，在输出电压相同时，屏极电流减小，增益增大，电子管输入信号电压降低，使实际工作范围变小，谐波失真减小。通常主放大器中才有需要大信号输入电平 1Vrms 以上，中间放大器各级都是小信号输入。一般五极管及高放大系数三极管的最大不失真输入信号电压（THD<5%）均在 0.5Vrms 左右，如 6SJ7 和 12AX7 在 0.5Vrms，12AT7 在 0.6Vrms，6SL7GT 在 0.8Vrms，中放大系数三极管则可达 1.5Vrms 以上，如 12AU7 在 1.7Vrms，6SN7GT 在 2.5Vrms 以上。

常用电子管在作 RC 耦合不同输出电压时的失真度可参考表 3-6。

如果不需要较大的增益，可不用阴极旁路电容器，这时电子管的电压增益将比使用阴极旁路电容器时降低约一半，但失真减小。实例见图 3-3 及表 3-7。

表 3-6　　　　　　　　　　　RC 耦合放大的输出电压与失真度

型　号	$e_o =$ 1V$_{rms}$	$e_o =$ 2V$_{rms}$	$e_o =$ 5V$_{rms}$	$e_o =$ 10V$_{rms}$	$e_o =$ 20V$_{rms}$	R_P	R_{Sg}	R_K	R_g'	G_r
12AX7	0.5%～1%	0.9%～1.5%	2%～3%	4.3%～5%	/	100kΩ 270kΩ	/	1.8kΩ 3.3kΩ	270kΩ 470kΩ	54 66
12AT7	0.55%～1%	1%～2%	2.6%～5.6%	5.2%～10.4%	/	100kΩ 270kΩ		680Ω 1.8kΩ	270kΩ 470kΩ	39 37
12AU7	0.6%～0.9%	1.6%～1.8%	3%～4.5%	6%～9%	/	47kΩ 100kΩ		1kΩ 1.8kΩ	270kΩ 470kΩ	14 14
12BH7A	0.18%～0.23%	0.35%～0.42%	0.85%～1.1%	1.7%～2%	3.5%～4.2%	15kΩ 33kΩ		1.43kΩ 2.47kΩ	91kΩ 91kΩ	11.5 13.1
6AU6	0.5%～0.56%	0.4%～0.57%	2.5%～2.7%	9.5%～12%	4.9%～5.6%	100kΩ 270kΩ 100kΩ 270kΩ		470Ω 470Ω	270kΩ 470kΩ	190 200
EF86	0.38%～0.4%	0.75%～0.97%	1.9%～2%	3.7%～4.9%	7.2%～8%	100kΩ 390kΩ 100kΩ 390kΩ		1.2kΩ 1.2kΩ	330kΩ 470kΩ	118 125
6SN7GT	0.34%～0.38%	0.65%～0.8%	1.6%～4.3%	3.2%～4.3%	6.1%～7.5%	47kΩ 100kΩ	/	2.2kΩ 3.9kΩ	270kΩ 470kΩ	15 16
6SL7GT	0.34%～0.65%	0.65%～1.4%	1.6%～3.2%	3.2%～6.5%	8%～10%	100kΩ 270kΩ	/	3.3kΩ 5.6kΩ	270kΩ 470kΩ	32 41.6

注：$V_{bb} = 250V$

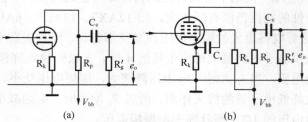

图 3-3　RC 耦合放大的电流负反馈

表 3-7　　　　　　　　　典型放大管电流负反馈的增益与反馈量

型　号	R_P	R_S	R_K	R_g'	反馈量	增　　益
6SN7GT	100kΩ	—	4kΩ	500kΩ	5dB	9.1 倍　（19.2dB）
6SL7GT	250kΩ	—	4kΩ	500kΩ	6.8dB	22.7 倍　（27.2dB）
12AU7	100kΩ	—	2kΩ	500kΩ	2.6dB	10.6 倍　（20.5dB）
12AT7	100kΩ	—	1.5kΩ	500kΩ	4.9dB	23.5 倍　（27.4dB）
12AX7	250kΩ	—	4kΩ	1MΩ	7.6dB	29 倍　　（29.2dB）
6AU6	100kΩ	300kΩ	1kΩ	250kΩ	11.3dB	51.5 倍　（34.2dB）
EF86	100kΩ	400kΩ	1.5kΩ	500kΩ	10.3dB	38 倍　　（31.6dB）
6SJ7GT	250kΩ	1.2MΩ	2kΩ	500kΩ	10dB	56 倍　　（35dB）

关于阻容耦合放大，美国 RCA 公司及 SYLVANIA 公司都在其电子管手册中提供了实验数据，可参考表 3-8 至表 3-26。

表 3-8 　　　　　　　　　　　　　RCA 6SJ7GT

V_{bb}	R_P	R_g'	R_S	R_K	e_o*	G_o
300V	100kΩ	250kΩ	370kΩ	530Ω	96V	98
		500kΩ	470kΩ	590Ω	101V	104

*表中所列输出电压为峰值，非线性失真约为 5%，实用中应降格一半使用。

表 3-9 　　　　　　　　　　　　　RCA 6AU6，6SH7

V_{bb}	R_P	R_g'	R_S	R_K	e_o*	G_o
300V	100kΩ	100kΩ	220kΩ	500Ω	76V	109
		220kΩ	240kΩ	600Ω	103V	145
		470kΩ	260kΩ	700Ω	129V	168

*表中所列输出电压为峰值，非线性失真约为 5%，实用中应降格一半使用。

表 3-10 　　　　　　　　　　　　　RCA 6AG5，6BC5

V_{bb}	R_P	R_g'	R_S	R_K	e_o*	G_o
300V	220kΩ	220kΩ	600kΩ	980Ω	51V	222
		470kΩ	680kΩ	1090Ω	64V	288
		1MΩ	700kΩ	1150Ω	74V	334

*表中所列输出电压为峰值，非线性失真约为 5%，实用中应降格一半使用。

表 3-11 　　　　　　　　　　　RCA 6SN7GT□，6CG7□，6J5GT

V_{bb}	R_P	R_g'	R_K	e_o*	G_o
300V	50kΩ	50kΩ	1.02kΩ	41V	13
		100kΩ	1.27kΩ	51V	14
		150kΩ	1.5kΩ	60V	14
	100kΩ	100kΩ	1.9kΩ	43V	
		250kΩ	2.44kΩ	56V	14
		500kΩ	2.7kΩ	64V	

* 表中所列输出电压为峰值，非线性失真约在 5%左右，实用上应降格一半使用。

□ 每个三极部分。

表 3-12 　　　　　　　　　　　　RCA 12AU7□，6C4

V_{bb}	R_P	R_g'	R_K	e_o*	G_o
300V	47kΩ	47kΩ	870Ω	38V	
		100kΩ	1.2kΩ	52V	12
		220kΩ	1.5kΩ	68V	
	100kΩ	100kΩ	1.9kΩ	44V	
		220kΩ	3kΩ	68V	12
		470kΩ	4kΩ	80V	

* 表中所列输出电压为峰值，非线性失真约在 5%左右，实用上应降格一半使用。

□ 每个三极部分。

表 3-13　　　　　RCA　6SL7GT□，6AQ6，6AT6（三极部分）

V_{bb}	R_P	R_g'	R_k	e_o*	G_o
300V	100kΩ	100kΩ	1.5kΩ	40V	34
		220kΩ	1.8kΩ	54V	38
		470kΩ	2.1kΩ	63V	41
	220kΩ	220kΩ	2.6kΩ	51V	42
		470kΩ	3.2kΩ	65V	46
		1MΩ	3.7kΩ	77V	48

* 表中所列输出电压为峰值，非线性失真约在 5%左右，实用上应降格一半使用。

□ 每个三极部分。

表 3-14　　　　　　　　RCA　6BQ7-A□，6BZ7□

V_{bb}	R_P	R_g'	R_k	e_o*	G_o
300V	47kΩ	47kΩ	438Ω	38V	26
		100kΩ	540Ω	48V	27
		220kΩ	644Ω	57V	27
	100kΩ	100kΩ	1009Ω	42V	25
		220kΩ	1332Ω	56V	26
		470kΩ	1609Ω	64V	26

* 表中所列输出电压为峰值，非线性失真约在 5%左右，实用上应降格一半使用。

□ 每个三极部分。

表 3-15　　　　　　　　RCA　12AT7□，6AB4

V_{bb}	R_P	R_g'	R_k	e_o*	G_o
300V	100kΩ	100kΩ	974Ω	37V	34
		220kΩ	1404Ω	57V	34
		470kΩ	2169Ω	78V	33
	220kΩ	220kΩ	2510Ω	50V	33
		470kΩ	4200Ω	78V	33
		1MΩ	4950Ω	85V	32

* 表中所列输出电压为峰值，非线性失真约在 5%左右，实用上应降格一半使用。

□ 每个三极部分。

表 3-16　　　　RCA 12AX7□，6EU7□，7025□，6AV6（三极部分）

V_{bb}	R_P	R_g'	R_k	e_o*	G_o
300V	100kΩ	100kΩ	1.3kΩ	43V	45
		220kΩ	1.5kΩ	57V	52
		470kΩ	1.7kΩ	66V	57
	220kΩ	220kΩ	2.2kΩ	34V	59
		470kΩ	2.8kΩ	69V	65
		1MΩ	3.1kΩ	79V	68

* 表中所列输出电压为峰值，非线性失真约在 5%左右，实用上应降格一半使用。

□ 每个三极部分。

表 3-17　　　　　　　　　　　　　　SIEMENS EF86

V_{bb}	R_P	R_g'	R_S	R_k	I_k	$e_o^\triangle$	G_V	THD
250V					2.1mA	50V	112	
300V	100kΩ	330kΩ	390kΩ	1kΩ	2.5mA	64V	116	5%
350V					2.9mA	75V	120	
400V					3.3mA	87V	124	

表 3-18　　　　　　　　　　　　　　SIEMENS ECC82□

V_{bb}	R_P	R_g'	R_k	I_b	$e_o^\triangle$	G_V	THD
250V				3.02mA	34V		6.4%
300V	47kΩ	150kΩ	1.2kΩ	3.65mA	43V	13.5	6.5%
350V				4.30mA	51V		6.6%
400V				5.0mA	59V		6.7%
250V				1.63mA	32V		5.9%
300V	100kΩ	330kΩ	2.2kΩ	1.97mA	41V	14	6.0%
350V				2.30mA	49V		6.1%
400V				2.62mA	57V		6.2%

△ 表中所列输出电压为最大有效值。

□ 每个三极部分。

表 3-19　　　　　　　　　　　　　　SIEMENS ECC83□

V_{bb}	R_P	R_g'	R_k	I_b	$e_o^\triangle$	G_V	THD
250V			1.5kΩ	0.86mA	26V	54.5	3.9%
300V	100kΩ	330kΩ	1.2kΩ	1.11mA	30V	57	2.7%
350V			1.0kΩ	1.40mA	36V	61	2.2%
400V			0.82kΩ	1.72mA	38V	63	1.7%
250V			2.7kΩ	0.48mA	28V	66.5	3.4%
300V	270kΩ	680kΩ	2.2kΩ	0.63mA	36V	72	2.6%
350V			1.5kΩ	0.85mA	37V	75.5	1.6%
400V			1.2kΩ	1.02mA	37V	76.5	1.1%

△ 表中所列输出电压为最大有效值。

□ 每个三极部分。

表 3-20　　　　　　　　　　　　SYLVANIA 12AU7□，6C4

V_{bb}（V）	250			
R_P（kΩ）	47		100	
R_g'（MΩ）	0.1	0.27	0.1	0.47
R_k（kΩ）	1	1	1.5	1.8
I_P（mA）	3.2	3.2	1.78	1.72
V_g（V）	−3.2	−3.2	−2.67	−3.10
V_P（V）	150.5	150.5	72	78
e_i（V$_{rms}$）	1.0	1.0	1.0	1.0
e_o（V$_{rms}$）	13.5	14.1	13.8	14.3
G_V	13.5	14.1	13.8	14.3
THD（%）	3.3	3.1	3.8	2.8

续表

V_{bb} (V)	250			
R_P (kΩ)	47		100	
e_i (V_{rms})	1.7	1.7	1.34	1.7
e_o (V_{rms})	23.0	24.0	18.5	24.5
G_V	13.5	14.1	13.8	14.3
THD (%)	4.9	4.6	5.0	5.0

表 3-21 SYLVANIA 6SL7GT[□]

V_{bb} (V)	250				
R_P (kΩ)	100		270		
$R_g{'}$ (MΩ)	0.27	0.47	0.27	0.47	1.0
R_k (kΩ)	1.8	2.2	3.3	3.9	3.9
I_P (mA)	0.917	0.83	0.475	0.44	0.44
V_g (V)	−1.65	−1.83	−1.57	−1.72	−1.72
V_P (V)	158.3	167	122	131	131
e_i (V_{rms})	0.1	0.1	0.1	0.1	0.1
e_o (V_{rms})	4.0	4.1	4.5	5.0	5.25
G_V	40.0	41.0	45.0	50.0	52.5
THD (%)	0.6	0.5	0.6	0.5	0.4
e_i (V_{rms})	0.87	1.03	0.83	0.97	0.97
e_o (V_{rms})	33.6	41.5	36.3	46.6	48.8
G_V	38.6	40.2	43.7	48.0	50.4
THD (%)	4.0	4.8	4.5	4.8	3.8

表 3-22 SYLVANIA 12AX7[□]

V_{bb} (V)	250				
R_P (kΩ)	100		270		
$R_g{'}$ (MΩ)	0.27	0.47	0.27	0.47	1.0
R_k (kΩ)	1.8	1.8	3.3	3.3	3.9
I_P (mA)	0.84	0.84	0.45	0.45	0.41
V_g (V)	−1.51	−1.51	−1.49	−1.49	−1.59
V_P (V)	166	166	128	128	139
e_i (V_{rms})	0.1	0.1	9.1	0.1	0.1
e_o (V_{rms})	5.4	5.7	6.1	6.6	6.9
G_V	54.0	57.0	61.0	66.0	69.0
THD (%)	0.3	…	0.5	0.2	0.2
e_i (V_{rms})	0.5	0.5	0.41	0.45	0.54
e_o (V_{rms})	26.5	28.5	24.5	29.0	37.0
G_V	53.0	52.0	59.8	64.4	68.5
THD (%)	5.0	4.4	4.95	4.4	4.8

□ 每个三极部分。

表 3-23　SYLVANIA 6SN7GT[口]

V_{bb}（V）	250			
R_P（kΩ）	47		100	
R_g'（MΩ）	0.1	0.27	0.1	0.47
R_k（kΩ）	1.5	2.2	2.7	3.9
I_P（mA）	2.79	2.4	1.49	1.31
V_g（V）	−4.18	−5.28	−4.03	−5.11
V_P（V）	119	137	101	119
e_i（Vrms）	1.0	1.0	1.0	1.0
e_o（Vrms）	14.8	15.0	15.2	16.2
G_V	14.8	15.0	15.2	16.2
THD（%）	1.4	1.4	1.8	1.3
e_i（Vrms）	2.70	3.50	2.55	3.30
e_o（Vrms）	39.9	52.5	38.4	53.0
G_V	14.7	15.0	15.0	16.1
THD（%）	4.1	4.9	4.9	4.6

[口] 每个三极部分。

表 3-24　SYLVANIA 12AT7[口]

V_{bb}（V）	250			
R_P（kΩ）	100		270	
R_g'（MΩ）	0.27	0.47	0.47	1.0
R_k（kΩ）	680	680	1800	2200
I_P（mA）	1.62	1.62	0.69	0.65
V_g（V）	−1.1	−1.1	−1.24	−1.43
V_P（V）	86.9	86.9	62.3	75.6
e_i（Vrms）	0.1	0.1	0.1	0.1
e_o（Vrms）	3.9	4.1	3.7	3.65
G_V	39	41	37	36.5
THD（%）	0.54	1.0	0.92	0.79
e_i（Vrms）	0.61	0.49	0.56	0.71
e_o（Vrms）	23	19.7	20.6	25.5
G_V	37	40.2	36.8	35.9
THD（%）	4.4	4.2	4.2	4.6

[口] 每个三极部分。

表 3-25　SYLVANIA 6SJ7-GT

V_{bb}（V）	250	
R_P（kΩ）	100	
R_{sg}（kΩ）	390	
R_g'（MΩ）	0.27	0.47
R_k（kΩ）	0.56	0.56
I_P（mA）	1.77	1.77
I_{sg}（mA）	0.50	0.50
V_g（V）	−1.27	−1.27
V_{sg}（V）	55	55
V_P（V）	73	73
e_i（Vrms）	0.1	0.1
e_o（Vrms）	10.2	11.5
G_V	102	115
THD（%）	0.7	0.8
e_i（Vrms）	0.5	0.5
e_o（Vrms）	47	54
G_V	94	108
THD（%）	4.2	5.0

表 3-26　SYLVANIA 6AU6

V_{bb}（V）	250	
R_P（kΩ）	100	
R_{sg}（kΩ）	270	
R_g'（MΩ）	0.27	0.47
R_k（kΩ）	470	470
I_P（mA）	1.74	1.74
I_{sg}（mA）	0.68	0.68
V_g（V）	−1.1	−1.1
V_{sg}（V）	66	66
V_P（V）	76	76
e_i（Vrms）	0.1	0.1
e_o（Vrms）	19.0	20.0
G_V	190	200
THD（%）	2.7	2.5
e_i（Vrms）	0.32	0.32
e_o（Vrms）	54.0	56.0
G_V	169	185
THD（%）	4.9	3.2

表 3-27　　　　　　　　前苏联 6H30П-EB 实验数据

电源电压	200V			300V		
屏极电阻	4.7kΩ	7.5 kΩ	15 kΩ	4.7kΩ	7.5 kΩ	15 kΩ
屏极电压	132V	122V	118V	185V	180V	170V
屏极电流	14.5mA	10.4mA	5.47mA	24.5mA	16mA	8.67mA

续表

阴极电压	7-16V	6.76V	7.37V	9.77V	10.2V	10.4V
阴极电阻	490Ω	620Ω	1,36kΩ	398Ω	628Ω	1.20kΩ
增益（5V）	12.3	12.6	12.6	12.6	12.7	12.9
最大输出 电　压	30V$_{rms}$ * 60～68V$_{rms}$ **			60V$_{rms}$ * 115V$_{rms}$ **		

* THD 5%　** THD 10%　□ 每个三极部分。

表 3-28　　　　　　　　　　　JJ ECC99 实验数据

电源电压	300V		400V	
屏极电阻	10kΩ	20kΩ	10kΩ	20kΩ
屏极电压	194V	165V	233V	214V
屏极电流	10.9mA	6.75mA	14.8mA	9.25mA
阴极电压	6.9V	6.25V	8.08V	8.20V
阴极电阻	633Ω	920Ω	481Ω	886Ω
增益（10V）	16.7	18.8	18.8	18.9
最大输出 电　压 *	/ 74V$_{rms}$		124V$_{rms}$ 112V$_{rms}$	

* THD 10%　□ 每个三极部分。

在低电平阻容耦合放大电路中，还有一种简单的零偏压电路，如图 3-4 所示，它使用高放大系数三极管或五极管，采用 5～10MΩ 高值栅极电阻，利用栅阴间的空间电荷内有随机的电子碰撞，当栅极电阻在 2MΩ 以上时，接触电位差自动产生栅偏压，故也称接触偏压电路，这种电路在输入信号电平很小的前级使用，失真程度无关紧要，由于阴极直接接地，没有产生交流声的顾虑。但因为在栅极上有流动的初速电流，这种电路的输入阻抗较低，在大信号时的失真也较大。该电路中的等效栅极电阻可以认为仅是其直流电阻值的 1/10，所以不能减小输入耦合电容器的电容量。输入耦合电容器（μF）与栅极电阻（MΩ）的乘积应在 0.02～0.1 之间，一般可取 0.005μF 及 10 MΩ，下级栅极电阻 R_g' 必须是屏极电阻 R_P 的 2 倍以上。零偏压 RC 耦合放大的实验数据见表 3-29～表 3-32。

表 3-29　6AV6（三极部分）

V_{bb}	250V	
R_P	100kΩ	270kΩ
R_g'	470kΩ	470kΩ
I_P	1.1mA	0.54mA
V_P	140V	104V
G_o	63	75
THD	0.8%	1.0%

表 3-30　12AX7（每个三极部分）

V_{bb}	250V	
R_P	100kΩ	270kΩ
R_g'	470kΩ	470kΩ
I_P	1.16mA	0.57mA
V_P	134V	96V
G_o	63	72
THD	/	/

表 3-31　12AT7（每个三极部分）

V_{bb}	250V	
R_P	100kΩ	270kΩ
R_g'	470kΩ	470kΩ
I_P	1.82mA	0.75mA
V_P	68V	48V
G_o	44	41
THD	1.5%	1.22%

表 3-32　6SL7（每个三极部分）

V_{bb}	250V	
R_P	100kΩ	270kΩ
R_g'	470kΩ	470kΩ
I_P	1.36mA	0.64mA
V_P	114V	77V
G_o	43.2	51
THD	0.4%	0.4%

　　在早期的声频放大器中，由于当时生产的三极电子管放大系数都较低，曾广泛使用变压器耦合放大电路，如图 3-5 所示，耦合变压器初、次级线圈的圈数比为 1:1～3。随着高增益电子管的出现，已被结构简单，特性良好的阻容耦合放大电路所淘汰，但在输入输出的耦合以及 AB₂ 类推挽放大的驱动级等场合，至今仍在使用变压器。

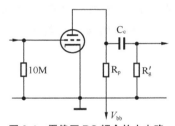

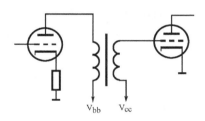

图 3-4　零偏压 RC 耦合放大电路　　　　　　图 3-5　变压器耦合放大

　　变压器耦合放大所用的变压器初级线圈有直流流过，铁心易于饱和，造成阻抗减小，增益降低，使频率特性在低频段下降，分布电容则使高频段也有所下降，其频率响应范围取决于耦合变压器的品质。通常级间耦合声频变压器适用于屏极电流为 $2\sim8mA$，工作点上屏极内阻为 $8\sim15k\Omega$ 的电子管。

　　变压器耦合放大和阻容耦合放大比较，有下述优缺点：

（1）电子管栅极电路是变压器次级线圈，直流电阻很小，所以工作稳定。

（2）使用次级带中心抽头的变压器，构成推挽放大器非常简便。

（3）阻抗变换方便。

（4）放大系数虽较高，但频率响应受变压器性能制约。

（5）变压器耦合相移较大，不利施加负反馈。

　　还有一种阻抗耦合放大器，那是将低频扼流圈代替阻容耦合放大器中的屏极电阻，由于扼流圈直流电阻小，屏极能得到很高电压，所以输出电压也大。要使低频特性好，必须增大初级线圈电感量，但也会造成分布电容增大，使高频特性恶化，故要得到均匀的频率特性很不容易。

资料

汽船声

汽船声（motorboating）是频率为数赫兹的超低频寄生振荡，因振荡发出的"噗—噗—"声听起来与汽船发动机的声音相似而得名。这是由于多级放大器的电源公共阻抗耦合而致频率为 1 ~ 10Hz 的间歇自激振荡现象，在三级以上放大器中常会发生。为此必须在第一级放大的电源设置去耦电路，或对各放大级电路单独供电。

密勒效应

密勒效应（Miller effect）是指三极电子管屏极电路通过屏极和栅极之间的内部电容的反馈，屏极通过阴极、栅极间电容在栅极上感应静电荷，使电子管栅极、阴极间的等效电容增大，引起电子管有效输入电容的增大。其实际等效电容为

$$C_{gk} + (1 + G_0)C_{gp}$$

等效噪声电阻

低频放大电子管的噪声电平，主要由散粒噪声构成，通常以换算成的等效噪声电阻表示。三极管的等效噪声电阻与其互导成反比，互导大的电子管，其噪声电阻小，五极管的噪声电平通常要比三极管大 3 ~ 4 倍。一般三极管的等效噪声电阻为 0.5 ~ 1.5kΩ，普通高频五极管为 2 ~ 5kΩ，低噪声管为 100 ~ 300Ω。

电子管的内部噪声电平还与其阴极偏压电阻值的大小有关，并随该电阻值的增大而增大，接入旁路电容器可大大降低这个噪声电平。

初速电流

当电子管的阴极被加热时，从阴极上飞跃出来的电子具有一定的初速度，所以当二极管的屏极（或三极管的栅极）电压为零或稍负（如–0.5V）时，仍会有少许电子跑到屏极（或栅极），形成初速电流（initial-velocity current）。初速电流随阴极与屏极（或栅极）的接触电位差及阴极的放射状态而异。

第4章

电子管级联放大器与 SRPP 电路

6922 Amperex

E88CC SIEMENS

12AT7 Amperex BB

E188CC Mullard

级联放大器（coscade amplifier）也称串接放大器，可在固有噪声电平很小的情况下获得很高的增益，电路的通频带则取决于与屏极电路并联的总电容和屏极负载电阻值。为了提高放大器的线性并扩大其动态范围，可以引入负反馈。级联放大器用在输入信号电平很低的放大器中，即需要把固有噪声降低到最小的地方，如话筒放大电路。

级联放大器原来主要用于高频和甚高频，见图 4-1，由阴极接地的电子管 V1 的屏极和栅极接地的电子管 V2 的阴极直接相连，V2 栅极由电容器旁路接地。输出信号由 V2 屏极负载电阻取得。所以级联放大器以三极管可获得高增益，数值上能与五极管放大的增益接近，而且避免五极管固有噪声电平较高的不足。

级联放大器的噪声系数几乎和由一个三极管组成的放大器的噪声系数相同，只有同样互导五极管的 1/3～1/5。但电路中 V2 若用固定栅偏压，当电子管的参数改变时，其工作状态也会发生改变，故而可应用 V2 栅极电流在电阻 R3 上产生自动栅偏压来消除上述不足，见图 4-2。

级联放大器使用相同特性三极管时的等效放大系数和等效内阻为：

$$\mu_e=\mu(\mu+1)\approx\mu^2$$
$$r_{pe}=r_p(\mu+2)\approx r_p\mu$$

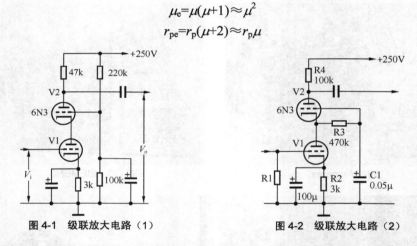

图 4-1　级联放大电路（1）　　　　　图 4-2　级联放大电路（2）

SRPP（shunt regulated push-pull）是级联放大器的变形，实际是一种两个三极管串接起来的并联控制推挽电路。其中一个电子管用以替代阴极接地放大器的屏极电阻，称屏极耦合型，见图 4-3；或替代屏极接地放大器的阴极电阻，称并联控制型，见图 4-4，也可称之为 SRPP 阴极跟随器。在前级放大中使用的是屏极耦合型，由于阴极接地放大电路以电子管恒流源作为它的屏极负载电阻，能使增益提高很多，输出电压动态范围扩大，失真减小，并有很高的输入阻抗和稳定性。电路中放大器有两个控制点，即两只电子管的栅极，这种双控制性能保证了放大器屏极电流的恒定。由增大等效屏极负载电阻来提高放大器的增益，由于等效屏极负载电阻值很大，电路的高频上限受到限制，使高频响应不良，必须引入负反馈加以扩展。SRPP 阴极跟随器在大动态范围内有较高的输入阻抗和接近于 1 的传输系数，并具有很强的驱动低负载能力。

级联放大器中使用的电子管，要求能在较低屏极电压下良好地工作，而且上面一只电子管的阴极与灯丝间的耐压要高。栅极接地电子管由于灯丝与阴极间的漏电流会使交流声混入其输入电路，为此要使用专用电子管，例如 6DJ8/ECC88 等，普通电子管则须用直流电源供给灯丝。

级联放大器中上、下臂电子管并不需要相同电流，为了提高电路的增益和线性，可在下管屏极与电源间接入一个电阻，见图 4-5，为下管提供额外电流，增大电子管互导。

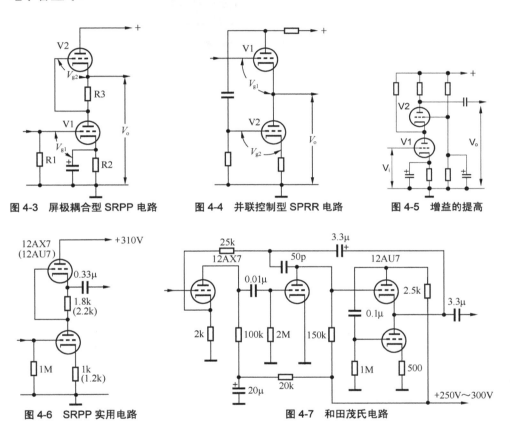

图 4-3　屏极耦合型 SRPP 电路　　图 4-4　并联控制型 SPRR 电路　　图 4-5　增益的提高

图 4-6　SRPP 实用电路　　　　　　图 4-7　和田茂氏电路

图 4-6 所示为屏极耦合型 SRPP 实用电路。图 4-7 所示是并联控制型 SRPP 的典型例子"和田茂氏"电路，原电路发表于日本杂志《ラヅオ技術》1969 年。

图 4-8 所示为动磁型唱头放大器电路，采用适合小信号放大的栅地-阴地级联放大，并联负反馈网络补偿 RIAA 特性为：500.5Hz + 3dB，50.25Hz + 17dB，1kHz ±0dB，2.1215kHz −3dB，21.215kHz −20dB。该电路噪声很低，电压增益 10（20dB，1kHz），输入阻抗 47kΩ。

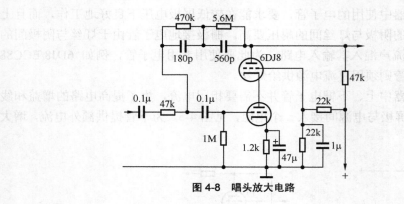

图 4-8　唱头放大电路

第 5 章

电子管功率放大器中
的输出级

KT88 GEC

6550 TUNG-SOL

EL34　Mullard

2A3　RCA

300B WE

211 GE

功率放大器（power amplifier）的功能是取得失真合乎要求的一定输出功率给负载。功率放大用电子管有三极管、五极管及集射管三种。三极管内阻低，线性好，失真小，但效率低，功率灵敏度低（激励电压高）。五极管效率高，功率灵敏度高，输出功率大，但内阻大，失真较大，特别是三次谐波较多。集射管介于上述两者之间，它与五极管相比，屏极特性电流上升较陡峭，低屏压时特性好，线性较好，谐波大部分是二次的，奇次谐波失真较小。随着负反馈技术的进步，多极管放大有了超线性接法、多重负反馈方式等，使多极管的缺点得到克服，而且增益高、效率高、功率大。合理设计时，三极管放大器和多极管放大器的性能难分优劣。

功率电子管的功率灵敏度（Power Sensitivity）$S = \dfrac{\sqrt{P_o}}{e_g}$

式中，P_o——电子管输出功率（W），e_g——电子管栅极激励电压（V_{rms}）。例如，三极功率管 45 为 0.0357，2A3 为 0.0587，300B 为 0.0568，五极功率管 6F6 为 0.151，6BQ5 为 0.58，EL34 为 0.381，集射功率管 6V6GT 为 0.24，6L6G 为 0.257，6550A 为 0.383，807 为 0.247。

功率电子管的效率是指其消耗功率与输出功率之比，

$$E_{ff} = \frac{P_o}{V_P \cdot I_P + V_{sg} \cdot I_{sg} + V_h \cdot I_h} \times 100\%$$

式中，V_P——屏极电压，V_{sg}——帘栅极电压，V_h——灯丝电压，I_P——屏极电流，I_{sg}——帘栅极电流，I_h——灯丝电流，P_o——输出功率。

例如，45 为 15.7%，2A3 为 19.8%，300B 为 28.3%，6F6 为 26.5%，6BQ5 为 35.8%，EL34 为 34.7%，6550/A 为 25.9%，6V6GT 为 31.8%，6L6G 为 28.9%，807 为 27.8%。

现代音箱大多并不是高灵敏度的，需要一定的输出功率去驱动，故而高质量功率放大器的输出级照例采用推挽（push-pull）电路，推挽放大与单端放大相比，具有下述优点：

① 输出变压器两个初级线圈中所流过的电流方向相反，磁通互相抵消，铁心的直流磁化现象较小，初级电感量大，变压器的非线性失真小，可使用体积较小的铁心。

② 两个电子管反相工作，产生的偶次谐波能够抵消，容易获得小的非线性失真，在同样失真度下能得到更大的输出功率。

③ 可采用 AB 类及 B 类放大，所取得的功率输出比单只电子管时要大，提高了效率，便于取得大的功率输出。

根据电子管偏压及信号幅度选择的不同，其工作状态可分 A 类（甲类，Class-A）、B 类（乙类，Class-B）和 AB 类（甲乙类，Class-AB）等。A 类放大的栅偏压加在转移特性（V_g-I_p 特性）的中间部分，运用于转移特性的直线部分，不论信号电平如何变化，其屏极电流是不变的。大多数小信号放大，都是 A 类放大。B 类放大的栅偏压接近截止值，无激励信号时，屏极电流近为零，加上激励信号时，屏极电流流通时间仅为信号周期的一半，故实现线性放大需用一对管子作推挽工作。AB 类放大的栅偏压使屏极电流流通时间大于半个周期而小于整个周期，在低驱动电平时，放大器为 A 类工作，当提高驱动电平时，变为 B 类工作。AB 类放大在字母 B 后加下标 1，表示在信号周期内均无栅极电流，若允许有栅极电流则加下标 2。

对于电子管的工作状态，最常采用的除 A 类状态外，还有 AB_1 类状态。在采用多极管作输出管时，用 AB_1 类放大已能得到很高的屏极效率。AB_2 类推挽放大在使用相同屏极电源电压和相同电子管时，虽能在更高的屏极效率下获得大功率输出，但在大信号输入时输出管会产生栅极电流，成为前级产生很大非线性失真的原因，故而在高保真功率放大中不被采用。各类电子管放大器的屏极效率可参见表 5-1。

表 5-1 电子管功率放大的屏极效率

工作类别	单端（SE）	推挽（PP）			
	A_1	A_1	AB_1	AB_2	B_1
理论效率	50%	50%	视工作点		78.5%
实际效率	13%～35%	30%～45%	40%～55%	50%～60%	50%～65%

A_1 类、AB_1 类及 B_1 类三类放大的最大输出功率相同，两屏极间的负载阻抗也可以相同。由于栅极偏压的变化而使零信号时的屏极电流也随之改变，所以不论工作于何种状态，其输出不变，就不必更换输出变压器。从 A_1 类转移到 B_1 类放大时，虽然屏极损耗减少，但栅极激励电压增大。

欲使功率放大级工作于最佳状态，必须考虑下列 3 点：

① 栅极输入信号的大小，应使栅极在负的范围内；

② 电子管的屏极耗散功率必须在允许值以内；

③ 工作点上的屏极电压。

要让三极功率管工作于最佳状态，它的最大不失真功率出现在负载阻抗等于屏极内阻的 2～3 倍时，由于输出功率最大的负载阻抗的非线性失真较大，为了减小非线性失真，实用上都用大一些的负载阻抗值。作为标称最佳负载阻抗，如图 5-1 所示是 2A3 的负载阻抗特性曲线，曲线显示了负载阻抗变化时相应的失真变化（单端输出）。

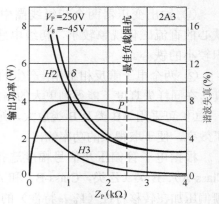

（ δ 为总谐波失真，H_2 及 H_3 为二次及三次谐波，P 为输出功率）

图 5-1　三极功率管的负载阻抗特性

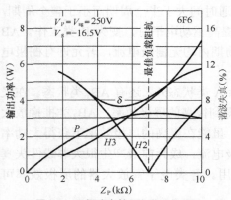

图 5-2　五极功率管的负载阻抗特性

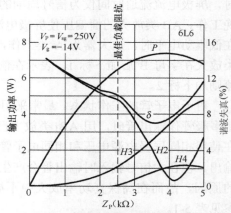

图 5-3　集射功率管的负载阻抗特性

五极功率管或集射功率管，只要屏极电压不太低，屏极电流就不受屏极电压影响。它们比三极功率管的功率灵敏度高、激励电压小，但失真较大、负载阻抗较高。五极功率管或集射功率管的最佳负载阻抗，取决于电子管的静态特性曲线，为屏极内阻的 0.25～0.1 倍，但负载阻抗不宜过大，因为随着负载阻抗的增大，其二次谐波虽有减小，但明显影响音质的三次谐波将会增大，图 5-2 及图 5-3 所示是 6F6GT 及 6L6G 的负载阻抗特性曲线。五极管作推挽放大时，其负载阻抗取值可比单端放大时要低，各管的二次谐波虽增加，而三次谐波却减少，由于推挽电路可使二次谐波相互抵消，总谐波失真也就减小。集射功率管的线性度略优于五极功率管，而且五极功率管的奇次谐波较为明显。

功率放大器的负载是扬声器系统——音箱，由于电动扬声器音圈的阻抗一般为数欧的低阻抗，不能直接作为电子管的负载，所以都要在电子管和负载之间设置输出变压器进行阻抗变换。电子管功率放大器中输出变压器的品质对整体性能的影响极大。在单端输出时，输出电子管的屏极电流流过输出变压器，往往会使铁心产生饱和，为此就要采用超大的铁心，并留铁心气隙，频率响应范围比推挽输出窄。推挽输出时，变压器的两个绕组为反相，输出电子管的屏极电流产生的磁通互相抵消，对给定功率的变压器铁心体积可减小，而且来自电源的交流声也被抵消，对电源要求较低。性能优秀的推挽输出变压器，其初级电感与漏感之比要达 15 000:1 以上，频率响应可达 10～100kHz±1dB。

电子管采用自给偏压（self bias）时，利用阴极电路中的电阻提供栅偏压，所需阴极电阻值 $R_K = V_g / I_K$，阴极电流 I_K 是屏极、帘栅极电流之和。由于一般输出级工作时随着信号的增大，阴极电流的直流成分也增大，使工作点左移，而阴极电阻有大容量旁路电容器时，阴极电路的时间常数会使工作点不能及时随信号改变偏移，大信号输出波形的快速变化受到抑制，使电子管输出功率有所减小，非线性失真增大。所以在 AB 类工作状态时，最好增大自给偏压的初值，使它相当于固定栅偏压工作状态的值，同时用大容量电容器予以旁路，就可取得良好效果。自给偏压电路简单，不需调整，还有自动稳定屏极电流的作用，电子管寿命较长，但有效屏极电压降低，输出功率有所减小。

对于有信号时阴极电流变化很大的 AB 类及 B 类放大，如果信号很大，$I_K R_K > E_P / \mu$ 时栅极偏压过大，会使输出失真，故不适宜使用自给偏压。但在有信号时屏极电流增加比较小的情况下，虽然工作在 AB 类放大，也是可以使用自给偏压的，这时阴极电阻 $R_K = V_g / I_{Kmin}$。

电子管采用固定偏压（fixed bias）时，在动态大信号时屏极电流会随之增大，所以能获得更大的输出功率，不易受压缩，听感较好，还有较小的非线性失真，但电子管寿命易受影响，而且电路比较复杂，需调整，特别是高 g_m 电子管推挽电路，栅极偏压值必须分别进行调整。当电子管的屏极耗散达到最大额定值的 80% 时，应采用自给偏压方式。固定偏压的稳定度较差，太高 g_m 的电子管通常不推荐使用固定偏压。

A 类放大由于工作区较窄，信号动态范围较小，两种偏压供给方式的差别不大。AB 类推挽放大，由于工作区的扩大，固定偏压比自给偏压方式的输出功率就较大，非线性失真则较小。

功率电子管栅极的最大输入信号峰值，不能超出栅极负偏压值，以免电子管进入非线性区而使输出失真。最大输出时的输入信号电压有效值 $e_i(V_{rms})$，可由下式求得：

$e_i = \dfrac{V_K}{\sqrt{2}}$，式中 V_K 为功率电子管阴极电压，即栅极偏压值。

在信号的峰值时，输出管的屏极电流及帘栅极电流增大，如若引起供电电压下降，则输出功率将受限制，非线性失真也增大，而尤以帘栅极电压的降低影响更大，帘栅极电压稳定不仅会减小失真，增加大信号峰值出现时工作的稳定性，还允许电路引入较深负反馈，故输出级帘栅极电压的稳定具有实际意义。功率电子管的帘栅极电流变化较大，需降低电压时，不宜采用串联电阻方式。

输出级功率电子管的控制栅极电阻，希望能予充分注意。在使用固定偏压时，该栅极电阻取值不能过大，一般在 50～100kΩ 以下；使用阴极自给偏压时，一般可取 500kΩ。栅极电阻阻值过大，再加上功率电子管的温度较高，会由于管内残留气体被电离或栅极受热发射电子而引起逆栅电流，此电流在栅极电阻上产生压降而使偏压减小，造成屏极电流异常，使工作不稳定，破坏平衡，甚至过载红屏，缩短电子管寿命。

推挽输出级中两个电子管的屏极电流的直流成分若不平衡，就会引起输出变压器铁心的直流磁化，使有效电感减小，成为失真增大的因素。为此，在栅极偏压的供电电路中，最好设置微调电路，以改变电子管工作点来平衡屏极电流中的直流成分，这个平衡以电子管无信号时的直流电流相等为标志。几种典型电路见图 5-4。调整电路中的电位器，可减少交流声并使电路精确平衡。

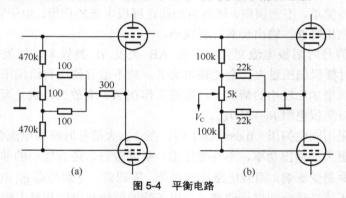

图 5-4　平衡电路

为了方便测量固定偏压功率输出电子管的静态电流（零信号输入时），一般在输出电子管的阴极对地串入一只 10Ω 电阻，测量该电阻两端的压降（如 0.5V），就能方便地得到该电子管的静态电流（如 50mA）。但这个串入的电阻会产生电流负反馈，所以测量好以后，最好用一短接片将其短接。

功率电子管可并联使用，这时互导增大，屏极内阻及负载阻抗减小，屏极总电流增加，输出功率相应提高，阻尼系数的改善还使低频的控制能力增强。但并联使用的电子管必须经过精细配对，一般并不推荐使用。

功率电子管的配对，与推挽放大电路性能的提高有很大关系，电子管的配对主要是屏极电流，其次是互导。实际上若上下管屏极电流相差较大，为了取得平衡，不能采用改变某一管栅极偏压的方法，否则会产生较大的动态失真，应该采用调换配对电子管的方法取得平衡。

在功率放大电路中，虽有包括整个放大器的环路负反馈，但在输出级还常采用把输出变压器包括在内的本级负反馈，以减小电子管的内阻及特性曲线的非线性。采用本级负反馈后，要求相应提高输出管的激励电压。在高质量放大器中，除标准的推挽放大接法外，还使用超线性放大、阴极负载输出等推挽放大电路。

超线性放大（Ultra-Linear amplification）电路是一种帘栅极由输出变压器初级绕组线圈抽头供电，将部分输出电压加到帘栅极取得负反馈的输出电路，见图 5-5。这种本级负反馈的反馈量取决于输出变压器接帘栅极抽头到中心抽头间圈数与初级绕组线圈的圈数比，适当选择抽头位置，可将奇次谐波失真减到最小，取得较好的线性。

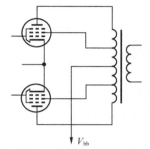

图 5-5　超线性放大电路

超线性抽头与初级绕组圈数的比值对不同电子管各不相同，都有一个内阻和非线性失真大幅降低的最佳值，如内阻可降到 1/10 以下，而输出功率的减小仅 5%～10%。图 5-6 是电子管 KT88 不同超线性抽头时（0%～100%抽头）的输出功率、失真系数、输出阻抗的关系。对于大多数五极功率管和集射功率管而言，它的超线性抽头与初级绕组圈数的比值 $\dfrac{N_{\text{sg}}}{N_{\text{P}}}$（式中 N_{sg} 为帘栅极绕组圈数，N_{P} 为初级绕组总圈数）也不相同，如 6L6G、6BQ5、EL34、6550、KT88 等比值为 0.43，6V6GT、6AQ5 等则为 0.225。超线性 AB_1 类功放的放大特性见表 5-2。

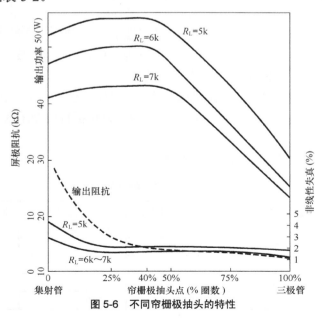

图 5-6　不同帘栅极抽头的特性

表 5-2　　　　　　　超线性 AB₁ 类功率放大特性

电子管型号	KT88			KT66		EL34		7027A	6L6G
屏极电源电压（V）	453	500	375	525	450	460	420	410	385
帘栅极电压（V）		436	328	500	400				
阴极电流（mA）	100～280	174～198	174～192	76～190	125～145	100	98	134～155	100
栅极电压（V）	−59	−52	−35	−67	−36	−31		−68	−35
阴极电阻（Ω）	/	2×600	2×400	/	2×560	320	340	220	350
负载阻抗(P-P)(kΩ)	4	6		10	7	6.6	6.6	8	6.6
输出功率（W）	70	50	30	50	32	30	24	24	24
谐波失真（%）		1.5	1	3	2	1		1.6	2

　　超线性放大的关键是优质输出变压器，要求有极小的漏感和分布电容以及高度的对称性，其结构对性能的影响极大。此外，超线性推挽对电路的对称性比较敏感，输出电子管参数差异引起的影响也较大。超线性放大由于帘栅极特性曲线特殊的非线性，故而帘栅负反馈有着复杂的非线性。

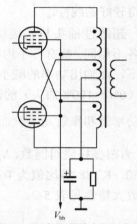

图 5-7　阴极负载输出放大电路

　　阴极负载输出放大电路是在输出变压器设置对称的阴极线圈，串联在输出功率管的阴极电路用作负反馈，如图 5-7 所示。电路中阴极线圈对输入回路是串联接入，提高了该级的输入阻抗，从而减轻激励级的负担，但这个线圈在输出回路中是并联接入，故而输出功率管的内阻会降低，由于阴极线圈上的反馈电压还加到栅极，会使该级的输出阻抗和失真得到进一步减小。这种反馈形式，是对增益或前级负载影响较小的实用单级电压反馈方式。

　　阴极负载输出放大的反馈线圈的圈数约是屏极绕组的 1/10，可使输出级的总谐波失真系数由 2%～3%降低到 0.7%左右，若加以包括输出变压器在内的大环路负反馈还可再降低。

　　表 5-3 所示为功率管不同接法的性能对照。

表 5-3　　　　　　　集射功率管不同接法的性能比较

工作模式	三极接法的集射管（A 类）	集射管标准接法（A 类）	超线性接法的集射管（最佳值）	阴极负载输出的集射管
效率（%）	27	38	36	36
相对功率输出	1	1.4	1.35	1.35
相对失真	1	2	1.5	0.5
阻尼系数	2～4	0.05～0.1	0.1～0.5	2

麦景图（McIntosh）放大电路是美 F.H.麦景图和 G.J.古伊在 1954 年提出的一种高效率、大输出、低失真的单端推挽变形电路，其输出变压器两个初级绕组的中点对声频来说都是地电位，故而它对地是对称的。激励电路的设计就比较简单了，输出变压器采用 C 形铁心，三个绕组用三股导线并绕，绕组间的电感耦合极为紧密，减小了漏感。该电路合成特性的等效负载阻抗与单端推挽电路一样，是普通推挽电路时两屏极间负载阻抗值的 1/4，分布参数的影响较小，见图 5-8。为了提高输出变压器各半绕组间的紧密耦合，电路中将输出电子管的帘栅极与另一侧输出电子管的屏极相连接。

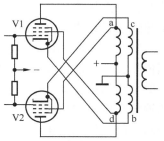

图 5-8　麦景图放大电路

电路中 a 点和 c 点，b 点和 d 点对声频电流而言处于同电位，激励电压加在 V1、V2 两电子管栅极与地间，V1、V2 电子管的输出电压以和阴极输出电路相同的形式进行负反馈，帘栅极电位对直流而言与屏极同电位，对声频则与阴极同电位。屏极电源接在两个初级绕组的中点，V1、V2 电子管的屏极直流电流在输出变压器初级绕组中互相抵消因而没有直流磁化产生。V1、V2 输出电子管阴极由输出变压器单独的绕组取得反馈信号，而不是从输出到扬声器之间取得，所以反馈环路工作很稳定。

单端（single-ended）功率放大曾广泛应用在收音机等小功率输出的场合，见图 5-9。由于单端放大的不对称性而有较多的二次谐波造就的泛音，有种独特的音色，近年来深受一些爱好者的热爱，其典型是直热式功率三极管单端功率放大器的重现。单端功率放大的缺点是效率低，实际效率仅有 13%～35%，要求功率管的耗散功率大，又因为输出变压器中有直流磁化现象，使输出变压器初级电感减小，低频特性变坏，并会增大非线性失真，所以为避免铁心饱和，需用一只体积很大的高成本输出变压器。另外，低内阻大功率三极管所需要的激励电压高，其激励放大级的设计制作难度大。这就是单端功率放大难以取得较大功率输出，而不被广泛应用的原因。典型单端功率放大特性见表 5-4。

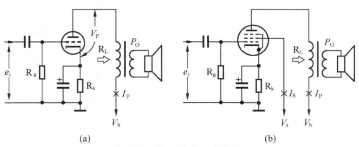

(a)　　　　　　　　　　　　　　　　　(b)

图 5-9　单端输出放大电路

　　单端功率放大若使用功率三极管，屏极电流很大，要求栅极丝要稀，栅极-阴极间距要近，不利于栅极-阴极间形成适当空间电荷，就需要发射效率高的直热式阴极。直热式功率三极管的灯丝电压要尽量低，由于电流很大灯丝就粗，可减小热惰性引起的交流声。

　　推挽（push-pull）功率放大是使用两个相互配合的信号回路，两回路的信号相位相反，而且输入和输出都对地平衡，是一种平衡放大器，如图 5-10 所示，它以两个相同特性电子管分别担任半个周期信号的放大，输出信号则在有中心抽头的输出变压器的初级线圈中混合。由于两管的工作完全相同，只是在时间上相差半个周期，一推一挽轮流交替工作，推挽放大由此得名。推挽功率放大能作 B 类放大，具有效率高，便于取得大功率输出，能抑制偶次谐波、避免输出变压器铁心直流磁化等优点，所以得到了广泛应用。典型推挽功率放大特性表 5-5。

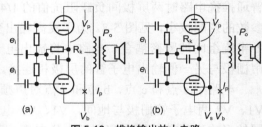

图 5-10　推挽输出放大电路

表 5-4　　　　　　　　　　　典型单端功率放大特性

型　号	屏极电压/电流	帘栅极电压/电流	阴极电阻	栅极电压	激励电压	负载阻抗	输出功率	总谐波失真
2A3	250V/60mA	/	750Ω	−45V	31.8V$_{rms}$	2.5kΩ	3.5W	5%
300B	300V/66mA	/	/	−58V	43.1V$_{rms}$	3.0kΩ	6.0W	5%
211	750V/34mA	/	/	−46V	41V$_{rms}$	8.8kΩ	5.6W	5%
	1000V/53mA	/	/	−61V	56V$_{rms}$	7.6kΩ	12W	5%
845	750V/95mA	/	/	−95V	85V$_{rms}$	4.0kΩ	15W	5%
	1000V/85mA	/	/	−145V	140V$_{rms}$	7.0kΩ	25W	5%
6BQ5(T)	250V/34〜36mA	/	270Ω	−7.2V	6.7V$_{rms}$	3.5kΩ	1.95W	9%
6L6G(T)	300V/41〜48mA	/	570Ω	−23V	19.2V$_{rms}$	5.0kΩ	2.4W	5.6%
EL34(T)	375V/70mA	/	370Ω	−26V	18.9V$_{rms}$	3.0kΩ	6.0W	8%
6V6GT	250V/45〜47mA	250V/4.5〜7mA	250Ω	−12.5V	8.9V$_{rms}$	5.0kΩ	4.5W	8%
6L6G	250V/75〜79mA	250V/5.4〜7.3mA	170Ω	−14V	9.9V$_{rms}$	2.5kΩ	6.5W	10%
EL34	268V/100mA	250V/14.9mA	117Ω	−13.5V	9.5V$_{rms}$	2.0kΩ	11W	10%
6BQ5	250V/48〜49.5mA	250V/6.5〜10.8mA	135Ω	−7.3V	5.2V$_{rms}$	5.2kΩ	5.7W	10%
6550A	250V/140〜150mA	250V/12〜28mA	91Ω	−14V	9.9V$_{rms}$	1.5kΩ	12.5W	7%
	400V/87〜105mA	225V/4〜18mA	/	−16.5V	11.7V$_{rms}$	3.0kΩ	20W	13.5%
807	300V/80mA	250V/5mA	170Ω		10.8V$_{rms}$	4.0kΩ	8.5W	

表 5-5 典型推挽功率放大特性

型　号	工作类型	屏极电压/电流	帘栅极电压/电流	阴极电阻(栅极电压)	激励电压	负载阻抗	输出功率	总谐波失真
2A3	AB_1	370V/80～100mA	/	780Ω	48V$_{rms}$	5kΩ(P-P)	10W	5%
300B	AB_1	350V/170～200mA	/	−67.5V	47.8V$_{rms}$	4kΩ(P-P)	20W	2%
6AS7G /6080	A_1 A_1	300V/120～128mA 335V/100～108mA	/	750Ω 1250Ω	64V$_{rms}$ 89V$_{rms}$	4kΩ(P-P) 6kΩ(P-P)	11W 13W	4%
6BQ5	AB_1 AB_1	250V/62～75mA 300V/72～92mA	250V/7～15mA 300V/8～22mA	130Ω 130Ω	8V$_{rms}$ 10V$_{rms}$	8kΩ(P-P) 8kΩ(P-P)	11W 17W	3% 4%
EL34	AB_1	405V/150～190mA	375V/23～45mA	130Ω	15.9V$_{rms}$	3.4kΩ(P-P)	35W	5%
6L6G	A_1 AB_1 AB_1	270V/134～145mA 360V/88～100mA 400V/112～128mA	270V/11～17mA 270V/5～17mA 300V/7～16mA	125Ω 250Ω 200Ω	14.2V$_{rms}$ 20V$_{rms}$ 20V$_{rms}$	5kΩ(P-P) 9kΩ(P-P) 6.6kΩ(P-P)	18.5W 24.5W 32W	2% 4% 2%
807	AB_1	360V/88～100mA	270V/5～17mA	250Ω	20.5V$_{rms}$	9kΩ(P-P)	24W	4%
KT88	AB_1 AB_1	560V/128～146mA 560V/120～290mA	300V/3.4～18mA 300V/3.4～30mA	460Ω×2(30V) −34V	21.2V$_{rms}$ 23.7V$_{rms}$	6kΩ(P-P) 4.5kΩ(P-P)	50W 100W	1.5% 2.0%
6550	AB_1	400V/180～270mA 600V/115～273mA 400V/166～190mA	275V/9～44mA 300V/4～41mA 300V/7.5～39mA	−23V −31V 140Ω	16.3V$_{rms}$ 22V$_{rms}$	3.5kΩ(P-P) 5kΩ(P-P) 4.5kΩ(P-P)	55W 100W 41W	3% 2.5% 4%
7027A	AB_1	400V/102～152mA 450V/95～194mA 540V/100～220mA 425V/150～196mA	300V/6～17mA 350V/3.4～19.2mA 400V/5～21.4mA 425V/8～20mA	−25V −30V −38V 200Ω	17.7V$_{rms}$ 21.2V$_{rms}$ 26.9V$_{rms}$ 24.2V$_{rms}$	6.6kΩ(P-P) 6kΩ(P-P) 6.5kΩ(P-P) 3.8kΩ(P-P)	34W 50W 76W 44W	2% 1.5% 2% 4%

资料

自激的防止

　　某些输出级功率电子管较易产生超高频自激振荡，如 EL34、807 推挽放大器在连线较长时，就要防止超高频自激，方法是在栅极串进 50Ω～1kΩ 的阻尼电阻，或在屏极就近串入 10Ω/3W 电阻作阻尼。但也可用铁氧体磁珠穿在电子管栅极或屏极引线上，增加高频损耗，这时并不引入直流或声频功率的损耗，铁氧体磁珠体积小，安装方便，可有效抑制 1MHz 以上信号。高互导功率电子管并联使用时，都必须在栅极串入防止超高频自激的阻尼电阻，但这个串入的电阻与电子管输入电容共同影响，阻值过大会减少传输信息量，使细节受损。

阻尼系数

　　阻尼系数（Damping Factor）是功率放大器的一个重要参数，它对扬声器提供电阻尼，使扬声器的机械运动系统获得良好阻尼，改善扬声器的瞬态响应。阻尼系数越大，对扬声器锥盆运动的控制力越强。

电子管功率放大器的阻尼系数为

$$DF = \frac{输出变压器初级侧阻抗R_L}{输出电子管屏极内阻r_p}$$

一般功率电子管的阻尼系数，三极管为 2～4，多极管为 0.1～0.15，要提高阻尼系数只有降低电子管屏极内阻。由于放大器施加电压负反馈，能使输出电子管的实际屏极内阻减小，从而改善放大器的阻尼系数。例如，6V6GT、6L6G 加 20dB 电压负反馈后，其屏极内阻由 52kΩ、22.5kΩ 减小到 5kΩ、2.5kΩ，阻尼系数有近 10 倍的提高，所以提高功率放大器阻尼系数的唯一途径就是负反馈。

常见功率管单端输出时的阻尼系数：300B 为 3.97～4.4，2A3 为 3.13，6V6GT 为 0.1～0.11，6BQ5 为 0.14～0.175，6L6G/GC 为 0.11～0.13，EL34 为 0.133，6550/A 为 0.125。见图 5-11。

典型功率管特性曲线

三极功率管 2A3、五极功率管 6F6GT 及集射功率管 6L6G 的屏极特性曲线见图 5-12 至图 5-14。图中还列出了最佳负载阻抗线。

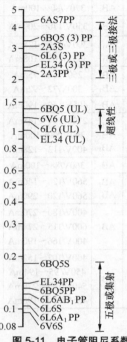

图 5-11　电子管阻尼系数
（S 为单端，PP 为推挽）

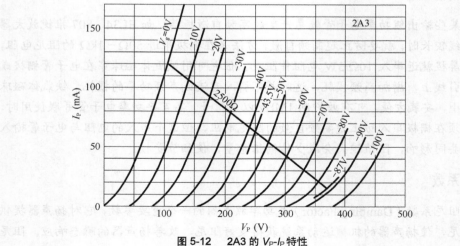

图 5-12　2A3 的 V_P-I_P 特性

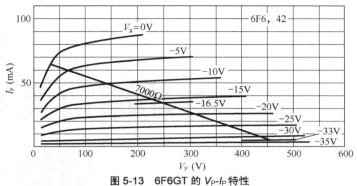

图 5-13　6F6GT 的 V_P-I_P 特性

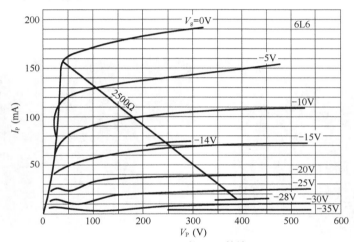

图 5-14　6L6G 的 V_P-I_P 特性

第6章

电子管功率放大器中的倒相器

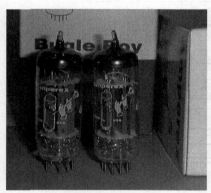

12BH7A　Amperex BB

12BH7 RCA

6FQ7/6CG7　RCA　透明顶

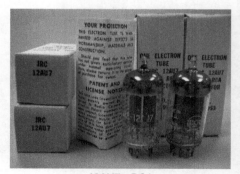

12AU7　RCA

　　高性能功率放大器的输出级通常都采用推挽电路，推挽放大器的末级输出电子管，需要一个倒相器（phase inverter），以对其两边提供驱动信号，这是能使信号相位改变 180°的一级电路，可用能使交流输入信号产生两个幅度相等相位相反的输出信号的网络或器件，如次级带中心抽头的变压器或分相电路，目前常用的倒相器电路主要有 3 种。

分割负载分相（split-load phase splitter）也称剖相式倒相，见图 6-1。下级推挽电子管的驱动电压由倒相电子管 V1 的屏极电路和阴极电路中接入等值电阻 R1、R2 取得，负载平分在屏极和阴极电路中，因屏极输出信号和阴极输出信号的相位相反从而完成倒相工作。由于电子管 V1 具有很深的负反馈，故而非线性失真小，频率特性良好。电路参数可按普通阻容耦合放大电路确定而把负载电阻等分为两部分，该电路的电压增益倍数 $G_V \approx \dfrac{\mu R_2}{r_{\mathrm{p}} + R_1 + (1+\mu) R_2}$，约在

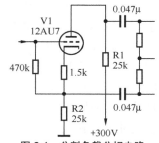

图 6-1　分割负载分相电路

0.8～0.9，其输出电压为电子管作普通阻容耦合放大时的一半左右，约为屏极电源电压的 10%～15%，失真很小在 1% 以内，这种倒相电路的平衡和增益与电子管特性无关，但从取得较大输出电压及高频响应考虑，以使用中放大系数三极管为宜。由于结构简单，故使用较为广泛，缺点是增益及输出电压低，又因为分布参数的差异，两输出电路在高频端并非绝对平衡。此外，这种电路中由于阴极有较高的对地正电位，容易从灯丝电路混入交流声。这种电路在输出电压超过 40V 时，失真会急剧增大。

分割负载倒相与前级可作直接耦合，由于两级是直流耦合，故两级互有影响，适当选择前级管和倒相管的工作状态，可使倒相管获得必要的栅极偏压，这时前级管屏极电压应低于倒相管阴极电压一个偏压值。剖相式倒相的典型工作例见表 6-1。

表 6-1　　　　　　　　　　　　剖相式倒相的典型工作例

1/2 6SN7GT 6J5GT	V_{bb}=250V	I_{P}(mA)	1.0	1.4	2.1	2.7	3.4
	R_{P}= R_{k} =25kΩ	V_{g}(V)	−10	−8	−6	−4	−2
	V_{bb}=300V	I_{P}(mA)	0.7　0.95	1.2	1.6	1.9	2.3
	R_{P}= R_{k} =50kΩ	V_{g}(V)	−12　−10	−8	−6	−4	−2
	V_{bb}=330V	I_{P}(mA)	0.95	1.2	1.55	1.9　2.2	2.55
	R_{P}= R_{k} =50kΩ	V_{g}(V)	−12	−10	−8	−6　−4	−2
1/2 12AU7 6C4	V_{bb}=250V	I_{P}(mA)	1.6	2.0	2.5	3.0	3.6
	R_{P}= R_{k} =25kΩ	V_{g}(V)	−10	−8	−6	−4	−2
	V_{bb}=300V	I_{P}(mA)	1.1　1.25	1.5	1.85	2.0	2.4
	R_{P}= R_{k} =50kΩ	V_{g}(V)	−12　−10	−8	−6	−4	−2
	V_{bb}=330V	I_{P}(mA)	1.25	1.65	1.8	2.1	2.4　2.75
	R_{P}= R_{k} =50kΩ	V_{g}(V)	−12	−10	−8	−6	−4　−2

长尾对倒相（long-tailed pair phase splitter），也称阴极耦合倒相（cathode-coupled phase splitter），是一种阴极耦合放大的双管分相电路，见图 6-2。两个相同的电子

管在阴极电路中以公共电阻 R_a 实现它们之间的耦合，电子管 V2 的栅极由大容量电容器接地，处于地电位，工作于栅极接地状态。一个电子管屏极电流的减小会导致另一电子管屏极电流的增大，反之亦然，在两个电子管屏极输出电路就可得到相位相反的两个信号输出。这种倒相电路不是平衡型，故在选择两个屏极负载电阻时，要以两个电子管的输出电压相等为准，实际上电子管 V1 的屏极电阻要小于电子管 V2 的屏极电阻才会取得平衡输出，栅极接地电子管的屏极电阻大致要大 10%～15%，电子管的放大系数和阴极耦合电阻值越大，V1、V2 屏极电阻差别越小。由于耦合电阻对每个三极管的有效值很小，反馈深度也很小，故它的输出电压可接近普通阻容耦合放大电路情况，增益则接近普通阻容耦合放大之半，失真较小。但屏极电源电压由于耦合电阻 R_a 上的压降，使实际工作电压较低，限制了线性区，在大输出时失真较大。电子管 V2 的栅极回路时间常数可取 0.3ms（MΩ·μF）以上，电路以使用高放大系数三极管为宜。这种阴极耦合的倒相电路，在欧洲生产的放大器中经常采用。

长尾对倒相的变形见图 6-3，是 Mullard 公司放大器首先使用，与前级采用直接耦合是其特点。由于两级互有影响，前级管屏极电压应低于倒相管阴极电压一个偏压值。

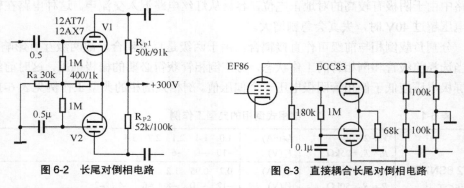

图 6-2　长尾对倒相电路　　　　图 6-3　直接耦合长尾对倒相电路

长尾对倒相有较高的阴极电位，工作时电子管阴极与热丝间的漏电流会在阴极与热丝间电阻 R_{H-K} 上形成噪声电压，所以要选 R_{H-K} 好的电子管，或者抬高热丝电位。

反相分相（see-saw phase splitter）也称自动平衡倒相（self-balancing phase splitter），是从两个电子管的屏极得到输出的一种电路，见图 6-4。输入信号加到其中放大电子管 V1 栅极，倒相电子管 V2 的输入信号则取自平衡电阻 R_a，电阻 R_a 既在电子管 V2 的屏极电路中，又在它的栅极电路中，从而产生负反馈，起自动平衡作用。因为电子管 V1、V2 输出的相位相反的声频信号都要流过 R_a，当两信号相等时，R_a 上没有电压降，若两信号不等，R_a 上产生电压降会使电子管 V2

的输入改变，直到两输出信号趋于平衡相等为止。这种倒相电路非常稳定，不受电子管参数变化的影响，倒相管 V2 的增益和栅极电阻 R_a 越大，取得平衡越好，但根据下级电子管及其工作状态 R_a 最大也不能超过下级电子管的允许最大栅极电阻值，而且下级电子管要没有栅极电流流动。它的输出电压与普通阻容耦合放大电路相仿，并有相当于一级普通阻容耦合放大的增益，失真也与普通阻容耦合放大一样，电路参数可按普通阻容耦合电路设计，但从改善特性考虑应引入适当负反馈。这种倒相电路以选用高放大系数三极管或五极管为宜，而且 V1 和 V2 不一定要用同型管，如需取得尽可能大的输出电压，应选用五极管，由于装置方便，使用者很多。但由于倒相电子管栅极与输出电子管栅极回路间有直流连接，故这种倒相电路在输出级采用固定偏压时，必须采取隔直流措施。

　　把平衡电阻 R_a 改为两只阻值相同电阻，再连接到下级栅极的电路，是反相分相的一种变形，见图 6-5，这种变动可使平衡情况有所改善。

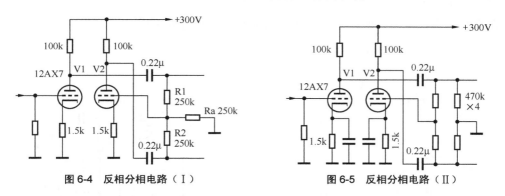

图 6-4　反相分相电路（Ⅰ）　　　　　　图 6-5　反相分相电路（Ⅱ）

　　上述 3 种倒相电路，输出电压以自动平衡电路最大，长尾对电路次之，剖相电路最小；增益以自动平衡电路最大，长尾对电路次之，剖相电路小于 1；开环失真以剖相电路最小，长尾对电路次之，自动平衡电路稍大。如表 6-2 所示。

表 6-2　　　　　　　　　　　　　倒相电路的比较

电　路	自　动　平　衡		长　尾　对		剖　相	
电子管	12AX7		12AX7		12AU7	
V_{bb}（V）	250	350	250	350	250	350
e_o（V_{rms}）	35	45	20	35	15	24
THD（%）	5.5	3.5	1.8	1.8	1.0	1.0
G_V	58	62	25	27	0.8	0.8
R_P	220kΩ		100kΩ	150kΩ	15kΩ	
R_k	1.2kΩ	820Ω	68kΩ	82kΩ	1kΩ+15kΩ	

交叉耦合倒相电路实质上是阴极耦合倒相电路的变形，见图 6-6。电子管 V1、V2 和 V3、V4 除直接耦合外，由于电路中的电子管还有交叉反馈（V1、V4 和 V2、V3），使平衡性能提高，即使在电子管参数不一致的情况下，其两臂的输出电压和电路参数仍有极高的对称性。这种倒相电路通常用于多级推挽电路的第 1 级。若需要加入负反馈，可引到 V2 电子管的栅极。但这种电路在频率较高时失真较大，对音质会有影响，故而其平衡性能虽好，使用者却不多。

在古典电路中，使用的是一种分压式倒相电路，见图 6-7。它采用两只电子管分别驱动推挽放大管，两个驱动电压的平衡取决于分压电阻 R1、R2 及与 R3 的阻值能否达到平衡。放大电子管 V1 的输出电压经 R1、R2 的适当分压，作倒相电子管 V2 的输入电压，使其输出电压与 V1 相等，由于多了一级放大而相位相反，实现了倒相。这种倒相电路能得到较高的增益，但必须严格调整分压电阻的分压比，

$$R2=\frac{R3}{V2\text{的放大倍数}}，R1=R3-R2，$$ 而该参数受电子管更换及电源电压变动影响，存

在平衡的不稳定性，所以这种倒相电路现在已很少有人采用。

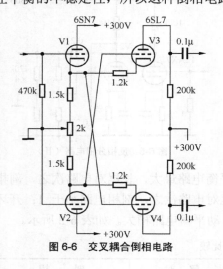

图 6-6　交叉耦合倒相电路

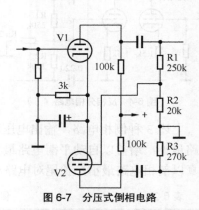

图 6-7　分压式倒相电路

资料

差分放大器

差分放大器（differential amplifier）也称差动放大器，是一种具有两个独立输入电路的直流放大器，仅对两个输入信号的差起作用，若两个输入信号完全相同，则没有输出信号，从而有效抑制共模信号，其平衡对称的电路，还能抑制零点漂移。差分放大器中，常用长尾对放大器。

第 **7** 章

电子管功率放大器中的
前级管和驱动管

12AU7A RCA
透明顶

E82CC Philips USA
铬屏

12AU7A Raytheon
涂层玻壳

12AX7　RCA

E83CC Philips SQ

12AX7WA Sylvania

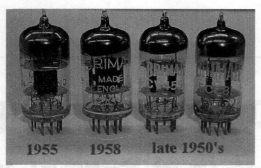

ECC81 Brimar   ECC81 Philips Miniwatt

前级管是指功率放大器（后级）的最前端放大电子管，位于倒相管之前，一般输出级引出的环路电压负反馈引入此级。功率输出电子管要输出足够的功率，必须有一定的激励信号电压推动，功率放大器设置前级管的目的就是取得必需的环路电压增益，得到足够的激励信号电压，以充分推动末级功率电子管，达到预期的输入灵敏度（电压）。

前级管可以用中放大系数三极电子管、高放大系数三极电子管或五极电子管。中放大系数三极电子管的特点是输出阻抗低，对高频改善有利，容易得到较大的输出电压，但增益不高。高放大系数三极电子管的优点是增益较高，但不易取得较大的输出电压。五极电子管的增益高，但因屏极内阻极大，容易出现高频劣化问题，屏极电阻以取 50～100kΩ 为宜。

表 7-1　　　　　　　　常用电子管的 RC 耦合放大数据

型　　号	R_P	R_g'	R_{sg}	R_k	I_k	e_o*	THD	G_V
6SN7GT	47kΩ	270kΩ	/	2.2kΩ	2.4mA	52.5V	4.9%	15.0
	100kΩ	470kΩ		3.9kΩ	1.31mA	53.0V	4.6%	16.1
12AU7	47kΩ	270kΩ	/	1kΩ	3.2mA	24.0V	4.6%	14.0
	100kΩ	470kΩ		1.8kΩ	1.72mA	24.5V	5.0%	14.3
6SL7GT	100kΩ	470kΩ		2.2kΩ	0.83mA	41.5V	4.8%	40.2
	270kΩ			3.9kΩ	0.44mA	46.6V		48.0
12AX7	100kΩ	470kΩ	/	1.8kΩ	0.84mA	28.5V	4.4%	52.0
	270kΩ			3.3kΩ	0.45mA	29.5V		64.4
6SJ7GT	100kΩ	470kΩ	390kΩ	560Ω	1.77+0.5mA	54.0V	5.0%	108
6AU6	100kΩ	270kΩ	240kΩ	600Ω	/	54.0V	4.9%	145
EF86	100kΩ	330kΩ	390kΩ	1kΩ	2.1mA	50.0V	4.3%	112
6U8A(P)	100kΩ	270kΩ	330kΩ	390Ω	1.75+0.62mA	36.2V	5.0%	142

V_{bb}　250V　　*V_{rms}

输出变压器次级引入前级管的环路负反馈，反馈信号通常接到前级管的阴极，若前级是差分对时，反馈信号也可接到差分对右侧管栅极。为了保证前级管有足够的增益，可把加至前级管的环路电压负反馈引入阴极电阻的局部较小值，见图 7-1，当阴极电阻值远大于反馈电阻值时，前级管的电流负反馈作用可以忽略。表 7-2 列出了典型三极管在阴极电阻有无旁路电容器时的增益及输出阻抗值。

表 7-2　　　　　　典型三级管的增益、内阻及输出阻抗

型　号	R_P	R_k	I_P	V_k	无负反馈时			电流负反馈时		
					G_V	r_P	Z_0	G_V'	等效 r_P	Z_0'
1/2 12AU7 ($\mu=17$)	100kΩ	1kΩ	2mA	2V	14	14.3kΩ	12.4kΩ	12.3	32.3kΩ	24.5kΩ
	100kΩ	1.5kΩ	1.78mA	2.68V	14	15kΩ	13kΩ	11.6	42kΩ	29.5kΩ
	50kΩ	1kΩ	3.2mA	3.2V	14	12kΩ	9.7kΩ	11	30kΩ	18.8kΩ
	50kΩ	500Ω	3.7mA	1.85V	14	11kΩ	9kΩ	12.3	20kΩ	14.3kΩ
1/2 12AX7 ($\mu=100$)	100kΩ	2kΩ	0.78mA	1.56V	57	74kΩ	42.5kΩ	26.6	276kΩ	73.5kΩ
	100kΩ	1.5kΩ	1.04mA	1.56V	57	67kΩ	40kΩ	30.5	219kΩ	69kΩ
	50kΩ	1kΩ	1.29mA	1.29V	46	59kΩ	27kΩ	24	160kΩ	38kΩ
1/2 12AT7 ($\mu=60$)	100kΩ	700Ω	1.65mA	1.16V	41	18kΩ	15.2kΩ	31.8	60.7kΩ	37.8kΩ
	100kΩ	500Ω	1.8mA	0.9V	40	17kΩ	14.5kΩ	33.3	47.5kΩ	31.3kΩ
	50kΩ	700Ω	2.4mA	1.68V	47	20kΩ	14.3kΩ	28.4	62.7kΩ	27.8kΩ
	50kΩ	500Ω	2.75mA	1.38V	43	18kΩ	14.2kΩ	30	48.5kΩ	24.8kΩ

前级管若与屏阴分割负载倒相管（例如 12AT7）作直接耦合，要注意使前级管屏极电压低于倒相管阴极电压一个适当电压值（例如 1.2～2V）作偏压，这种调整可从该两级高压电源中串入的降压电阻达到，如图 7-2 所示的 R_{D1}、R_{D2}。

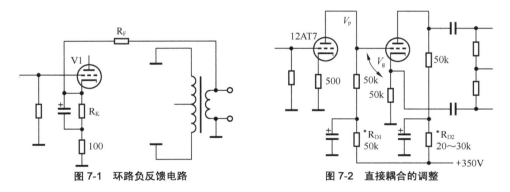

图 7-1　环路负反馈电路　　　　图 7-2　直接耦合的调整

除小功率放大器外，大部分功率放大都需要专门的驱动级(driver)，驱动级也称激励级，通常要求有良好线性、较低输出阻抗和足够的输出电压，并有一定过载余量。驱动级的负载，对 A 类及 AB_1 类输出级是不变的电阻性负载，AB_2 类输出级有栅极电流，负载很重，就要求驱动级具有非常低的输出阻抗，以及足够的电流输出能力，才能不失真驱动。

　　高放大系数三极管内阻很大，不适宜作驱动电子管，可选屏极内阻较小的中放大系数三极管，如 6SN7GT、12AU7、5687、E182CC、6N1（中）、6H1П（俄）、6N6（中）、6H6П（俄），以及接成三极管的五极管 EF184 等，对于需要高驱动电压的 845 等，可使用三极接法的五极功率管 EL84、6BQ5、6P14（中）、6П14П（俄）等。

　　驱动级的输出阻抗要低，有时在驱动管后还可增加直接耦合的阴极跟随器，不仅有缓冲作用还能降低输出阻抗。驱动级的电压越高，效果越好。

第 8 章

多极电子管的三极管接法

KT66　GEC

6L6WGB Tung-Sol

EL34 Amperex BB

KT88 Svetlana

将集射功率电子管或五极功率电子管的屏极和帘栅极连接在一起，就接成了一个三极功率管。由于三极功率电子管在没有负反馈时，与多极功率电子管相比，具有线性好、非线性失真小、阻尼系数大等优点，所以这种将多极功率电子管改接成三极功率电子管的用法曾经风行一时，最典型的例子当推威廉逊放大器。

多极功率电子管的三极管接法，可看作是帘栅极反馈的特殊情况，也就是电子管的屏极输出电压全部反馈到帘栅极，因为是深度帘栅极负反馈，对改善放大特性的效果很好。但根据美国沙尔文资料，某些电子管的最大屏极耗散功率有所降低，如 6L6 集射管的屏极耗散功率为 19W，三极管接法后降为 12W，并且需要较大的激励电压，在相同屏极电压时，由于受到屏极耗散功率的限制，输出功率也会减小到多极接法时的 1/4 左右，如 6L6 集射管单管输出功率为 6.5W，三极管接法时减至 1.3W。而采用集射或五极功率管本来接法，只要加以适当负反馈，既可使特性显著改善，而且高效经济，所以多极功率管接成三极功率管的电路现在使用者并不多。其特性比较见表 8-1 与表 8-2。

表 8-1　　　　　　　　　　　三极管接法的多极功率管特性比较

型　号	屏极 （V/mA）	阴极电 阻（Ω）	激励电压 （V）	互导 （μA/V）	内阻 （kΩ）	负载阻抗 （kΩ）	输出功 率（W）	效率 （%）	非线性失真 系数（%）
6L6G(T)	250/40～42	490	14.1	4700	2.1	6	1.3	11.4	5.6
6L6G	250/75～79	170	9.9	6000	22.5	2.5	6.5	28.9	10
6BQ5(T)	250/34～36	270	6.7	10 000	1.6	3.5	1.95	21	9
6BQ5	250/36～36.8	210	3.5		40	7	4.2	35.8	10
EL34(T)	315/70	370	18.9	11 000	1.1	3.0	6.0	21.3	8
EL34	268/100	135	8.7		15	2.0	11	34.7	10

表 8-2　　　　　　　　　　　三极管接法的集射管最大特性比较

型　号	最大屏极 电压（V）	最大帘栅极 电压（V）	最大热丝-阴极 间电压（V）	最大帘栅极耗 散功率（W）	最大屏极耗散 功率（W）
6L6G 6L6	360	270	180	2.5	19.0
1636 1622	275	三极接法	180	—	12.0
5881	400	400	200	3.0	23.0
6L6WGB	400	三极接法	200	—	26.0
7581	500	450	200	5.0	30.0
	450	三极接法	200	—	30.0
6L6GC	500	450	200	5.0	30.0
	450	三极接法	200	—	30.0
7591	550	440	200	3.3	19.0
	440	三极接法	200	—	19.0

　　多极功率管接成三极功率管工作，若屏极供电电压较高，须注意并接到屏极的帘栅极是否处于极限状态，以免影响电子管的使用寿命。一般集射功率管接成三极功率管的性能要好于五极功率管，因为五极功率管的抑制栅极会干扰屏极电流的流动。

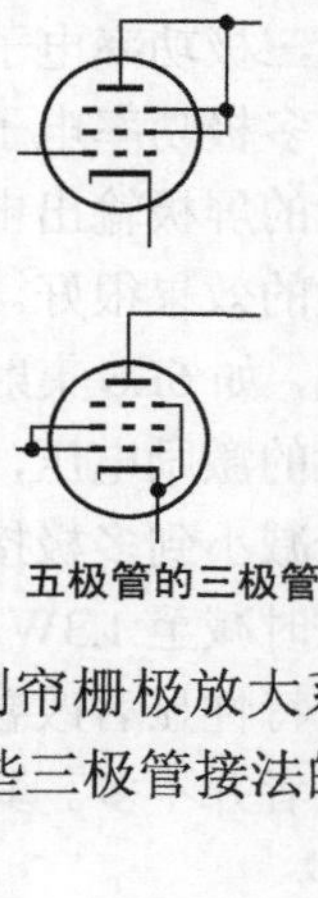

　　电压放大用五极管改接成三极管使用，一般都是把控制栅极以外的帘栅极、抑制栅极等其他电极都接到屏极上，实际上帘栅极的反馈使其特性与普通三极管稍有异。有时也将控制栅极和帘栅极接在一起当作控制栅极，以使具有较大的放大系数，见图 8-1。五极管接成三极管后，噪声很低，参数很稳定。

图 8-1　五极管的三极管接法

　　五极管改接成三极管后的放大系数与五极管的控制栅极到帘栅极放大系数（$\mu_{g1\text{-}g1}$）相等，互导则在相同屏极电流时并没有太大差异。但有些三极管接法的五极管由于密勒效应，实际输入电容较大，阻容耦合放大时屏极电阻不宜用得太大，以免影响高频响应。其特性见表 8-3。

表 8-3　　　　　　　　　　　　三极管接法的五极管特性

型　　号	帘栅极放大系数	阴极电阻（Ω）	互导(μA/V)	屏极+帘栅极电压/电流(V/mA)	内阻（kΩ）
6AG5（T）	45	330	5700	180/7	8
	42	820	3800	250/5.5	10
6AH6（T）	40	V_g-7V	11 000	150/12.5	3.6
6AU6（T）	36	330	4800	250/12.2	7.5
6SJ7GT(T)	19	V_g-6V	2300	180/6	8.25
	19	V_g-8.5V	2500	250/9.2	7.6
6BC5（T）	42	330	6000	180/8	6
	40	820	4400	250/6	9

第 9 章

电子管放大电路中的负反馈

12AX7/CV4004　Brimar

12AT7　Tung-Sol

　　把一个传输系统的电信号从输出端返送回输入端的过程，称作反馈（feedback），若反馈的信号与输入端原有的信号相位相反，就是负反馈（negative feedback）。负反馈技术在声频工程中已普遍使用，其优点不容置疑。不过负反馈使用不当，在放大器中会引起一些不良后果，如瞬态问题，这也是 20 世纪 70 年代无负反馈论复出的原因。

　　负反馈能使声频放大器各方面的特性为之变化。增益减小，频率响应变宽，非线性失真减小，噪声降低，还能改变放大器的输入和输出阻抗。负反馈电路的基本形式有 4 种，见图 9-1。

　　电子管阴极接地放大电路的栅极为输入端，屏极为输出端，栅极与屏极间这两个电压的相位差 180°，为反相。

　　负反馈有多种电路形式，在输入电路中，反馈电压 e_3 和输入电压 e_0 合成实际输入电压 e_1，根据 e_3 和 e_0 间的关系是串联还是并联可分串联型和并联型两种。在输出电路中，从输出电压 e_2 中取出部分电压反馈到输入端，形成反馈电压 e_3，根据输出端与反馈电压取出端是串联还是并联，也可分为串联型和并联型两种，习惯上把串联型输出叫做电流反馈，并联型输出叫作电压反馈。在实际电路中，也有输入电路是由串联和并联组成的混合型，在多级放大电路中，也可在某一级用电压反馈，另一级用电流反馈，组成多重反馈。

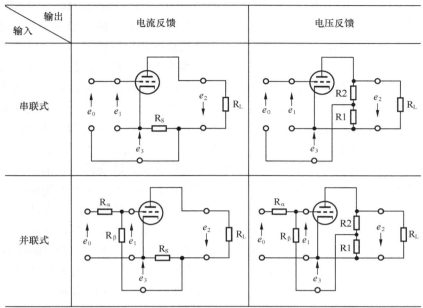

图 9-1　基本负反馈电路

放大器加电压负反馈时，输出阻抗降低；加电流负反馈时，则输出阻抗增高。串联输入电路中，加负反馈时输入阻抗增高；而在并联输入电路中，则输入阻抗降低。但输出放大级的负载阻抗及输出变压器初级电感可认为与负反馈无关。

两级放大中最具代表性的负反馈电路形式如图 9-2 所示。电路中 R1 两端的反

馈电压 e_3 与输入信号 e_0 串联相加，R1 与 V1 管屏极电阻 R_{L1} 串联，另外，R2 与 V2 管屏极电阻 R_{L2} 通过 R2 而具有并联关系。故该电路对 V1 而言是电流负反馈，对 V2 是电压负反馈。实际上，电路中 V1 的电流反馈成分远比 V2 的电压反馈成分为小，故整体电路可视作电压负反馈。

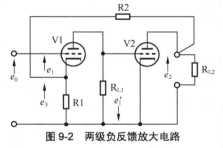

图 9-2　两级负反馈放大电路

并联输入电压负反馈电路，输入阻抗很低，约为 R_α，反馈量不宜太大，否则非线性失真增大，输入耦合电容器的电容量需加大。串联输入电流负反馈，输入阻抗即 R_g，输出阻抗增大。

未加负反馈时，电路的放大倍数称开环增益；加负反馈后，电路的实际放大倍数称闭环增益。

$$G_V = \frac{G_0}{1 + G_0 \beta} \qquad N_F = \frac{1}{1 + G_0 \beta}$$

式中，G_V——闭环增益，G_0——开环增益，β——反馈系数，N_F——反馈量。

负反馈虽可以通过牺牲增益来减小各种失真，但要求放大器在未加负反馈前也具有相当好的性能，如频率响应、非线性失真和相位特性等。否则深的负反馈由于在高频时所产生的相移，可能引起放大器的工作不稳定，甚至自激，设计不良的负反馈会引起数赫兹超低频及数 100kHz 高频自激。另外，如果放大器原来的非线性失真就较大，那么强烈的负反馈不仅不能减小它，反而会使失真更大。

负反馈能改善放大器的线性度，但应注意反馈很小时会使谐波成分的分布改变，产生新的高次谐波，导致总谐波失真增大。开环失真较大时，会有较多的高次谐波，因为负反馈虽降低了谐波失真，但却使低次谐波变成高次谐波失真。

本级负反馈可使动态扩大而不容易产生削波，环路负反馈可使输出失真减小而声音更细腻，适当的负反馈能使音色更悦耳，更有韵味。功率放大器的前级放大管阴极，一般都引入包括输出变压器在内的环路负反馈，高放大系数三极管可将整个阴极电阻用作反馈电阻；中放大系数三极管则只取 100Ω 作反馈用，以保证足够的增益。适度的负反馈可提高放大器性能，但大量环路负反馈易导致稳定性问题。负反馈最好是采用多环路的形式，这样有利于电路工作的稳定。

在一级阻容耦合放大电路中，中频以上的频率响应是平坦的；在低频有下降，相位逐渐超前，最低频端可接近 90°；在高频端的相位则是滞后的，所以在这种电路中不论反馈量的大小，都不会产生问题。在二级放大电路中，因为增加了一级放大，在低频端的相移更大，在最低频端相位变化可接近 180°，存在正反馈的可能。三级以上放大采用负反馈，在反馈较深时，存在自激危险，低频自激表现为"汽船声"，高频自激表现为尖叫声。下面是一些实用电路。

图 9-3 所示是串联输入式电流负反馈电路，可把它看成是放大电路去掉阴极旁路电容器，这种电路会使电子管内阻增大到 $r_p+(1+\mu)R_K$，输出阻抗增高，屏极回路分布电容、次级输入电容的影响明显。μR_K 值越大，输出阻抗增加越多。所以电流负反馈不宜用在功率放大电路里。反馈量由 R_K 和 $R1$ 的比值决定，$\beta = \dfrac{R_K}{R1}$，$R1 = \dfrac{R_p \cdot R'_g}{R_p + R'_g}$。电流

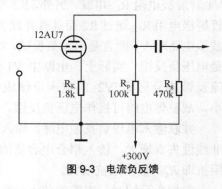

图 9-3 电流负反馈

负反馈对三极管带来的好处是降低失真，减小输入电容，但没有阴极旁路电容器，在前级容易感应交流声。

多极管放大采用电流负反馈时，为了避免帘栅极电流形成的负反馈引起非线性失真，帘栅极旁路电容器应接在帘栅极与阴极之间。

图 9-4 所示为并联输入式电压负反馈电路，它的输入阻抗仅比 R_a 的电阻值稍大，故输入耦合电容器的电容量比常规电路要大得多。这种本级负反馈适用于五极管和高放大系数三极管。电路中反馈量由 R_a 和 R_β 的比值决定 $\beta = \dfrac{R_a}{R_\beta}$。

并联输入电压负反馈的栅极存在串联电阻，由于输入电容和分布电容的关系，会使信号转换速率受到影响，使频率特性在高频端受到衰减，故屏极电阻不能取得太大。

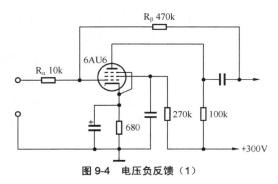

图 9-4　电压负反馈（1）

图 9-5 所示是在收音机中曾流行一时的负反馈电路，反馈由屏极至栅极间的 R_β 提供，是一级放大的电压负反馈，这种电路大致只能取 4～10dB 的负反馈量，反馈量过大，输出级需要的激励电压就会升高，易造成前级放大失真增大，表 9-1 所示是几个实例。反馈电阻 R_β 一般取 0.5～2MΩ，反馈系数 $\beta = \dfrac{R1}{R_\beta + R1}$，$R1 = \dfrac{R_p \cdot R'_g}{R_p + R'_g}$。

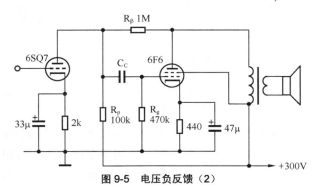

图 9-5　电压负反馈（2）

表 9-1　　　　　　　　　　　本级负反馈放大参数

型　号	R_P	R_β	R_L	G_r	N
6SQ7 6F6	250kΩ	500kΩ 1MΩ 2MΩ	7kΩ	16dB 19dB 21dB	8dB 5dB 3dB

型　号	R_P	R_β	R_L	G_r	N
6SQ7 6V6	250kΩ	500kΩ 1MΩ 2MΩ	5kΩ	16dB 19dB 21dB	10dB 7dB 5dB
6J5 6L6	250kΩ	100kΩ 250kΩ 500kΩ	2.5kΩ	17dB 20dB 23dB	8dB 5dB 3dB

　　这种负反馈电路对屏极电源纹波电压的要求较高，因为输出噪声成分和反馈的噪声成分不一致，所以负反馈并不会降低这种噪声。

　　图 9-6 所示是二级负反馈电路，是从输出变压器次级作的环路电压负反馈，由于负反馈包括输出变压器在内，故输出变压器引起的失真也能减少。由于电路中 R_α 远小于该级阴极电阻，故其上的电流负反馈可忽略，电路中反馈量由 R_α 和 R_β 的比值及输出变压器圈数比决定，$\beta = k\dfrac{R_\alpha}{R_\beta + R_\alpha}$（$k$ 为输出变压器反馈部分 N_N 与初级 N_P 的圈数比，$k = \dfrac{N_N}{N_P}$）。如输出变压器次级的极性选择错误，就将成为正反馈而产生自激振荡。

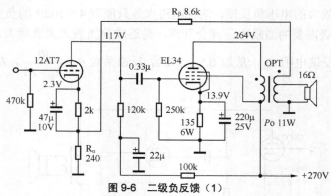

图 9-6　二级负反馈（1）

　　要使放大器的总谐波失真系数小于 0.1%，必须采用包括输出变压器在内的环路负反馈。通常功率放大器的环路负反馈都由输出变压器次级绕组提供，此绕组可与扬声器兼用，也可由输出变压器次级单独绕组提供。大环路负反馈信号从扬声器输出点取得时，可得到最小失真，不同阻抗扬声器有不同的输出变压器次级圈数，故反馈回路数据必须相应改变，如 R_β 值。

　　如图 9-7 所示，这是二级负反馈放大器的典型电路，实质上可看作是一个电压负反馈放大电路，反馈量由 R_α 和 R_β 的比值决定 $\beta = \dfrac{R_\alpha}{R_\beta}$。电路中与反馈电阻 R_β

串联的隔直流电容器应取 3μF 以上，以保证全频反馈量稳定，电容量过小则低频端失真增大。高放大系数双三极管构成的二级负反馈放大参数见表 9-2。

表 9-2　　　　　　　　　　　　　　二级负反馈放大参数

V_1V_2	R_α	R_{P1}	R_{g1}	R_{k2}	R_{P2}	R_L	R_β	反馈量	增　　益
6SL7GT	4kΩ	250kΩ	500kΩ	1.8kΩ	100kΩ	1MΩ	400kΩ	20dB	39.1dB（90 倍）
						100kΩ	250kΩ	20.3dB	35.1dB（57 倍）
12AT7	1.5kΩ	100kΩ	500kΩ	750Ω	50kΩ	250kΩ	160kΩ	20dB	39.5dB（95 倍）
						100kΩ	100kΩ	21.8dB	35.9dB（62 倍）
12AX7	4kΩ	250kΩ	1MΩ	2kΩ	100kΩ	500kΩ	690kΩ	20dB	43.8dB（155 倍）
							500kΩ	22.5dB	41.4dB（118 倍）

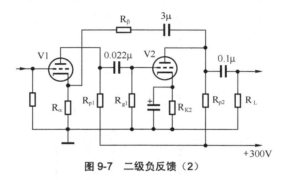

图 9-7　二级负反馈（2）

　　二级负反馈放大，从输出电压及输出阻抗考虑，V2 以使用内阻小的中放大系数三极管为宜，从高的增益及输入电压考虑，V1 选用高放大系数三极管及五极管较有利。作为前置放大器，如果负反馈加得过深，音色会倾向发暗而偏单薄。

　　如图 9-8 所示是多重负反馈（MLF，Multiple Loop Feedback）电路，由大环路反馈（major-loop）R_{K1}、R_{F1} 和本级反馈（minor-loop）R_{K2}、R_{F2}、R_{F3} 组成，本级反馈能扩展电路放大带宽，提高大环路负反馈电路工作稳定性，克服单一反馈的不足。大环路反馈量由 R_{K1} 和 R_{F1} 的比值及输出变压器圈数比决定 $\beta = k \cdot \dfrac{R_{K1}}{R_{F1} + R_{K1}}$，式中 k 为输出变压器的圈数比 $k = \dfrac{N_S}{N_P}$，由于反馈电阻 R_{K1} 即是阴极电阻，由此引起的电流负反馈必须考虑。

　　为获取负反馈带来的足够好处，又不引起瞬态问题，就要把大环路负反馈量取得浅些，反馈量的取值主要与输出变压器质量和输出电子管的类型有关。通常推挽放大器的大环路负反馈最大取 20dB，三极功率管推挽在 15dB，超线性接法可稍大。

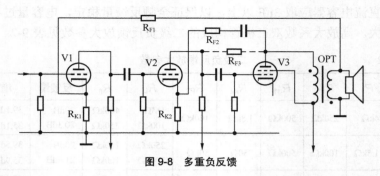

图 9-8　多重负反馈

图 9-9 所示是 C.G.麦克普鲁德设计的使用五极管的动磁型（MM）唱头放大器电路，即均衡放大器，其补偿均衡网络符合 RIAA 特性要求，属并联输入式电压负反馈。信号输入端的电阻值依据唱头指定负载阻抗而定，通常是 47kΩ。该电路发表于美国《AUDIO》1955 年 5 月号。

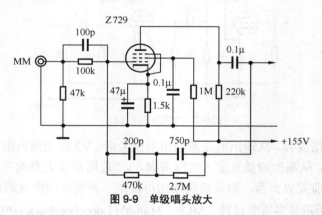

图 9-9　单级唱头放大

图 9-10 所示是使用双三极管的 MM 唱头放大器电路，补偿均衡网络符合 RIAA 特性要求，属二级电压负反馈。唱片的频率均衡由 R_{K1}、R、C、R_f、C_f 组成的频率负反馈网络完成，R_f、C_f 提升低频，R_f、C 衰减高频，R 限制 50Hz 以下低频提升，在高音频时 C_f 的容抗非常小，其串联效果可不计，在中音频范围 C 的容抗很大，其并联效果可忽略，在低音频端 C_f 和 C 的容抗都非常大。$f_1 \approx \dfrac{159}{C_f \cdot R} \approx$ 53Hz，$f_2 \approx \dfrac{159}{C_f \cdot R_f} \approx 530$Hz，$f_3 \approx \dfrac{159}{C \cdot R_f} \approx 2120$Hz，$\beta = \dfrac{R_{K1}}{R + R_f + R_{K1}}$。电路要求中频增益大于 35dB，均衡网络损耗约 26dB，故开环增益必须 60dB 以上。为了控制 RIAA 频响偏差，可以提高放大器的 1kHz 闭环增益到 40dB 以上，使 RIAA 偏差 3dB 频率上移，达到减小偏差的目的。

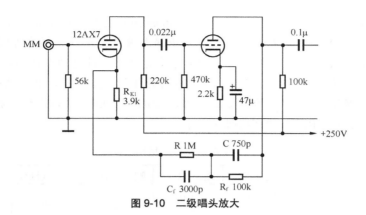

图 9-10 二级唱头放大

模拟唱机使用的唱头（拾音器）主要是动磁型（MM）和动圈型（MC）两种。应用广泛的动磁型唱头的特点是输出电压很小，只有 3～5mV，需要频率均衡电路，负载阻抗为 47kΩ。动圈型唱头的输出电压更小，仅 0.05～0.5mV，一般要用专门前置放大器提供 20～26dB 增益，由于内阻很低，所以提高信噪比和正确匹配成为关键问题，其负载阻抗取唱头内阻的 3～5 倍（30～100Ω）。

负反馈型均衡电路的反馈网络应尽可能用阻抗低的电路来推动，但作为第 2 级电子管的负载，因为反馈网络的阻抗在高频时会大幅下降，造成负载加重，频率越高负载越重，使高频失真率恶化，最大输出下降。故从最大输出电压及低失真度考虑，两级负反馈放大中的第 2 级是非常重要的，采用低内阻三极管或 SRPP 电路作第 2 级的设计能获得很高的容许输入电平，而且失真小。加设一级阴极跟随电路，并从那里引出负反馈是另一种最大限度减轻后级电子管负载的方法。所以如果二级负反馈型均衡电路初级用五极管，并在第 2 级使用屏极内阻很低的双三极管（如 6DJ8/ECC88）组成的 SRPP 电路，会有十分优异的性能。对于均衡放大器重要的是信噪比、谐波失真和高频动态范围，而它的输入阻抗、输入电容会对包含唱头（拾音头）在内的特性，有较大的影响。决定频率特性的电容器和电阻要采用高精度品种，如聚苯乙烯电容器和精密电阻。

资料

RIAA 曲线

唱片在录音时，为了改善信噪比，对高频作了预加重，为了避免唱片相邻纹槽合并，低频端作了衰减。所以唱片在重放时，在唱头放大器中必须引入均衡电路，以恢复频率特性的平坦。原来各唱片公司采用的录音特性略有不同，后统一使用 RIAA 特性。

RIAA（Record Industry Association of America）是美国唱片工业协会的缩写，由其审定的密纹唱片标准特性曲线，即是 RIAA 曲线。用以补偿这种频率特性的放大器称均衡（equalizer）放大器。RIAA 录音特性的过渡频率低频端为 500Hz（318μs），高频端为 2.12kHz（75μs），重放时为降低转盘噪声，低频端引入 50Hz（3180μs）过渡频率。1978 年的修正是增加 20Hz（7950μs）以下频率按 6dB/oct 衰减。唱片重放的 RIAA 均衡特性值见表 9-3。

表 9-3　　　　　　　　　　　　RIAA 放唱均衡特性

频率（Hz）	响应（dB）	频率（Hz）	响应（dB）	频率（Hz）	响应（dB）
10	19.7426	400	3.7837		
15	19.5411	500	2.6476	8k	−11.8941
20	19.2741	600	1.8406	10k	−13.7343
30	18.5926	800	0.7514	15k	−17.1569
40	17.7920	1k	0.0000	20k	−19.623
50	16.9457	1.5k	−1.3953	30k	−23.1167
60	16.1006	2k	−2.5885	40k	−25.6065
80	14.5060	3k	−4.7401	50k	−27.5406
100	13.0885	4k	−6.6052	60k	−29.1220
200	8.2195	5k	−8.2096	80k	−31.6185
300	5.4844	6k	−9.5989	100k	−33.5557

通常 RIAA 均衡放大器采用串联负反馈网络时，存在反馈节点，阻抗会随着频率的升高而降低。在中频范围比标准特性曲线会有所下降，所以设计均衡网络时，应把 500Hz 的过渡频率提高到 600Hz 左右进行补偿，以使重放声的中频段声音饱满。

第10章

电子管阴极输出器

5814A/12AU7　GE

6SN7GT/VT231　Sylvania

　　阴极输出器（cathode follower）是负载接在阴极与地之间的一种电子管电路，也称屏极接地放大器，它有100%的负反馈，加到栅极上的信号以微小损失从阴极上出现，可说阴极的电压跟随着栅极电压，所以又称阴极跟随器，见图10-1。电路特点是非线性失真小，频率响应很宽，输入阻抗很高，输出阻抗很低，电压增益在0.9～0.98间，可获得较大输出，便于与前级作直接耦合。由于输出阻抗低，分布电容对增益的高频响应影响较小。此外，这种电路的输入电容较小，能改善前级的频率特性。

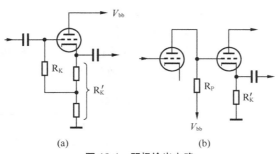

图 10-1　阴极输出电路

　　阴极输出器的电压增益小于 1，所以输入电压要稍大于输出电压，其有效的激励电压是加在阴极电阻上的电压和栅极电压之间的差，使用在输出较大处，必须给以足够的激励电压。由于这种电路中电子管阴极对地有较高的直流电压，若热丝接地，阴极与热丝间就有很高电位差，如这个电压在 100V 以上，对有些电子管来说其耐压不够，它的热丝就要单独供给电源，而将热丝的中心点与阴极连接，使阴极与热丝间没有电位差，以保电子管安全。

阴极输出器的输出阻抗和它的负载电阻值无关，而与所用电子管的互导值有关：

$$R_\mathrm{O} = \frac{r_p}{1+\mu} \quad \text{当 } \mu \gg 1 \text{ 时，} R_\mathrm{o} \approx \frac{10^6}{g_\mathrm{m}(\mu\mathrm{A/V})} \quad (\Omega)$$

阴极输出器的负载电阻值由下式求得：

$$R_\mathrm{K}' = \frac{R_\mathrm{O} \cdot r_p}{r_p - R_\mathrm{O}(1+\mu)} \quad \cdots\cdots \text{三极管}$$

$$R_\mathrm{K}' = \frac{R_\mathrm{O}}{1-(g_\mathrm{m} \cdot R_\mathrm{O})} \quad \cdots\cdots \text{五极管}$$

阴极输出器的性能可由下列公式求得：

$$N = \frac{1}{1+G_\mathrm{O}} \qquad G_\mathrm{V} = \frac{G_\mathrm{O}}{1+G_\mathrm{O}}$$

当 $\mu R_\mathrm{K} \gg r_p$ 时，$G_\mathrm{V} \approx \dfrac{\mu}{1+\mu}$

式中，N——负反馈量，G_o——开环电压增益，G_V——闭环电压增益。

阴极输出器可将高阻抗电路匹配到低阻抗电路，常用在前置放大器的输出级。作为阻抗变换；也可使两个电路隔离，作为缓冲级。但使用单级阴极输出器，在听觉上并不能得到好的效果。

阴极输出器若与前级放大管作直接耦合时，可省去栅极电阻和阴极偏压电阻，但作为负载的阴极电阻上的压降应大于前级电子管屏极的实际电压，其间的电压差即为该管的栅极偏压，这点在调整时须予以注意。

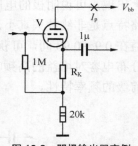

图 10-2 阴极输出器实例

阴极输出器的实例见图 10-2。其主要参数见表 10-1。

表 10-1　　　　　　　　　　　阴极输出器实测参数

型　　号	V_bb	R_K	I_p
12AT7	250V	750Ω	3.1mA
	300V	600Ω	4.2mA
12AU7	250V	2kΩ	3.8mA
	300V	1.5kΩ	5.3mA

　　阴极输出电路，实质上就是串联输入式电压负反馈电路，当用作功率放大时，非线性失真小，频率响应宽、扬声器阻尼好，但增益小于 1，必须有很大的输入信号电压来激励推动。

　　例如，功率三极管 2A3 于电源电压 300V 时，栅极激励电压 31.8V$_{rms}$，负载阻抗 2.5kΩ 时输出功率 3.5W，负载端的输出电压 94V$_{rms}$。当作阴极输出时，此电压即是反馈电压，故实际需要激励电压 31.8+94=126V$_{rms}$ 才能获得 3.5W 输出功率。功率五极管 EL34 作三极接法，电源电压 335V，激励电压 18.9V$_{rms}$，负载阻抗 3kΩ 时输出功率 6W，负载端的输出电压 134V$_{rms}$。当作阴极输出时，激励电压需 153V$_{rms}$。

　　功率电子管在阴极输出时的最佳负载阻抗和输出变压器初级电感与普通工作状态时相同。负载阻抗太低，输出功率将比例减小。若使用五极管或集射管，帘栅极与屏极电源间应串入一只电感量足够大的电感，旁路电容器要接到阴极，以免帘栅极电流产生负反馈引起非线性失真。

　　这种电路的阴极偏压电阻值，要减去输出变压器初级绕组的直流电阻值。

　　影响功率阴极输出电路实用的最大问题，是需要一个非常高的激励电压，而一般放大电路又较难不失真地输出这样高的电压，故功率阴极输出电路在爱好者中间只是昙花一现，难以实用。

资料

直接耦合

　　直接耦合（direct coupling）是一种级间没有电容器或变压器的耦合方式，可允许直流信号通过，也称直流放大。由一个放大级的输出与下一级放大级的输入电极直接连接构成。如阴极输出电子管的栅极直接与前级放大电子管的屏极连接即为直接耦合，这时后级电子管阴极电压值减去前级电子管屏极电压值的差值，即为后级电子管的栅极偏压。直接耦合结构简单，在低频时的相移最小，瞬态特性也好。

第11章

电子管电源电路

5R4GY　RCA

5R4WGB Cetron

5U4G GE

5U4GB RCA

GZ34　Mullard

5AR4 Sylvania

　　在声频放大器中，电源对整机性能的影响非常大，不同电路不同元器件会有不同表现，特别是对低频重放。好的电源要求使用电压调整率在±5%内的电源变压器，使用内阻低、漏电流小、允许纹波电流（ripple current）大、速度快的滤波电容器。

　　电子管放大器中有 3 种电源：灯丝电源、高压电源和偏压电源，当采用自给偏压时，不需要偏压电源。所有电源均由电源变压器将电网电压经适当变压提供。

　　电源变压器（power transformer）工作在工频 50Hz，是放大器能量供应的中心，品质极为重要，对它的主要要求有电压调整率、发热量及漏磁，结构有 EI 型、C 型、环型及 R 型。铁心材料主要为热轧无取向硅钢片和冷轧取向硅钢带（片），前者用于普通 EI 型铁心，后者导磁率高、铁耗小，用于高级 EI 型铁心及 C 型铁心、环型铁心。导电材料为漆包圆铜线。绝缘材料包括骨架、层间绝缘和浸渍材料。EI 型变压器用得最普遍，铁心由 E 形和 I 形两部分铁片组成，它制造工艺简单。C 型变压器铁心由长条卷带绕成，然后分割成两半，接合面紧密接触，用铁箍带扎紧固定，它磁力线密度较高（16 000Gs），但要把初、次级绕组均匀分布在铁心的两侧，每个绕组都由两个相同的线圈并联而成，这样的结构耦合好，磁场外泄较小。环型变压器铁心由长条卷带绕成环形，它磁力线密度高（18 000Gs），每伏圈数少，磁场外泄少，但对直流磁化极为敏感，所以不可采用半波整流，功率放大器使用环型电源变压器，在接通电源时会有极大的冲击电流，而且铁心易饱和使波形失真，故一定要有充分的功率裕量。高保真放大用电源变压器的初级绕组与次级绕组间，应具有静电屏蔽层，以防止电网中的干扰信号进入电源，影响放大器重放声音的品质，电源变压器的初、次级绕组的直流电阻要小，功率裕量要足够大。

　　电源变压器的内阻是次级电阻与初级反射到次级的电阻之和，即

$$R_t = (\frac{e_2}{e_1})^2 R_1 + R_2$$

　　式中 e_1 为初级电压，e_2 为次级电压，R_1 为初级直流电阻，R_2 为次级直流电阻。电源变压器的内阻对电源电压稳定度影响很大。

　　为了满足功率放大器的满功率工作需要，增强负载能力，放大器的电源变压器容量，必须达到理论标准或更大，以减低电源内阻。理想的电源变压器容量，应该能提供电源所需能量的 2～3 倍，一般而言，电源变压器的功率余量可取 3 倍，但各绕组的用线线径应有足够余量。

　　电源变压器除必须具有足够的功率容量外，还要求漏磁小，减小漏泄磁力线干扰。变压器的漏泄磁力线对电容输入滤波的输出直流会造成噪声干扰，降低信噪比，见图 11-1。为了减小 EI 型电源变压器漏磁的影响，可在其外面卷绕一层宽的短路薄铜带，构成短路环，短路掉部分泄漏磁通，减小泄漏磁场，抑制交流声。

有种观点认为高保真设备用电源变压器以 EI 型最好，环形不好。可实际并非如此。由于环形变压器铁心没有接缝，磁力线不会由接缝处泄漏而漏磁极小，此外，环形变压器内阻低，变压器效率也比普通变压器高。当然变压器铁心出现饱和，会产生泄漏磁场，并在附近电路感生干扰电流，所以变压器要有足够的余量。环形变压器在接通电源时，会出现很大的电流浪涌，所以初级使用的保险丝应选慢熔断型。

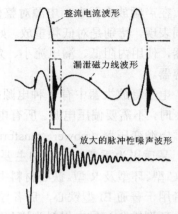

图 11-1 电容输入整流时的漏泄磁场波形

电源中的整流元器件现在常用的有整流二极电子管和半导体整流二极管，二极管工作原理虽简单，但组合成整流电路时的实际工作情况并不简单，因其耐受峰值电压和峰值电流都随电路不同而异。

整流电子管特性中最重要的两个是最大屏极峰值电流和最大峰值反向耐压。最大屏极峰值电流是整流管阴极保持全空间电荷时所能提供的最大电子发射量。整流管在每周期里的一半以上时间并不导通，故平均屏极电流（即直流输出电流）决不会超出屏极峰值电流的一半。最大峰值反向耐压是能够加在屏极上的最大安全负电压，由它决定整流直流输出电压。直流输出电压和实际加在整流管的反向电压值的关系，受使用整流电路影响，但一般反向电压至少和直流电压同样大小，在某些情况下可以是它的 π 倍。硅整流二极管在额定整流电流时的正向压降仅 0.5～1V，这在应用时必须注意，为保证可靠性，建议降低反向电压 20%使用，并避免瞬间或长时间过电压。

灯丝电源在美国也称甲电源（A 电源）。旁热式阴极电子管的热丝电源，通常由电源变压器降压到适当值直接供给。当热丝采用交流电加热时，若热丝接地不对称，由于灯丝与栅极的电位差发生变动会产生与电源频率相同的交流声。取中心抽头的方法见图 11-2，其中（a）由热丝的平衡电阻取得，（b）由变压器绕组的中心抽头取得，（c）在热丝之间接一个抽头接地的电位器，选择电位器的抽头位置可使交流声电平降低 10～30dB。

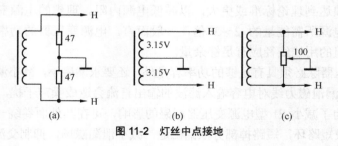

图 11-2 灯丝中点接地

前级电子管阴极没有旁路电容器时，由阴极与热丝间的漏电流引起的交流声可能会有 10dB，可用热丝电位高于阴极电位 15～40V 解决，或采用直流对热丝供电。对高增益前级放大电子管的热丝，如给热丝中心抽头加上一个 15～40V 的正偏压，对降低交流声很有效，见图 11-3。前级热丝采用直流供电，能显著减小交流声电平，提高信噪比，这个直流电源可由整流滤波供给，也可由稳压电路供给，电源负极接地。过去为了降低交流声，有人采用降低热丝电压 10%～20% 供电的方法，但会影响电子管的使用寿命，不宜采用。

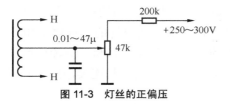

图 11-3　灯丝的正偏压

直热式功率电子管的灯丝，虽然可由交流电源供电，但难以彻底消除交流声，故最好用直流供电。整流二极管最好采用高速二极管，并有充分电流容量。

旁热式整流管的热丝宜用独立绕组供电，若与放大管共用同一接地的热丝电源，整流管阴极与热丝间的高电压，有可能会引起噪声电流。

高压电源（HT 电源）是供给电子管屏极和帘栅极所需的高压电源，在美称乙电源（B 电源）；若使用电子管作整流元器件时，都采用全波整流（full-wave rectification）电路，若使用半导体二极管作整流元器件时，大多采用桥式整流（bridge rectification）电路或倍压整流（voltage-multiplier rectification）电路，倍压整流可以用较低电源电压获得较高直流输出电压，能减小变压器体积，见图 11-4。

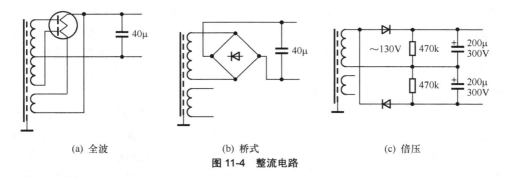

(a) 全波　　　　　　　　　　(b) 桥式　　　　　　　　　　(c) 倍压

图 11-4　整流电路

半波整流（half wave rectification）由于效率很低，电压调整率差，纹波脉动大，脉动频率低，当变压器有直流流过时，铁心产生直流饱和磁滞损耗增加，所以只有在负载电流很小的情况下才使用，如偏压电源。环型电源变压器不能采用半波整流。全波整流含有两组整流元器件，利用交流电源的正负交替得到直流电压，脉动频率是电源频率的 2 倍，没有直流饱和现象，变压器次级的利用率不高。桥式整流也是一种全波整流，由 4 个整流元器件连接成桥路形式，交流电源加到一对结点时，可在另外相对的一对结点得到直流电压，变压器次级利用率高。

倍压整流是整流元器件与电容器的组合电路，能产生近似等于交流输入电压峰值 2 倍的输出电压，但负载电流增加到一定程度时，输出电压会急剧下降，故负载电流不能太大。

整流管的平均电流对半波整流电路是 $1.02I_{dc}$，全波及桥式整流电路是 $0.5I_{dc}$。整流电路中，整流管的最大反向电压是其不导通时管子两端之间的最大瞬时电压，由输入到整流管的交流电压与负载上的电压之和构成，整流管的反向峰值电压（PIV，peak inverse voltage）对半波和全波整流电路是 $3.14V_{dc}$，桥式整流电路是 $1.57\ V_{dc}$。电源变压器的次级绕组交流有效值（rms，i_{ac}、V_{ac}）与连续输出直流值（I_{dc}、V_o）的关系如下：

半波整流 $I_{dc}\approx i_{ac}\times0.28$，$V_o\approx V_{ac}\times（1\sim1.1）$；中心抽头全波整流 $I_{dc}\approx i_{ac}\times0.83$，$V_o\approx V_{ac}\times（1.2\sim1.3）[V_{ac}\times2]$，桥式整流 $I_{dc}\approx i_{ac}\times0.55$，$V_o\approx V_{ac}\times（1.2\sim1.3）$，中心抽头桥式整流 $I_{dc}\approx i_{ac}\times0.55$，$\pm V_o\approx V_{ac}\times（1.2\sim1.3）[V_{ac}\times2]$，全波倍压整流 $I_{dc}\approx i_{ac}\times0.55$，$V_o\approx V_{ac}\times2.2$。

上面所指均为电容输入式滤波，整流输出直流电压 V_o 为半导体二极管整流时的数值，若用电子管整流应扣除管压降。高真空全波整流管在满负载电流时的管压降，对直热式管在 60V 左右，对旁热式管在 20V 左右。直热式整流管灯丝加热快，会引起过电压问题。实用上电源变压器绕组的电流容量应有充分裕量。

常用整流电子管的整流特性见图 11-5，图中 Z_P 为屏极电源阻抗，C_L 为输入滤波电容器电容量，5U4GB、5Y3GT 为直热式管，5AR4、6AC4/EZ81、6X4 为旁热式管。旁热式整流管虽然效率较低，但能保证其他电子管在足够预热前不接通全部高压，防止对高压供电电路出现过电压冲击。一般放大器的电源负载变化不大，都使用电容输入式滤波电路，电压调整率虽比扼流圈输入式差，但能取得的直流输出电压高，纹波脉动电压也低。

半导体整流二极管和真空整流二极管虽然都有单向导电特性，但半导体整流二极管有反向电流，真空整流二极管无反向电流，半导体整流二极管由于存储效应管在导通进入关断瞬间会产生十几千赫兹的脉冲（实质是减幅振荡），而真空整流二极管不会产生脉冲。），这种高频性质的脉冲，电源滤波电路并不能完全滤除，干扰会影响放大器音质，克服方法是在二极管的两端并接一只 $0.005\sim0.01\mu F$ 耐压足够的电容器，该电容器还可保护二极管在接通瞬间不受损坏。用作整流用的半导体二极管，可选用高速管型，它和不同整流电子管一样，对放大器的音色有影响。使用高真空整流二极管作整流时，由于其内阻较大，管压降大，效率低，电压稳定性较差，瞬态响应较慢，而且成本高；使用半导体整流二极管作整流，则其内阻很小，管压降小，效率高，电压稳定，反应速度快。

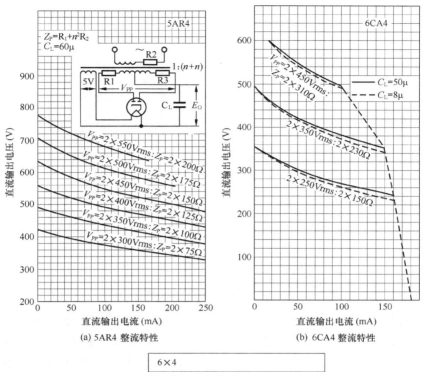

(a) 5AR4 整流特性　　　　(b) 6CA4 整流特性

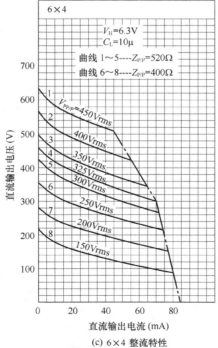

(c) 6×4 整流特性

图 11-5　高真空整流管整流特性（电容输入）

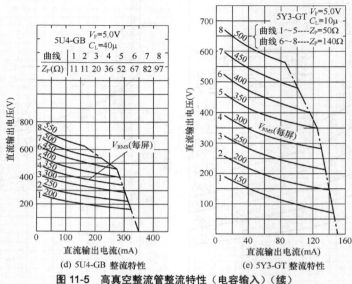

(d) 5U4-GB 整流特性　　　　(e) 5Y3-GT 整流特性

图 11-5　高真空整流管整流特性（电容输入）（续）

电源滤波电路用以将整流获取的脉动直流电压中的叠加交流成分——纹波电压去除，变为平滑的直流电压，电源滤波由电容器和扼流圈（choke）或电容器和电阻组成，一般均采用电容输入型π滤波电路，见图11-6。电容器两端的波形如图11-7所示，由于充电回路的时间常数很小，所以充电过程非常快。放电期间，电容器两端电压稍有下降，但输入电压接着再达峰值，使电容器又充电到被整流电压的峰值附近。π型滤波电路中，电阻本身不能滤波，但延长了电容器的放电时间，有助于滤波，还隔离了两只滤波电容器。当电阻用扼流圈（电感）替换时，由于电感具有反抗电流变化的特性，可使滤波性能大为改善。

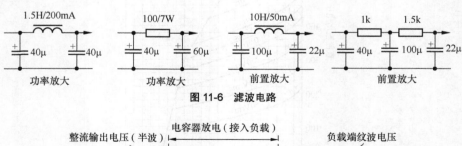

图 11-6　滤波电路

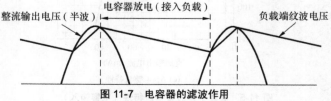

图 11-7　电容器的滤波作用

对电子管整流 π 型滤波电路，输入电容器一般取值不宜太大（如 40μF），否则需在整流管输出端串接限流电阻，而输出电容器对前置放大器的取值以小于输入电容器为宜，一般采用 22μF 即足。但对 AB 类功率输出级电源，其输出电容器宜采用 80～120μF 的较大值，但电容量过大的滤波电容器对电源响应速度有不良影响。实用上 π 型滤波电路中，LC 型音色要比 RC 型为好，而且滤波电容器的性能对音色有影响。滤波电容器滤除纹波的能力与电容器存储的电荷多少有关，故而其储能能力与外加电压的高低和电容量大小有关。

电源变压器的漏磁要小，否则对电容输入滤波的整流输出直流会造成噪声干扰，影响信噪比，降低清晰度。电子管放大器电源的交流阻抗，由滤波扼流圈后面的滤波电容器的电容量决定，电容量大则阻抗低。

当整流电子管电流容量不够时，可将两只整流管并联使用，如图 11-8 所示将全波整流管并联当作半波整流管用。

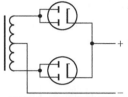

图 11-8　整流管的并联

高压电源供给电子管的屏极、帘栅极等作电源，减小高压电源的内阻对放大器的性能具有积极意义。此外若滤波不良，将产生 100Hz 的交流声。为提高高压电源的滤波质量，获得纯净直流，可采用增大滤波电容器电容量、增大滤波扼流圈电感量，并在整流管屏极与地间接入一耐压足够的 0.01～0.02μF 的电容器消除调制交流声。

对于电流变化较大的 AB 类和 B 类放大的高压电源，为了提高电压的稳定性，最简单的方法是使用泄放电阻，即在高压电源端并联一个适当的电阻，以泄放一定电流来改善电压调整率，缺点是损耗增加，实用上泄放电阻通过的电流是满载电流的 10%左右。在需要电压调整率很高的场合，可使用充气电压稳定管，电压变化可小于 5%，而损耗电流减少，但负载电流不能超过稳定管额定电流值。充气电压稳定管不仅能使电压稳定，而且由于其交流阻抗较低，兼有滤波作用，可防止由电源阻抗所引起的汽船声。

电子管阴极未经充分加热，即加上高压电源，会损伤阴极，缩短寿命。故使用半导体二极管整流的高压电源最好设置延时供电电路，而使用旁热式整流电子管是最简便有效的解决方法。高压延时供电的一种方案是在桥式整流堆和变压器高压绕组间插入延时继电器的常开触点，经 20s 延时后，触点才闭合正常供电。

关于多级放大器的高压电源供给，二级放大一般不会产生问题，但是对二级五极管放大或三级放大,各放大级间会通过电源公共阻抗而彼此耦合,出现频率为 1～10Hz 的低频率自激振荡——汽船声。为此，可在第一级放大的电源设置去耦电路（decoupling circuit）。这种去耦电路的 RC 乘积应在 200～1000（μF·kΩ）间，去耦电容器对音色也有影响，不宜使用太大电容量，以免影响声音的活泼。去耦电路的作用，随着频率的下降而下降，去耦电路大多是串联型，但并联型的不良影响较小。

偏压电源用以提供末级功率放大电子管的栅极负偏压，在美国称丙电源（C电源）。高互导电子管的栅极偏压值，必须每管分别进行调整。偏压电源由电源变压器独立绕组或高压绕组适当抽头，经整流、滤波提供。固定偏压调整用电位器，最好采用可锁紧的实心电位器。一种简单可行的偏压产生电路见图 11-9。电路中灯丝电压经双二极三极管 6SQ7GT 的三极部分放大，然后由二极部分整流，再经 RC 滤波后，可获得数十伏的负电压，测量该电路的负电压值，必须使用高内阻的电子管电压表。

图 11-9 负压电源

环形电源变压器在接通电源时，有很大的电流浪涌，故而初级使用的保险丝应选慢熔断型。

附：电源变压器的计算

电源变压器是用以将电源电压升高或降低到为电子管屏极、灯丝和偏压电路所需的各种电压值的变压器。EI 型电源变压器的有关设计如下：

① 初级输入功率　$P_P = \dfrac{P_S}{\eta}$

式中，P_P——初级输入功率（VA），P_S——次级所有绕组的总功率（VA），η——变压器效率（<30VA 约 0.7，50VA 约 0.75，100VA 约 0.85，200VA 约 0.90，300VA 约 0.93）。

② 铁心截面积　$S = 1.25\sqrt{P_P}$

式中，S——铁心截面积（cm^2），P_P——初级输入功率（VA）。

　　铁心可选用厚度为 0.35mm 的 EI 型优质硅钢片，为补偿铁片表面绝缘层造成的间隙，可加 9% 的间隙系数作补偿。铁心的叠厚度为硅钢片中心舌宽的 1.2～2 倍较合理。铁心的硅钢片品质差时，变压器的空载电流较大。（空载电流是变压器次级开路时，初级的电流，主要由在铁心中建立磁通的磁化电流组成。）

　　③ 每伏圈数　$N = \dfrac{10^8}{4.44f \cdot S \cdot B_\mathrm{m}}$

　　式中，N——每伏圈数，f——工作频率（Hz），B_m——铁心最大磁力线密度（热轧高硅钢片 11500～12000Gs，冷轧取向硅钢片 14000Gs），S——铁心截面积（cm^2）。

　　为了补偿铁心及铜线中的功率损耗，次级绕组实际总圈数应增加 5% 左右。

　　④ 导线直径　$d = 0.715\sqrt{I}$　　（当载流量 $J = 2.5\mathrm{A/mm}^2$ 时）

　　式中，d——导线直径（mm），I——导线工作电流（A）。实际初级电流应比计算值大 10% 左右，以补偿空载时的磁化电流。次级各绕组的电流值也应留有适当裕量，特别是低压大电流的灯丝绕组。

$$I_\mathrm{P} = \dfrac{P_\mathrm{P}}{V_\mathrm{P}}$$

　　式中，I_P——初级电流（A），P_P——初级功率（VA），V_P——初级电压（V）。

　　⑤ 静电屏蔽　为了防止市电电源线传来的各种高频干扰信号通过电源变压器初级与次级之间的分布电容而进入次级产生干扰，可以在初级绕组与次级绕组之间垫入一层不闭合的铜箔，并接地，使初、次级之间的静电耦合得以隔开，构成静电屏蔽。

　　⑥ 绝缘材料　以前主要使用牛皮纸，现在也用高分子材料薄膜。绕好的变压器、线包、铁心应采用交叉镶插，不留空隙，以减少漏磁，铁心应夹紧，用绝缘清漆浸渍，烘干。

　　⑦ 提高电源变压器电压调整率的措施　选用尽可能粗的导线，降低线圈电阻；增大铁心截面（计算值的 1.25 倍），减小每伏圈数；采用初次级分层夹绕，绕组并联等方法，增强初次级耦合，减小漏感。

资料

常用线规

　　国外导线常用号码表示其直径，表 11-1 是常用线号对照。

表 11-1 常用线规

美制 AWG（B&S）线号（直径 mm）	英制 SWG 线号（直径 mm）	标线径 mm（允许电流 3A/mm²）
12（ϕ2.057）	14（ϕ2.032）	ϕ2.02（9.62A）
13（ϕ1.815）	15（ϕ1.829）	ϕ1.81（7.72A）
14（ϕ1.626）	16（ϕ1.626）	ϕ1.62（6.18A）
15（ϕ1.448）	—	ϕ1.45（4.95A）
—	18（ϕ1.219）	ϕ1.20（3.39A）
18（ϕ1.016）	19（ϕ1.016）	ϕ1.00（2.36A）
20（ϕ0.813）	21（ϕ0.813）	ϕ0.81（1.51A）
22（ϕ0.643）	—	ϕ0.64（0.965A）
—	24（ϕ0.559）	ϕ0.55（0.713A）
24（ϕ0.511）	25（ϕ0.508）	ϕ0.51（0.613A）
—	26（ϕ0.457）	ϕ0.47（0.521A）
26（ϕ0.404）	27（ϕ0.417）	ϕ0.41（0.396A）
—	28（ϕ0.376）	ϕ0.38（0.340A）
27（ϕ0.361）	29（ϕ0.345）	ϕ0.35（0.289A）
28（ϕ0.320）	30（ϕ0.315）	ϕ0.31（0.226A）
29（ϕ0.287）	31（ϕ0.295）	ϕ0.29（0.198A）
—	32（ϕ0.274）	ϕ0.27（0.172A）
30（ϕ0.254）	33（ϕ0.254）	ϕ0.25（0.147A）
31（ϕ0.227）	34（ϕ0.234）	ϕ0.23（0.125A）

电源变压器数据

典型电源变压器次级数据。前置放大器用：①桥式整流 250V/100mA，6.3V/1.5A × 4；②310V-280V-250V-0-250V-280V-310V/130mA；0-2.5V-5V/3.5A，6.3V/3.5A × 2；③270V-0-270V/80mA，0-3.15V-6.3V/1.5A，0-6.3V-12.6V/1.5A；④260V-0-260V/80mA，0-6.3V-12.6V-15V/1.3A，6.3V/1A；

通用：①330V-290V-250V-80V-0-250V-290V-330V/250mA，0-6.3V/5A，0-2.5V-5V/4A；

多用途：①350V-310V-270V-70V-0-270V-310V-350V/350mA，0-2.5V-5V/5.5A × 2，6.3V/5A × 2，6.3V/1A；②倍压整流 0-10V-130V-150V-170V/250mA，6.3V/3.3A × 2。

阴极打火

阴极打火（cathode sparking）通常是整流电子管的氧化物阴极由于表面不光滑、涂层与基金属的附着不牢、中间层电阻大以及阴极本身激活程度差等原因，在输出较大电流时，如开机瞬间对滤波电容器进行充电时，阴极表面会因局部过热而产生火花，打火时，阴极涂层剥落，并放出气体使阴极中毒。

电源变压器电压调整率的测量

首先测量变压器空载时次级绕组的电压；然后测量接有负载后次级绕组的电压；根据两次测量所得电压，即可算出该变压器的电压调整率：

$$电压调整率 = \frac{空载电压 - 满载电压}{满载电压} \times 100\%$$

电网电源的纯化

在我们生活的这个高科技社会里，工厂内的大型电机，大楼中的电梯，家庭中的空调器、电冰箱、洗衣机、脱排油烟机、电风扇、荧光灯、电脑、无绳电话机、游戏机，以及多制式大屏幕电视机、激光影碟机、录像机等，都将以不同形式产生一些脉冲性的噪声电流，这些电源火花及外来干扰都污染市电电网。另外，数字音响器材中的时钟脉冲也会干扰市电电网。这些噪声沿着电源线进入千家万户，影响着连接在这个电网里的高保真音响器材，产生像炒豆样的噪声，而且由电网来的噪声杂波进入放大器电源后，其剩余部分将通过电路与声频信号产生调制，使声音不干净，甚至发混，降低分析力，电源对高保真重放音质之影响不容忽视。

为了纯化电网电源，滤去随电网混入的各种射频干扰（RFI，Radio Frequency Interference）及电磁干扰（EMI，Electro Magnetic Interference），以及各种尖峰（Spike）干扰。最简单的纯化方法，是在电源变压器初级两端并联一只压敏电阻（390V/1kA）和一只薄膜电容器（0.47～1μF/1000V）。这时电源中的大部分尖峰干扰都将被压敏电阻吸收，电容器不仅吸收电网中的射频干扰，还可提高电源的功率因数。使背景噪声更低，弱音细节更清晰，声音更干净，分析力更好。

为提高效果，还可在电源变压器高压次级两端并联一只 0.01～0.1μF 耐压足够的电容器。上述方法特别适合不能接入电源滤波器的功率放大器采用。

改善电压变动率的方法

电源变压器的电压变动率 $\varepsilon = (100 \times Z \times I_Z)/V_O(\%)$

式中，ε——电压变动率；Z——阻抗（绕组电阻 R 与漏电抗 X_L 构成），I_Z——负载电流

要改善电源变压器的电压变动率，可采取下述方法：

① 减小绕组电阻 R，尽量减小线圈总长度，选用尽可能粗的导线。

② 减小漏电抗 X_L，将其主要因素漏感 L_i 减小，$L_i = \mu_O \times (K/W) \times N$（式中，$L_i$——漏感；$K$——各绕组厚度，由隔尺寸决定的常数；$W$——各绕组绕线厚度尺寸；$N$——各绕组匝数；$\mu_O$——真空中的导磁率）

为此：

a. 减小匝数 N，因为漏感 L_i 是匝数的二次方。如增大铁心截面为原值的 1.25 倍，结果降低绕组电阻到原值的 1/7。

b. 将各绕组作分割、交叉、并联、迭层，把 W 增大，K 减小，将各绕组分割，分别作夹层，加以并联，增大初级与次级绕组间的耦合程度。

方法即是降低绕组的电阻及初次级漏感。

第 **12** 章

提高电子管放大器
信噪比的措施

声频放大器由于元器件的质量和外部影响，会出现噪声（noise），降低信噪比。声频放大器的噪声可分为：①规则噪声，如交流声；②连续的不规则噪声，如随机的热噪声、散粒噪声；③间歇噪声或瞬时噪声，这类断续或间歇的"喀哧"噪声大多是外来噪声，由邻近或共用同一电源线的工业设备及家用电器在间歇工作时产生，也可能是由于连线不牢靠或虚焊引起。

电子管放大器内部产生的噪声，有热噪声、散粒噪声、闪烁噪声、颤噪效应噪声、接触噪声及交流声等。

热噪声（thermal noise）来源于电阻中电子的热骚动，它决定了电路中的噪声下限。电路中的元件只要它们消耗能量，就会产生热噪声。这种噪声对应于频率有均匀的功率分布，所以是白噪声（flat noise）。所有电阻，不论其结构如何都会产生噪声电压，这个噪声电压产生于热噪声和其他噪声源，如散粒噪声和接触噪声。随机的热噪声是不可避免的，而其他噪声则可以减少或消除。对放大器输入灵敏度在 0.5mV 以上时，负载电阻的热噪声，可忽略不计。

散粒噪声（shot noise，也称散弹噪声）存在于电子管和半导体器件中，电子管的散粒噪声来自阴极电子的随机发射，半导体器件的散粒噪声是通过晶体管基极的载流子的随机扩散及空穴电子对的随机发生及其复合形成。随机噪声（random noise）没有周期性，是一种平滑的"咝咝"声。

接触噪声（contact noise）是由两种材料间的不完全接触形成的起伏电导率而产生，出现于电流流动于非均匀材料处，如开关和继电器触点，出现在电阻上就称过剩噪声。在电子管中则称闪烁噪声（flicker noise，也称闪变噪声），那是由于阴极正离子随机发射造成屏极电流的微小变化，与阴极的表面状态有关。由于接触噪声独特的频率特性，常称作 $1/f$ 噪声，它只是低频上的问题，故也叫做低频噪声。

颤噪效应噪声（microphonic noise，也称话筒效应噪声）是因为设备受到机械冲击或振动时，电子管电极发生振动而引起像微音器（话筒）样效应而产生的"当……当……"样噪声。该种噪声的大小取决于电子管结构以及对电子管的防震装置性能。

交流声（hum）是指电子管放大器比较容易产生的"嗡嗡"声，造成信噪比恶化，通常产生交流声的主要原因有以下 6 个方面：

① 屏极电源滤波不完善，纹波（ripple）产生 100Hz 交流声。

② 放大器第一级电子管性能不良，如灯丝与阴极间绝缘不良或阴极的热惰性不够，产生 50Hz 交流声。

③ 电源变压器、滤波扼流圈等的泄漏磁场干扰。

④ 交流电源连线（灯丝线、电源软线）产生的交变磁场感应。

⑤ 灯丝接地不对称，或借用底板作灯丝电源连接。

⑥ 前级放大电路的接地不当，或屏蔽不良。

电子管的大部分噪声与屏极电流成正比，减小屏极电流可改善，而大部分电子管产生的噪声，会因负反馈而大幅度减小。

放大器中使用了大量的电阻，电阻的噪声由热噪声和过剩噪声组成。即由电荷载流子的运动引起的热噪声和由于端接触、刻槽引起流过电阻的不连续导体的电流产生的过剩噪声。一般说电阻值越小、额定功率越大，则噪声越小。金属膜电阻的噪声约比碳膜电阻及合成碳质电阻小 20dB，所以是低噪声设计的最佳选择，但非绝缘型金属膜电阻的外绝缘漆层如有破坏，电阻的噪声就会变大。为了减小噪声，电路中使用电阻的功率，应该有足够的富裕量，如前级电子管屏极电阻要选 2W 大型电阻。

电容器在电路中，除电解电容器的漏电流会引起噪声外，电容器通常不存在噪声问题。

为提高电子管放大器的信噪比，可采取下列措施：

① 改善屏极电源滤波质量。

② 高增益放大的前级电子管，如果没有阴极旁路电容器，建议灯丝采用直流供电，防止灯丝交流磁场引起的交流声；也可把前级电子管的灯丝对地施加 20～40V 正电压，使阴极比灯丝为负，减小电子管灯丝与阴极间漏电等原因引发的交流声。同时，中点接地电阻（100Ω 左右）应接在前级管附近，并接地于本级，选用绝缘优良的电子管管座。

若供给热丝交流电压的变压器绕组以中心抽头接地，最好要采用双线并绕，以得到真正的中心点，降低交流声电平。热丝用交流供电的交流声极限为-100～-110dB/V（10～3μV），直流供电的交流声电平可达-120dB/V（1μV）。

③ 为抑制脉冲噪声，可在电源变压器的初级侧或次级侧上并联耐压足够的 0.1μF 薄膜电容器，滤除效果以次级更完善。

④ 采用一点接地，各接地线分别连接，使各点接地成为同电位。

⑤ 结构和装配上采取措施，如电源变压器远离怕受影响的前级，必要时对变压器采用导磁材料处理作电磁屏蔽；前级、前置电子管加屏蔽罩，不过可能会影响声音的活泼性；前级屏极电阻加大功率，合理安排耦合电容器的安装位置；高阻抗电路引线要用屏蔽线等作静电屏蔽；妥善接地并适当屏蔽，防止电磁感应和静电感应引起的交流声和噪声。

⑥ 有些电子管由于工艺、结构原因，容易发生颤噪效应噪声，特别是在前级放大电子管。为了减小电子管的颤噪效应，可在电子管上套以耐热的橡胶阻尼（减震）圈，或专用金属阻尼器（Tube Damper），就能收到明显的效果，见图 12-1。但这种方法也有缺点，会使声音变得不活泼。大体一些音响小道具都有类似的两重性，孰是孰非，是功是过，要作权衡。

图 12-1　阻尼圈及阻尼器

第13章

电子管的代换

　　音响设备中使用的电子管类型，有三极管、五极管、集射四极管以及整流二极管等。习惯上把放大系数 $\mu<10$ 的三极电子管称低放大系数管，$\mu=10\sim40$ 的称中放大系数管或通用管，$\mu>40$ 的称高放大系数管；把互导 $g_m\leqslant2mA/V$ 的电子管称低互导管，$g_m=2\sim6mA/V$ 的称中互导管，$g_m>6mA/V$ 的称高互导管。在音响设备中使用的电子管，除专为声频放大开发的音响用管外，还引入不少高频放大管作声频放大用。

　　各国生产的电子管都有特性相同及类似的型号，所以当设备中某种型号电子管因故找不到时，可以用等效管代换使用。不过电子管音响器材换用不同牌号电子管时，虽然在性能上可以一样，但因各厂在材料及工艺等方面的细微差异造就的独特性格，其重放声音会有不同音色表现，所以不少"发烧友"以换管调声而乐此不疲。由于各国的电子管制造厂大多已相继停产多年，虽仍有不少库存可供选择使用，但名牌管日见稀少，价格已相当昂贵，而且现存电子管的价格常因存货量而定，并不是价高一定好声。

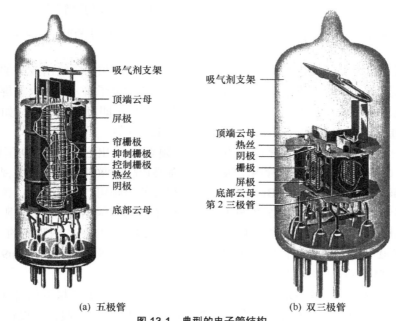

吸气剂支架
顶端云母
屏极
帘栅极
抑制栅极
控制栅极
热丝
阴极
底部云母

吸气剂支架
顶端云母
热丝
阴极
栅极
屏极
底部云母
第 2 三极管

(a) 五极管　　　　　　(b) 双三极管
图 13-1　典型的电子管结构

音响设备中的电压放大电子管，只要特性相似，一般都能替换使用，但会有不同的音色表现。电压放大前置级用电子管，除适当的增益外，还要求低噪声及低颤噪效应，以提高信噪比。在要求增益较高和输出电压较小的前级，一般采用高放大系数三极管或锐截止五极管，如双三极管（twin triode）12AX7/ECC83、6DJ8/ECC88、6922/E88CC、12AT7/ECC81 及 6N3 等，五极管（pentode）6AU6、EF86/6267、6SJ7GT 等。它们的结构见图 13-1。作为前置放大的输出级和功率放大的激励级应选用内阻较低的中放大系数三极管，以使在较低电压下，能有较高的输出电压，如 12AU7/ECC82、6CG7、12BH7A、6SN7GT 及 6N1 等。对要求激励电压较高的深负栅偏压功率三极管的激励放大级，可用功率稍大、互导高、内阻低、栅偏压较高的中放大系数三极管 12BH7A、5687、E182CC 及 6N6 等。

倒相电子管对剖相式电路宜用中放大系数三极管，如 12AU7/ECC82、6CG7、6922/E88CC、6SN7GT 等，长尾式电路宜用高放大系数三极管，如 12AX7/ECC83、12AT7/ECC81 等，自平衡式电路宜用高放大系数三极管或五极管，如 12AT7、6AU6 等。

　　功率放大电子管中，特性相近的集射功率管和五极功率管可以互换使用，集射功率管和五极功率管具有相似的特性，它们之间的区别在动态特性，一般集射功率管的屏极电流上升要比五极功率管快，也较陡峭，产生的三次谐波较五极功率管为低，线性也较好，但二次谐波则较高，此外，集射功率管屏极电流随屏极电压变化的区域比五极功率管小，在低屏极电压时可得到较大功率。三极功率管的动态特性平直，线性好，阻尼大，非线性失真也比五极功率管小，但需激励电压高，效率低，由于电子管的屏极内阻是其放大系数与互导的商 $r_{\mathrm{p}} = \dfrac{\mu}{g_{\mathrm{m}}}$，为使在较低屏极电压时仍能提供足够大的屏极电流，能用作声频功率输出放大的必须是低放大系数（$\mu < 10$）的低内阻管。对于同类功率放大电子管，一般只要屏极和帘栅极的电压和功耗不超出允许值，调整栅极偏压值后，即可互换使用，如 EL34、KT66、6L6GC、5881 和 6550、KT88、KT90、KT99 等。

　　一些特殊用途的功率管也被开发作声频功率输出之用，如电压调整管 6AS7G、6080 等，这类三极管内阻很小，但需要较高的激励电压。原电视机中的垂直扫描输出管 6BX7GT、6BL7GTA 等，是很好的声频用功率输出管。再如水平扫描输出管 6BQ6GTB、6CM5 及 6P13P 等可作中等功率输出用。一些内阻低的发射、调制用功率管，也可用作声频输出，如 807、211、845 等。内阻高的功率管，由于动态阻尼小，低频端音质易于变坏，如视频功率五极管 6AG7、6п9、6P9P 等，就不宜作声频功率输出用。

　　还有一些电子管虽不是为音响而开发，却效果不错，如三极五极管 6AN8、6BL8/ECF80、6U8A/ECF82，遥截止五极管 6BD6、EF92，锐截止五极管 FE80、6BH6、6CB6、6AG5 等。

　　著名的电子管品牌有：

品　　牌	名称或全称	公　司	国　　家	说　　明
Mullard	"盾"，也称莫拉特		英国	英国最大的电子管制造商之一，1927 年被 Philips 收购为其境外三大品牌之一
G.E.C.	The General Electric Co.Ltd.		英国	英国电子管制造元老，素质极佳，可靠性极高，由 THE M-O VALVE CO.Ltd. 制造，包括"马可尼"（Marconi）、"奥斯朗"（Osram）、MWT 和"吉内利克斯"（Genalex）以及著名声频电子管品牌"金狮"（Gold Lion）
Brimar	"勃里马"		英国	由 The Edison Swan Electric Co.生产，主要生产美国系列电子管
STC	Standard Telephone & Cables Ltd.		英国	由 The Edison Swan Electric Co.生产
Ediswan	"爱迪斯瓦"		英国	由 The Edison Swan Electric Co.生产
Cossor	"科斯索"		英国	主要生产接收管

品　牌	名称或全称	公　司	国　家	说　明
Teonex	"特奥克斯"		英国	由 The Hall Electric Ltd.生产
Haltron	"哈尔特龙"		英国	由 The Hall Electric Ltd.生产
Philips	"飞利浦"		荷	集各国精华的独立技术,在欧洲用"迈尼瓦特"(Miniwatt)商标,冠以 SQ,为高品质管,1980 年后的 Philips ECG 商标为美国原 Sylvania 按 JAN 标准生产
Amperex	"地球",又称安普雷斯 Amperex Electronic Corp.		美国	以生产接收管、发射管和特种管著称。1955 年被 Philips 收购为其境外三大品牌之一,冠以 PQ,为高品质管,其荷兰制造的"吹喇叭"(Bugle Boy)系列极为著名
RCA	Radio Corporation of America		美国	电子管史上最显赫的先导者,开发和改进大量电子管,大量生产军用、民用、工业用电子管,其"特殊红色"Special Red 系列极为著名,还有 Command 系列。其军用识别码为 CRC、JRC
GE	General Electric Co.		美国	美国主流电子管生产商,几乎生产所有型号电子管,其五星系列是精品,其军用识别码为 CG、JG
Sylvania	"沙尔文" Sylvania Electric Products Inc.		美国	美国主要电子管生产商,还是美国最大的电子管材料供应商,有许多名管,其 GB(Gold Brand)金牌系列是精品。其军用识别码为 CHS、JHS。1959 年被 GET 收购,改为 Sylvania ECG
Raytheon	"雷声 Raytheon Manufacturing Co.		美国	生产品种齐全,包括接收管、工业管、军用管及特种管,以工业用和军用管最有名。其军用识别码为 CRP、JRP
Tung-Sol	"通一索尔"		美国	生产品种较少,但品质极好,为军方最大供应商。其军用识别码为 CTL、JTL
Western Electric	"西电",简称 WE		美国	通信用电子管生产商。生产品种较少,品质极好,为军方最大供应商。其军用识别码为 CW、JW
Westinghouse	"西屋" Westing house Electric Corp.		美国	最早涉足电子管研究和生产者之一。其军用识别码为 CWL、JWL
Hytron	"海特龙"		美国	主要生产接收管,1951 年被 CBS 收购。其军用识别码为 CHY、JHY
Arcturus	"阿特鲁斯"又称爱斯		美国	主要生产接收管
Ken-Rad	"肯·拉德"		美国	接收管制造商,军用管识别码为 CKR、JKR,1946 年被 GE 收购
Cetron	"塞特龙"		美国	主要生产发射管

续表

品　牌	名称或全称	公司	国　家	说　明
United	联合		美国	主要生产发射管
Chatham	查塔姆		美国	
Dumont	杜蒙特		美国	
Bendix	本迪克斯		美国	美国军方用电子管品牌，集合当时先进技术，采用最新材料和工艺，坚牢、长寿、可靠，也称 Red Bank
Telefunken	德律风根		德国	德国主要电子管制造商，可靠长寿，品质极好
Siemens	西门子		德国	德国著名电子管制造商
Valvo	瓦尔伏 Valvo Hamburg		德国	1932 年被 Philips 收购为其境外三大品牌之一
RT	Radio Techinque		法国	后期为 RTC
Mazda	马兹达		法国	英国 STC 下属品牌，早期大多由英国制造，后多为法国制造
OTK			苏联	苏联合格电子管标记，各厂产品仅用不同图案作商标，并无文字标记
Sovtek	索维克		俄罗斯	美国 New Sensor Co. 拥有的品牌
EH	electro harmonix		俄罗斯	Sovtek 更高级别品牌
Svetlana	斯维特拉娜		俄罗斯	电子管制造老厂，有较高品质，1992 年与美国合作为 SED
R-F-T			原东德	包括 WF、FEW、W、RWN-Neuhaus 商标
Tesla	泰斯拉		原捷克斯洛伐克	
JJ	JJ-Electronic		斯洛伐克	原 TESLA 重组，生产声频用管
Ei	Ei-RC		前南斯拉夫	现只生产声频用管
Tungsram	通斯拉姆		匈牙利	欧洲最大电子管生产商之一
Toshiba	东芝		日本	GE 技术合作
NEC	日本电气		日本	引进 WE 技术
ナッ。ナル	"松下"		日本	Philips 技术合作
Golden Dragon	金龙		英国	英国 P.M. Component 经销的特制中产电子管商标，该公司还有俄罗斯 Svetlana 的产品。Gold Aero、Penta、National 等都是美国电子管经销商的 OEM 品牌
Teslovak	泰斯洛伐克		斯洛伐克	斯洛伐克 J/J 公司为美国 Penta Labs OEM 的产品品牌，包括 KT88S、E34LS、E83CC

VV（VAIC VALVE）、KR（KR-Audio Electronics，1996 年由 VV 改组）、AVVT
（Alesa Vaic Vacuum Technology，1996 年底成立）是捷克专门制造功率电子管的
品牌。

电子管厂家都有向其他厂家加工订制部分电子管，以补自己生产不足的情况，
Mullard、Brimar 及 Amperex 等在商标下会标明产地，或注明 IMPORT（贴牌）或
Foreign Made（外制造）作识别，但大部分厂家则并不作出标记。部分电子管的
品牌商标见图 13-2。

图 13-2　电子管品牌商标

现在仍在生产电子管的仅有俄罗斯、斯洛伐克及中国（China）等少数国家。
市场上能买到的电子管，除近年生产的新品外，还有库存新管 NOS（New Old
Stock），包括流通另售的单只盒装和单位批量的多只大盒插装两种包装，以及旧
设备上拆下来的二手旧管。国产电子管主要有库存的"北京""南京""上海""桂
光"牌及现生产的"曙光"牌。此外，市场上还有 Telefunken、G.E.C.、Bugle Boy、
Mullard、Tung-Sol 等名牌管的复制品（replica），在香港称"复刻版"，价格远比
正牌管低，并非原厂生产，在购买时务请注意。

音响设备中，由于多种原因需对电子管作代换使用，除不同国家及厂家的等
效管可以直接替换外，对类似管的代换应注意有关参数的异同处，当然高级型号及

97

改进型号替换普通型号及原始型号不会产生问题，但不同电子管代换时务必不要使某一电极达到极限值，并注意灯丝电压及管脚接续是否相同。总之，电子管在替换代用时，除直接等效的型号外，必须考虑替代管的电气性能及外形尺寸差异。以性能较低的电子管代换原管时，会导致性能下降，外形较大的电子管在空间有限的场合，则会造成无法安装的麻烦。当然在有些情况下，代换电子管的工作状态须作适当调整。

选用电子管时不必太介意什么军用管、专用管还是民用管，它们之间实际上仅是测试重点不同，电气特性完全相同，对声音并无关系。至于特殊品质管与普通管相比，虽然会有寿命长、一致性好、长期工作特性稳定、耐冲击和耐振动等特点，但通常对音色也无特别之处。

同一型号的电子管，不同制造厂或同一厂家在不同时期、在材料及工艺等方面存在细微差异，故放大声频信号时各种谐波组成并不一致，音色表现就有差异，就是具有独特的性格，这种差异有时非常明显，所以音响界有选择电子管品牌，甚至生产时期的现象。例如，英国 Mullard 电子管大多有甜而浓的中频，英国 GEC 电子管大多有好的音乐感，荷兰 Philips 电子管大多有清晰而活泼的中高频表现，但千万不要认为某个品牌什么管子都最好。到底是好坏问题还是风格问题必须分清。至于一些很早期的老型号电子管，由于性能低下，除了满足某些人的心理需求外，实际上不值得去仿效、追寻。

对于电子管好坏的判别，可以使用电子管测试器，但应该注意到电子管测试器提供的被测电子管工作条件与该电子管在实际电路中的工作条件很可能并不一样，所以测试器测试合格的电子管，在某些电路中使用并不一定很好，可见再以替换法进行检查十分必要，同样电子管的配对也不能光凭电子管测试器。放射型电子管测试器（emission-type tube tester）仅以阴极发射是否良好为目标，标明的读数是 good（好）和 bad（坏），这种测试器上测得良好的电子管，有时也不一定毫无问题。电子管互导测试器能提供电子管是否合格的数据。

在使用电子管测试器时，按下测试钮，若指示表头的指针走得特别慢，说明被测电子管可能已衰老，若指针达到最大读数后又缓慢返回一段再停下，则被测电子管很可能有问题。新旧电子管并不能光凭测量互导值判别，测量屏极电流则有极大参考价值，互导合格并不表示该管的新旧程度，但旧管的屏极电流会较小。

第14章

电压放大管互换指南

6AQ8/ECC85：小型（Φ22mm）9 脚高放大系数高频双三极管。

6AQ8=ECC85 Holland 1957, Bugle Boy 1959, Mullard 1960, Miniwatt 1963, RCA Holland 1963, Mullard Holland 1974, Raytheon JAPAN

等效管：B719（英）、6L12（法，Mazda）。

该管两三极管间除热丝外，完全独立，该管原为 AM/FM 接收机射频放大、变频用，特性与 12AT7/ECC81 类似。

在音响电路中，适用于前置 RC 耦合放大及倒相，可获得每级 30～33 倍的电压增益（R_p=100～240kΩ）。使用时管座中心屏蔽柱必须接地。

（美国自己并不生产 6AQ8，RCA、SYL.、WH 为荷兰制造，RAY.、Ultroe 为日本制造。）

6DJ8/ECC88：小型（Φ22mm）9 脚低噪声高频双三极管。

6JD8=ECC88 Amperex Bugle Boy 1961, 地球商标 Holland 1968, GE 1970's, Mullard 1962 and "10M" 1970, Siemens 标 RCA 1966, Telefunken 1968

E88CC　Philips SQ Holland　　E88CC　Philips Miniwatt 金脚 1960　　CCa　Siemens

　　等效管：6922/E88CC（长寿命坚牢型）、CV2492（英，军用）、CCa（德，通信用）、6DJ8EG（前南斯拉夫，Ei）。

　　类似管：6R-HH1（日）、6N11（中）、6H23П（苏联）、6H23П-EB（苏联，长寿命坚牢型）；7308/E188CC（长寿命坚牢型，低颤噪效应声频设备用）。

　　该管为高互导、低等效噪声电阻、低颤噪效应框架结构多用途管，两三极管间除热丝外，完全独立，原为电视接收机调谐器射频放大用。在音响电路中，适用于前置 RC 耦合放大及级联放大，内阻极低，线性良好，该管在现代美国厂机中采用较多，当屏极电压在 90～150V，屏极电流大于 4mA 时，可获得最佳特性，屏极电流一般不宜小于 3mA，屏极电阻 27～47kΩ，可获得每级约 18～22 倍的电压增益。在 SRPP 电路，6DJ8 的 2 号管（1、2、3 脚）应在上电路，因其阴极与热丝间耐压高。使用时管座中心屏蔽柱必须接地。

　　（美国 RCA 自己并不生产 6DJ8，为德国 SIEMENS 制造。）

　　12AT7/ECC81：小型(Φ22mm)9 脚高放大系数高频双三极管。

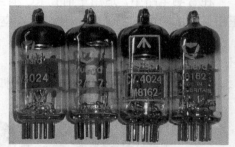

12AT7=CV455=ECC81　Brimar England 1950's　　12AT7=CV4024=M8162　Mullard 1970's

　　等效管：B152、B309（英，GEC）、CV455（英，军用）、12AT7EG（前南斯拉夫，Ei）、2025（中）、12AT7WA（美，通信用可靠管）、M8162（英，Mul.）、QS2406、6201/E81CC（坚牢型）、A2900（英，GEC）、ECC801S（德，Tel.，通信用特选管）、6060（英，Brimar）、CV4024（英，军用）、6679（美，特种用途）。

12AT7WC GE   ECC81 Philips   ECC801S Telefunken

　　该管两三极管间除热丝外，完全独立，不对称的半边屏为单边支柱及翼，原为 FM 收音机射频放大、混频用。在音响电路中，适用于倒相以及阴极激励放大，RC 耦合放大。该管是应用得较多的管型，RC 耦合放大时屏极电流可取 1.5～2mA，可获得每级 30～40 倍的电压增益（R_P=100～220kΩ）。使用时管座中心屏蔽柱必须接地。

　　12AU7/ECC82：小型(Φ22mm)9 脚低噪声中放大系数双三极管。

12AU7 Mullard 长屏 NOS   12AU7 RCA   6189/12AU7WA Amperex

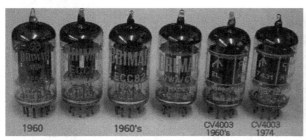

ECC82=12AU7 and CV4003 Brimar 1960—1974   12AU7 Westinghouse 黑屏

5814A　GE　*五星*　1970's, RCA　*三云母*　1959, RCA 1973, 1960's　　ECC82　Siemens *"铬屏"* Siemens
Siemens 1972,Sylvania 1981, Philips USA 1987, Tungsol 5814WA 1959

　　等效管：12AU7A（美，低颤噪效应，耐压较高）、B329（英，GEC）、CV491（英，军用）、12AU7EG（前南斯拉夫，Ei）、6189/E82CC（高可靠）、ECC802S（德，Tel.，通信用特选管）、12AU7WA（美，高可靠）、M8136（英，Mul.）、ECC186（计算机用）、7730（美，工业用）、6067（英，Brimar）、CV4003（英，军用）、6680（美，特种用途）；

　　类似管：6N10（中）、5814A（美，高可靠，灯丝电流0.35/0.175A的耐用管）、5963（美，μ21，工业用）。该管为音响用低噪声多用途管，有好的低电压特性，两三极管间除热丝外，完全独立，各电子管制造商都有生产，结构上有长屏、短屏及窄屏、宽屏之分，适用于倒相激励及RC耦合放大，作为阴极输出器，输出阻抗可低至500Ω，该管是应用得很多的管型，1947年由RCA开发，RC耦合放大时屏极电流可取1.5～2.5mA（R_P为100kΩ）或3～5mA（R_P为47kΩ），可获得每级12～14倍的电压增益（R_P=47～100kΩ）。使用时管座中心屏蔽柱必须接地。

　　12AX7/ECC83：小型(Φ22mm)9脚低噪声高放大系数双三极管。

ECC83=CV4004=M8137=12AX7　Mullard　1956—1981　　　12AX7WA　Sylvania

*12AX7 RCA 黑屏 1951
and 1956*

*12AX7 RCA 灰屏 1960's, 1970's 红字
12AX7A / 7025 RCA Canada 1970's 白字*

*7025 RCA 黑长屏 1950's, 灰
短屏 1960's*

*5751 黑屏 和 灰屏 双云母 或 三云母 1950's—1983 GE,五星, GE GL5851 五星 1956，PhilipsECG,
RCA ,Sylvania 金牌, Sylvania,Philips,Tung-Sol*

等效管：12DF7（美，Tung- Sol）、B339（英，GEC）、CV492（英，军用）、CV2011（英，军用）、12AX7EG（前南斯拉夫，Ei）、12AX7LPS（俄罗斯，Sov.）、ECC83S（斯洛伐克，J/J）、12AX7S（法，RT）、12AX7WB（俄罗斯，Sov.）、7025（美，RCA，低噪声低颤噪效应高品质音响用）、6L13（法，MAZDA）、6681/E83CC（低颤噪效应高可靠）、12AX7A（美，交流声及噪声特性改善，耐压较高）、12AX7WA（美，通信用高可靠）、M8137（英，Mul.）、ECC803S（德，Tel.，通信用特选管）、5721（美，特种用途）、6057（英，Brimar）、CV4004（英，军用）、7494（美，Syl.，特种用途）、7729（美，CBS/Sy1.，通信用）、B759（英，超低噪声配对，金脚）。

类似管：6N4（中）、5751（美，μ70，特种用途可靠管）。管脚接续不同的类似管：6EU7（美，灯丝电压 6.3V，低交流声低颤噪效应音响用）、ECC808（德，Valvo、灯丝电压 6.3V，低交流声音响用）、E283CC（德，Siemens，灯丝电压 6.3V，高品质音响及测量用）。

该管为音响用低噪声管，有好的低电压特性，两三极管间除热丝外，完全独立，各电子管制造商都有生产，结构上有长屏、短屏及窄屏、宽屏之分，适用于前级高增益、低电平 RC 耦合放大，倒相等。该管是应用得最多的前置放大用管，1947 年 RCA 开发，RC 耦合放大时屏极电流可取 0.5～1.0mA，当用作前置第 1

103

级放大时，屏极电流一般不宜小于 0.45mA，可获得每级 50～70 倍的电压增益（R_P=100～270kΩ）。使用时管座中心屏蔽柱必须接地。

12BH7A：小型（Φ22mm）9 脚中放大系数双三极管。

12BH7/12BH7A　RCA 1954—1960　　12BH7 Brimar England 黑 有肋屏　　6FQ7　RCA 灰屏 透明顶
三种不同黑屏式样　　　　　　　　　　　　　　　　　　　　　　　　　　1960's, 1970's

6FQ7　GE　1974, 标 RCA 1970's, 标 Zenith　　　　6CG7　Raytheon 亮黑屏 1956,
1980, 标 Realistic Lifetime 1970's　　　　　　　　　　暗黑屏 1957

等效管：12BH7（美，热丝不宜串联应用）、12BH7AEG（前南斯拉夫，Ei）、6913（美，工业用）；

类似管：6CG7/6FQ7（美，灯丝 6.3V/0.6A，热丝加热时间平均 11s，热丝可串联应用，管脚接续不同）。

该管镀铝铁板箱形散热片状屏极，是 12AU7 的大电流高耐压型，两三极管间除热丝外，完全独立，原为电视接收机中水平振荡、垂直振荡及输出用，在音响电路中，适用于倒相、激励放大，采用 300～400V 高电压供电，偏压 8～9V，屏极电流 5mA 以上及屏极电阻在 20～30kΩ 时，可获得增益每级 11～13 倍，能输出较大激励电压（50～70V_{rms}），足以驱动包括直热式三极管在内的输出级。使用时管座中心屏蔽柱必须接地。

5687：小型（Φ22mm）9 脚中放大系数双三极管。

JAN-5687WB　GE 1980, GE 五星, Raytheon 1963, RCA 青铜屏 1975,
Sylvania 金牌 1970, Tungsol 1950's，Raytheon

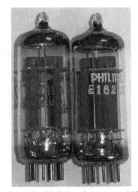

7119＝E182CC　Amperex USA

7119　Holland "束腰" 1958—1959

　　等效管：5687WA、5687WB、6900（美，高可靠）、7044（美，工业用）。

　　类似管：E182CC/7119（长寿命）、6N6-Q（中，高可靠，灯丝电压 6.3V，管脚接续不同）、6H6П（苏联，灯丝电压 6.3V，管脚接续不同）、ECC99（斯洛伐克，J/J）。该管为极低内阻管，原为计算机用，具有大电流及高发射能力特性，两三极管间除热丝外，完全独立。在音响电路中，适用于倒相、阴极输出器及较大信号激励放大。

　　该管输出特性好，深偏压时能保持良好线性，由于互导高、内阻低，用较小负载电阻仍有高的增益，并可获得高输出电压。电源电压 300V 时，可得 70V$_{rms}$ 左右输出电压，400V 可得 100V$_{rms}$ 左右输出电压，适于驱动激励电压较高的功率三极管，屏极电阻宜在 20kΩ 以内，可获得每级约 15～17 倍的电压增益。使用时管座中心屏蔽柱必须接地。

　　6H1П：小型（Φ22mm）9 脚中放大系数双三极管。

6H1П（苏联）

等效管：6N1P（俄罗斯 Sov.）、6N1（中）、6N1-Q（中，高可靠）、6H1П-B（苏联，高可靠）、6H1П-E（苏联，长寿命）。

类似管：6240G（日）。

该管为低频放大用管，两三极管间除热丝外，完全独立，在音响电路中，适用于 RC 耦合放大及激励放大等，由于该管互导较高，较小负载仍可获高增益，可获得每级 20～25 倍的电压增益（R_P=47kΩ），而且大信号线性较好，宜作倒相及驱动放大。输入信号电平较大时，宜取较小屏极电阻值，以扩大动态范围，屏极电源电压较高时，电子管线性范围大，输出电压也较大。使用时管座中心屏蔽柱必须接地。

6H3П：小型（Φ22mm）9 脚中放大系数高频双三极管。

6H3П 苏联　　　*2C51　WE*　　　*5670　Tung-sol, Raytheon, Sylvania*

等效管：6N3（中）、6H3П –E（苏联，长寿命）、2C51（美，通信用）、CV2866（英，军用）、6CC42（捷克）、6185（美，通信用）、5670（美，工业用可靠管）、WE396A（美，WE，通信用）、2C51W（美，高可靠）、1219（美，通信用）。

类似管：6385（美，工业用）；管脚接续不同的类似管：6BZ7/A、6BQ7/A、ECC180（计算机用）、6R-HH2（日）。

该管两三极管间除热丝外，完全独立，原为电视接收机 VHF 调谐器射频放大用。在音响电路中，适用于 RC 耦合放大及级联放大等，屏极电流宜大于 1mA，屏极电阻取 27～68kΩ 为宜，可获得每级 24～27 倍的电压增益。使用时管座中心屏蔽柱必须接地。

6H30П：小型 9 脚（*Φ*22mm）中放大系数双三极管。

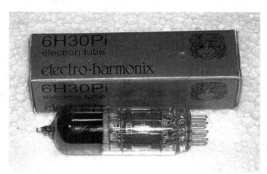

6H30П　EH

这是苏联开发的高机械强度中放大系数双三极管，两三极管间除热丝外，完全独立，采用 3 层云母片及两根支架的辅助支撑结构，耐震性极高，具有寿命长、线性好、输出电流大和输出阻抗低、屏极电流变化时互导稳定等特点，而且各管间的一致性较好。该管原为计算机用，开发较晚，特性与美国 5687 及欧洲 E182CC 相近。在音响中使用颤噪效应低，3 次谐波小于 2 次谐波的 1/10，4 次以上可忽略。在音响电路中，适宜作直热功率三极管激励，也可用于前级放大，倒相、阴极输出及小功率推挽输出放大（V_{bb} 180V，R_L 5kΩ，I_P 20mA，P_O 0.8W）。6H30П-ДР 是特别品质、超长寿命管。

6SL7GT：GT 型（*Φ*28mm）8 脚高放大系数双三极管。

6SL7GT　Sylvania（7 种，1944—1970's）

5691=6SL7GT RCA 红管基: 左 RCA 1952, 中 标 GE 1957, 右 RCA 1963

等效管：VT229（美，军用）、CV1985（英，军用）、6N9P（中）、6H9C（苏联）、5691（美，RCA，红色管基，长寿命工业用）、6113（美，工业用）、6SL7WGT（美，通信用）。

类似管：ECC35（G 型）、CV569（英，军用）。

该管为音响用电压放大管，早期管壁有黑色涂层，屏极为黑色圆柱形，后用透明玻璃，屏极为灰色圆柱形，各公司制造的管子结构上略有不同，两三极管间除热丝外，完全独立，适用于 RC 耦合放大、倒相等，可获得每级 34～50 倍的电压增益（R_P=100～220kΩ）。

6SN7GT：GT 型（$\varPhi$28mm）8 脚中放大系数双三极管。

VT-231 Raytheon

6SN7GTB RCA 1960's /1970's
硬币管基

6SN7W Sylvania 铬顶
1944—1945

等效管：6SN7 GTA（美，6SN7GT 的阴极与热丝间耐压改进型）、VT231（美，军用）、6SN7GTB（美，6SN7GT 的高耐压改进型，热丝加热时间平均 11s，热丝可串联应用）、B65（英，GEC，金属箍 G 型）、CV1988（英，STC，军用）、33S30B/A（瑞典，Standard）、6N8P（中）、6H8C（苏联）、6180（美，工业用）、6SN7WGT

（美，通信用）。

5692　*RCA 红色管基 1951, 1955, 1960 and 5692 CBS Hytron 棕色管基 1958*

类似管：ECC33（英，Mul.Φ33mm，*μ*35）、CV2821（英，军用）、5692（美，RCA，红色管基，长寿命工业用）、6F8G（美，管脚接续不同 G 管）。

该管为音响用多用途管，1941 年 RCA 由 6F8G 演变而来，各种 6SN7GT 管身有高、中、矮三种，管基有胶木及金属之分，某些管壁还有黑色或灰色涂层，两三极管间除热丝外，完全独立，适用于倒相、激励及 RC 耦合放大等，该管具有良好线性，其非线性失真较小，可获得每级约 14～16 倍的电压增益（R_P=47～100kΩ）。

（英国 Mullard 自己并不生产 6SN7GT。）

6AU6/EF94：小型（Φ19mm）7 脚高频锐截止五极管。

6AU6WC　*Philips ECG*

6AU6WB　*THOMSON*

等效管：CV2524（英，军用）、6AU6A（美，热丝加热时间平均 11s，热丝可应用于串联连接）、6J4（中）、6Ж4П（苏联）、6136（美，工业用）、6AU6WA（美，高可靠）、7543（美，特种用途，低噪声低颤噪效应）。

该管为高增益锐截止五极管，原为宽频带高频放大及低频放大用。在音响电路中，适用于高增益的小信号前置放大，该管可作为五极管又可作为中放大系数（μ38）三极管使用，可获得约 110 ～ 170 倍 /160 ～ 262 倍的电压增益（R_P=100/220kΩ）。使用时管座中心屏蔽柱必须接地。

EF86/6267：小型（Φ22mm）9 脚低噪声锐截止五极管。

EF86＝6267 Bugle Boy 荷兰 1958, Bugle Boy 法国 1961, Rogers, RCA, Westinghouse, GE, Philips Holland 1958—1967

等效管：Z729（英，GEC）、6F22（法，MAZDA）、M8195（英）、CV2901（英，军用）、EF806S（德，Tel.，特选管）、EF804（德，Tel.，特选管，管脚接续不同）、6J8（中）、6Ж32П（苏联）。

类似管：E80F（荷，PH）、6084（荷，Amp.）、5879（美，中增益话筒放大用，管脚接续不同）。

该管为音响用低噪声、高增益管，适用于低噪声、高增益的小信号前置放大，该管有高的机械和电气稳定性，可获得约 95～125 倍的电压增益（R_P=100kΩ）。使用时管座中心屏蔽柱必须接地。

（美国 RCA 自己并不生产 6267，为法国制造。）

6AG5/EF96：小型（Φ19mm）7 脚高频锐截止五极管。

等效管：CV848（英，军用）、6J3（中）、6Ж3П（苏联）、6186（美，工业用可靠管）、6AG5WA（美，通信用可靠管）。

类似管：6BC5。

该管原为高频放大用。在音响电路中，适用于高增益的小信号 RC 耦合放大，可获得约 220～330 倍的电压增益（R_P=220kΩ）。由于管内无屏蔽，必要时应加屏蔽罩，管座中心屏蔽柱必须接地。

6AK5/EF95：小型（Φ19mm）7 脚高频锐截止五极管。

5654W=6AK5　Philips　　　　　　　　　EF95　Mullard

等效管：CV850（英，军用）、M8100（英，Mullard 低噪声）、6F32（法，MAZDA）、6J1（中）、6Ж1П（苏联）、6AK5W（美，高可靠）、5654（美，工业用可靠管）、E95F，6096（美，工业用）、6J1-Q（中，高可靠）、6Ж1П-B（苏联，高可靠）。该管为高互导、低极间电容锐截止五极管，原为宽频带高频放大用。在音响电路中，适用于高增益的小信号 RC 耦合放大。由于管内无屏蔽，必要时应加屏蔽罩，管座中心屏蔽柱必须接地。

EF80/6BX6：小型（Φ22mm）9 脚高频锐截止五极管。

EF80　Mullard　　　　　　　　EF80=EF800　Telefunken，Teonex

等效管：64SPT、Z152（英）、Z719（英，GEC）、EF800（德，Telefunken，特选管）。

类似管：6BW7、8D6。

该管为低等效噪声电阻、低电压特性好的多用途五极管，原为电视接收机中宽频带高频放大用。在音响电路中，适用于高增益的小信号 RC 耦合放大，如作三极管用，μ=50。使用时管座中心屏蔽柱必须接地。

EF184/6EJ7：小型（Φ22mm）9 脚高频锐截止五极管。

EF184 Mullard

等效管：6F24、6F30。

类似管：EF183、6EH7、6F25、6F29。

该管原为电视接收机宽带中频放大用，框架栅极高互导、低跨路电容五极管。在音响电路中，线性良好，大电流特性好，可工作于大电流（I_p为 15mA 左右），屏极电阻取较小值（$R_p \leq 10k\Omega$）而得到高增益（125）和较高输出电压（$e_o = 35V_{rms}$,$THD < 5\%$），适用于 RC 耦合放大和激励放大，如作三极管用，$\mu = 60$，$r_p = 2.4k\Omega$，$V_{bb} = 250V$，$R_P = 20k\Omega/3W$，$R_k = 365\Omega$，$I_p = 5.75mA$，$V_p = 140V$，$V_k = 2.1V$，$e_o = 40Vrms$，$G_V = 47$。自激是使用时要注意的问题，可在栅极串入 1kΩ 电阻。大屏极电流工作要注意屏极实际电压应高于帘栅极电压。使用时管座中心屏蔽柱必须接地。

6AC7：金属型（Φ33mm）8 脚锐截止五极管。

等效管：VT112（美，军用）、6AJ7、6Ж4（苏联，金属管）、6J4P（中，GT管）、1852、6134。该管原为电视接收机宽带中频放大用，高互导。在音响电路中，适用于高增益的 RC 耦合放大。

6SH7：金属型（Φ33mm）8 脚锐截止五极管。

等效管：6SH7GT、6SE7、6Ж3（苏联，金属管）。

类似管：6SG7、6SG7GT。

该管原为 FM 设备中，作高频宽带放大、限幅，以及高增益声频放大用。在音响电路中，作 RC 耦合放大的特性与 6AU6 相同。

6SJ7GT：GT 型（Φ28mm）8 脚高频锐截止五极管。

6SJ7 GE

6SJ7GT SYLVANIA

等效管：VT116A（美，军用）、6SJ7（美，金属管）、VT116（美，军用金属管）、6J8P（中）、6Ж8（苏联，金属管）、5693（美，RCA，红色金属管，工业用）、6SJ7WGT（美，通信用可靠管）。

该管为高频放大及低频放大用。在音响设备中适用于高增益的前置 RC 耦合放大，该管可作为五极管又可作为中放大系数（μ19）三极管使用，可获得约 70～108 倍的电压增益（R_p=100kΩ）。

6BL8：小型（Φ22mm）9 脚三极五极复合管。

6BL8＝ECF80　Bugle Boy 荷兰 1960, GE　荷兰 1962, Amperex Mullard 制造 1971, RCA Sylvania 制造, United 荷兰, Motorola Premium and Int.　日本

等效管：ECF80、6C16、CV5215、6F1（中）、6Ф1П（苏联）、7643/F80CF（长寿命坚牢型）。该管原为电视接收机调谐器振荡及混频用。在音响电路中，三极部分适用于剖相式倒相及 RC 耦合放大，五极部分适用于高增益 RC 耦合放大。使用时管座中心屏蔽柱必须接地。

6U8A：小型（Φ22mm）9 脚三极五极复合管。

6U8A　GE　　　　　　　　　　　*ECF82　TELEFUNKEN*

等效管：6U8（美，热丝不宜串联应用）、ECF82，6F2（中）、1252（美，工业用）、6678（美，特种用途）、7731（美，工业用）。该管原为电视接收机调谐器振荡及混频用。在音响电路中，五极部分适用于高增益 RC 耦合放大，可获得 145 倍左右的电压增益（R_p=100kΩ），三极部分适用于剖相式倒相及 RC 耦合放大等，可获得约 24～26 倍的电压增益（R_P=47～100kΩ）。使用时管座中心屏蔽柱必须接地。

6AV6：小型（Φ19mm）7 脚双二极三极复合管。

等效管：EBC91、6BC32（原捷克斯洛伐克）、6G2（中）。

类似管：6AT6/EBC90（μ=70）、DH77、6AQ6（美，μ=70）。

该管原为收音机设计，双二极部分作检波用，三极部分作声频放大用，与12AX7（1/2）的特性基本相同。

6AV6　GE

6C4：小型（Φ19mm）7 脚中放大系数三极管。

6C4　Brimar 1954, Sylvania 1955, RCA 1950's, Raytheon 1952, Mullard 1962,
Mullard 1967, GE 1970's

等效管：EC90、L77（英）、M8080（英，Mul.）、QA2401、QL77、6C4W、6C4WA、6100（美，工业用）。

该管原为 FM 接收机本机振荡、其他高频电路及 C 类放大用。在音响电路中，适用于 RC 耦合放大及倒相等，与 12AU7（1/2）的特性相同。

6C45Π：小型（Φ22mm）九脚高互导三极管。

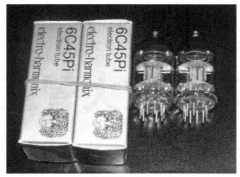

6C45П　EH

等效管：6C45П-E（苏联，长寿命管）。类似管：EC8020（德，Telefunken，管脚接续不同）。6C45П 为苏联开发高互导三极管，线性很好，屏极电流变化时互导稳定，但管间一致性较差。原用于高频宽带电压放大，在音响设备中可用作倒相及较大信号激励放大，由于互导高，内阻低，用较小负载电阻仍有高的增益，并可获得较大输出电压。6C45П 的栅极电阻最大不能超过 150kΩ。互导极高容易产生超高频自激振荡，要注意电源退耦和加置阻尼电阻。

6J5GT：GT 型（Φ28mm）8 脚中放大系数三极管。

6J5GT　Ken Rad, 6J5WGT Sylvania, 6J5G Marconi 加拿大,　　CV1932=6J5G Tungsram

等效管：6J5（美，金属管）、VT94（美，军用金属管）、VT94D（美，军用 GT 管）、WTT129（美，工业用）、L63（英）、OSW3112，6C2P（中）、6C2C（苏联）。

类似管：6C5（美，金属管）、VT65（美，军用金属管）、6C5GT（美，GT 管）、WT390（美，工业用）、6C5P（中）、6C5C（苏联）、6L5G（美，μ=17）。该管为检波放大及振荡多用途管，与 6SN7GT（1/2）的特性相同。

第15章
功率放大管互换指南

6F6GT：GT 型（Φ28mm）8 脚功率五极管。

6F6G Visseaux France, RCA 有涂层玻壳 1940's

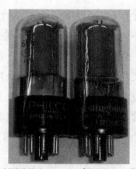

6F6GT Sylvania 标 Philco 牌 and Westinghouse 1951—1952

等效管：6F6（Φ33mm 金属管）、VT66（美，军用金属管）、6F6G（美，Φ46mm G 管）、VT66A（美，军用 G 管）、6Φ6（苏联，金属管）、KT63（英，G 管）、1611（美，工业用金属管）、1621（美，工业用金属管）。

类似管：42（美，Φ46mm 6 脚 ST 管）、2A5（美，灯丝 2.5V/1.75A，Φ46mm 6 脚 ST 管）。该管为音响用功率输出管，适于作声频放大输出级（A1 类推挽 11W），它的栅极电阻最大不能超过 470kΩ（自给偏压）或 100kΩ（固定偏压）。

6V6GT：GT 型（Φ28mm）8 脚功率集射管。

6V6GTA   RCA   1960's a 及 1970's

6V6GT Sylvania 1940's—1960

6V6GT Sylvania: 1972 GTY, 1979 GT,
1970's GTA 硬币管基

等效管：VT107A（美，军用）、CV511（英，军用）、OSW3106、6V6（美，Φ33mm 金属管）、VT107（美，军用金属管）、6V6G（美，G 管）、CV509（英，军用）、VT107B（美，军用 G 管）、6V6Y（美，高频损耗小材料管基金属管）、6V6GTY（美，高频损耗小材料棕色管基）、6V6GTA（美，热丝加热时间平均 11s，其他特性与 6V6GT 相同）、6P6P（中）、6Π6C（苏联）、5871（美，工业用，灯丝 6.3V/900mA，特性与 6V6GTA 相同）、7184（美，工业用金属管）、7408（美，特种用途）。

类似管：EL32、EL33、KT61（英）。

该管为音响用功率输出管，玻璃管壁涂有石墨层，后期管有不涂石墨层的，适于作声频放大输出级（AB_1 类推挽 10W 或 14W，超线性推挽 10.5W，超线性抽头为 22.5%），它的栅极电阻最大不能超过 470kΩ（自给偏压）或 100kΩ（固定偏压）。该管在家用小功率放大设备中曾广泛应用。（20 世纪 40 年代早期 6V6GT 的最大额定值为 E_{pm} 315V，E_{sgm} 285V，P_{pm} 12W，P_{sgm} 2W）

6BQ5/EL84：小型（Φ22mm）9 脚功率五极管。

EL84=6BQ5 Brimar England, GE, Mullard, RCA,
Siemens, Sylvania, Telefunken

EL84=6BQ5 Mullard 标 GE, 标 Philips,
Mullard 旧标, Mullard 新标, Mullard 标 Valvo

等效管：6P15（法，MAZDA）、N709（英，GEC）、CV2975（英，军用）、6Π14Π（苏联）、6Π14Π-EB（苏联，长寿命坚牢型）、E84L/7320、EL84M/6BQ5WA（俄罗斯，Sov.）。

类似管：7189（美，特种用途，6BQ5 高耐压改进型）、6R-P15（日，6BQ5 屏极耗散增强型）、6P14（中）。

该管为音响用高功率灵敏度输出管，适于作高保真声频放大输出级（AB$_1$ 类推挽 12W 或 17W，超线性推挽 10W，超线性抽头 43%），它的栅极电阻最大不能超过 1MΩ（自给偏压）或 300kΩ（固定偏压）。该管有优良的电气特性和优秀的谐波表现，声音柔和圆润。由于是小型管易过热，使用时要注意有良好通风。

6L6G：G 型（Φ52mm）8 脚功率集射管。

6L6 Sylvania   CV1947=6L6G STC 老式 英国 1950's,   6L6GA Sylvania
6L6G Raytheon 美国 1950's

等效管：VT115A（美，军用）、6L6（美，Φ40mm 金属管）、VT115（美，军用金属管）、6L6GA（美，外形尺寸较小，Φ46mm G 管）、6L6GB（美，外形尺寸较小，Φ40mm GT 管）、CV1947（英，军用）、6P3P（中，Φ46mm G 管）、6П3С（苏联，Φ40mm GT 管）、1614（美，特种用途金属管，功耗稍大）、5932（美，Syl.、特种用途 GT 管，耐压及功耗稍大）、6L6WGA。

类似管：EL37（英，Mul.，G 管）、7591（美，Westinghouse，小型 GT 管，管脚接续不同）、1622（美，工业用金属管，耐压及功耗稍小）。

该管为音响用功率输出管，适于作声频放大输出级（AB$_1$ 类推挽 25W，超线性推挽 24W，超线性抽头 43%），在各种工作状态下，必须注意其屏极和帘栅极不超过最大额定值，特别是固定偏压时，它的栅极电阻最大不能超过 470kΩ（自给偏压）或 100kΩ（固定偏压）。1936 年 RCA 开发出金属管 6L6，1937 年推出玻壳管 6L6G，该管为著名的集射功率管，能提供高灵敏度、高效率的较大功率输出，而且三次及高次谐波低，声音和谐。装置位置可任意，但必须有良好的通风。

6L6GC：GT 型（Φ40mm）8 脚功率集射管。

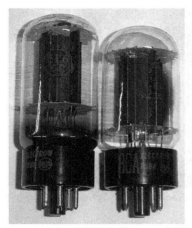

6L6GC RCA 底部吸气剂 1960，侧面
吸气剂 1960's

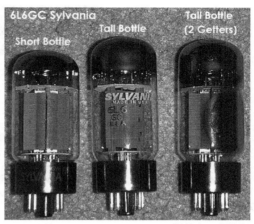

6L6GC Sylvania 1960's - 1970's，矮管壳，高管壳，
高管壳（双吸气剂）

KT66 GEC 1960's

7027A GE 黑管基短管壳,7027 RCA 金属箍管基,
7027A RCA 灰屏高管壳

等效管：5881（美，Tung- Sol，特种用途，6L6G 改进型，Φ37mm GT 管）、
6L6WGB、7581/A（美，特种用途）、6П3С-E（苏联，长寿命型）、6L6WXT+（俄
罗斯，Sov.）、6L6GCEH（俄罗斯，黑屏音响用）。

类似管：KT66（英，GEC，Φ52mm G 管）、CV1075（英，军用）、7027A（美，
高功率灵敏度、高稳定、低失真管，Φ40mm GT 管，管脚接续不同）。

该管为音响用高效率输出管,适用于高保真推挽功率放大（AB$_1$ 类推挽 55W）。
该管为 6L6G 的改进型，提高了耐压及耗散功率。装置位置可任意，但必须有良
好的通风。

EL34：GT 型（Φ33mm）8 脚功率五极管。

119

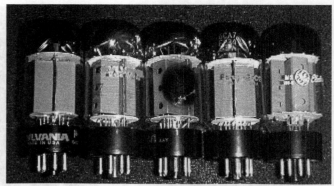

EL34 Mullard XF2 焊接屏
1966 和 XF3 主要产品屏 1974

6CA7 Sylvania，Sylvania，Sylvania 标 RCA，Sylvania，GE 大管壳

EL34 Mullard XF1 1958—1961

KT77 Genalex Gold Lion NOS 1960

　　等效管：6CA7（美，GE，Φ33mm GT 管）、CV1741（英，军用）、7D11、12E13、KT77（英，GEC，集射结构）、EL34WXT（俄罗斯，Sov. Φ30mm，细壳长底座改良型）、EL34EH（俄罗斯，EH，Φ30mm）、6CA7EH（俄罗斯，EH，Φ37mm粗壳，集射结构）、E34L（斯洛伐克，J/J，Φ33mm GT 管，栅偏压稍高）、EL34B（中，曙光，Φ33mm 棕色底座，耐用型，第 1 脚为空脚）。

　　该管为音响用高效率、高功率灵敏度输出管，适用于高保真推挽功率放大（AB_1 类推挽 35W，超线性推挽 30W，超线性抽头 43%），它的栅极电阻最大不能超过 700kΩ（A 类及 AB_1 类）或 500kΩ（AB_2 类及 B 类）。该管为欧洲系著名功率五极管，1954 年飞利浦开发，它的互导及耐压比 6L6GC 更高，而外形则较小，声音清丽纯真，使用很广泛。Sylvania、Ei、EH 的 6CA7 为集射管结构，声底较EL34 为厚，一般 6CA7 管壳较粗，EL34 管壳较细。该管在作推挽放大而且连线较长时，须注意防止自激，必要时可在栅极串进 1～5kΩ 电阻或屏极串入 10Ω/3W电阻作阻尼。装置位置可任意，但必须有良好的通风。

（美 RCA 自己并不生产 6CA7。）

6550A：GT 型（Φ40mm）8 脚功率集射管。

6550A　Sylvania, Sylvania 标 RCA，GE　及　6550 Tung-sol　　　KT88　GEC　NOS 1964 及 1978

等效管：6550（美，Tung-sol，Φ46mm G 管，早期产品耐压及功耗稍小）、6550WE（俄罗斯，Sov.筒形 GT 管）、SV6550C（俄罗斯，Svet.筒形 GT 管）、KT88（英，GEC，Φ52mm 筒形 G 管）、KT88-98（中，曙光，筒形 G 管）、KT94（中，曙光）、KR KT88（捷克，KR，筒形 G 管）、KT88S（原捷克斯洛伐克，TESLA）。

类似管：KT808S、KT90（南斯拉夫，Ei，耗散功率稍大）、KT100（德，Siemens，耗散功率稍大，筒形 G 管）。

该管为音响用高功率灵敏度、低失真度、大功率输出管，适用于高保真推挽功率放大（AB$_1$ 类推挽 40～100W，超线性推挽 50W，超线性抽头 40%）。6550 为 1955 年美 Tung-Sol 开发，6550A 为 GE 改进型，1957 年英 GEC 开发 KT88。KT88、KT100 音色与 6550 稍异，6550 偏柔，KT88 偏刚。合理使用声音饱满从容，气势凌厉，有极好的音色表现，使用不当声音粗糙发朦。它们的栅极电阻最大不能超过 270kΩ（自给偏压）或 47kΩ（固定偏压），以免产生逆栅电流使工作不稳定，屏极电压不宜太低。工作时必须有良好的通风。（20 世纪 60 年代前之早期 KT88 的最大屏极电压为 600V，最大屏极耗散功率为 35W）

（英 Mullard 自己并不生产 KT88。）

807：ST 型（Φ52mm）5 脚带屏帽功率集射管。

807　GE　　　　　　807　ADZAM　　　　　　807　Valvo

等效管：5B/250A、VT100A（美，军用）、5933（美，工业用，外形为筒形）、38807、A4051、5933WA、8018（美，工业用）、807W（美，高可靠）、RK39（美，特种用途）、HY61（美，通信用）、QE06/50（荷，PH）、FU-7（中）、Г-807（苏联）。

类似管：QV05-25、CV124（英，军用）、RK41（美）、ATS25（英，军用）、1625（美，灯丝 12.6V/0.45A，底座为 7 脚 ST 管）。

该管为发射用管，可作高频放大、振荡、倍频以及低频功率放大用，屏极在管顶引出。在电源电压 300V 以下时特性同 6L6G，适用于声频放大输出级（AB$_1$ 类推挽 36~56W），它的栅极电阻最大不能超过 100kΩ（固定偏压，AB$_1$ 类放大）。该管较易产生超高频自激，应用时须予注意，必要时可在栅极串入数千欧电阻，或在屏极就近串入 2.2μH 电感。工作时必须有良好的通风。

2A3：ST 型（Φ52mm）4 脚直热式功率三极管。

2A3 RCA 黑屏 1940's   2A3   Ken Rad ,Tung-sol 黑色涂层玻壳 1940's

等效管：VT95（美，军用）、2A3W/5930（美，特种用途）、2A3H（美，Syl.）、2C4C（苏联）、2A3/n（中，天津 Full Music）。

类似管：AV 2A3-M（捷克，AVVT，瓷底座 C-37 管壳，网状屏）、2A3-40（斯洛伐克，J/J，Φ62mm ST 管）、2A3B（中，曙光，单屏结构，耗散功率 20W，单管输出达 6.5W）、6A3（美，灯丝 6.3V/1A）、6B4G（美，灯丝 6.3V/1A，底座为 8 脚 Φ52mm G 管）。

该管为音响用功率输出管，适用于高保真甲类功率放大（单端 3.5W，推挽 10W 或 15W），在固定偏压时其栅极电阻最大不能超过 47kΩ，自给偏压时不超过 500kΩ。该管为著名的低内阻功率三极管，1933 年 RCA 开发，早期为单屏结构，后改进为双屏结构，线性极好，有极优美的音色。适宜垂直安装，应有足够的通风和散热。

WE300B：ST 型（Φ62mm）4 脚直热式功率三极管。

300B　WE　NOS

等效管：300B，4300B（英，STC）、300B/n（中，天津 Full Music，茄形管壳，网状屏）、300B-98（中，曙光）、300BA（中，曙光，镀金栅极）、300BS（中，曙光，茄形管壳）、300BEH（俄罗斯，EH，瓷底座）、SV300B（俄罗斯，Svetlana，镀金栅极）、JJ300B（斯洛伐克，J/J，瓷底座）。

类似管：300BC（中，曙光，石墨屏极，耗散功率 60W，单端输出功率可大于 20W）、VV300B（捷克，VAIC VALVE，黑底座金字金脚）、AV300BSL（捷克，AVVT，瓷底座 C-37 管壳）、VV30B（捷克，VAIC VALVE，瓷底座，单端输出功率可达 18W）、KR300 BXLS（捷克，KR AUDIO，筒形 G 管，耗散功率 65W，单端输出功率可达 23W）。

该管原为电源调整管，1938 年 WE 改进 300A 的灯丝结构及管基为 300B，由于线性极好，奇次谐波低，20 世纪 70 年代后在日本音响界开始流行，特别是单端机，以声音细腻、平滑、透明而著称，1994 年后风行亚洲。该管灯丝有吊钩式和弹簧支撑式两种悬吊结构，WE 产品为吊钩式。适用于甲类声频功率放大（单端 6～8W，推挽 17W），它的栅极电阻最大不能超过 250kΩ（自给偏压）或 47kΩ（固定偏压），以免产生逆栅电流使工作不稳定，屏极电压不宜太低，适宜垂直安装，应有足够的通风和散热。

211：筒形（Φ59mm）4 脚直热式功率三极管。

211　RCA 1943

211　GE JAN 1940's

123

等效管：242C（美，WE）、4242A（英，STC）、VT4C（美，军用）、RS-237（德，Tel.）、835、4C21；

类似管：3X-75B（法，MAZDA，灯丝 4V/3.3A）。

该管原为发射、调制放大管。适用于大功率输出的声频功率放大（A_1 类单端 25W，AB_1 类推挽 80W，AB_2 类推挽 190W），其栅极回路的直流电阻应取较小值，故以应用变压器或阻抗耦合为宜。1924 年美国开发，20 世纪 90 年代后在音响界流行。适宜垂直安装，工作时必须有足够的通风。

6AS7G：G 型（Φ52mm）8 脚功率双三极管。

JAN-CRC-6AS7G　RCA 黑屏 1956, RCA 标 Westinghouse 牌 灰屏 1956 及 RCA 灰屏 1968　　*6AS7GA GE 黑屏 及 Sylvania 金属管基黑屏*

等效管：6AS7GA（美，外形尺寸较小，Φ40mm GT 管）、6080（美，特种用途，坚牢型，外形为 Φ40mm GT 管）、ECC230、A1834（英）、6520（美，工业用）、6AS7GYB、6080WB（美，高可靠）、6N5P（中，G 管）、6H5C（苏联，G 管）、6N13P（中，G 管）、6H13C（苏联，G 管）。

该管为低电压、大电流、低内阻管，除作稳压调整管及伺服用缓冲外，可用作甲类声频推挽功率放大（11～13W），该管不适宜用固定偏压，栅极电阻最大不超过 1MΩ。该管内阻特低，屏极电流较大，用作功率放大时有良好的阻尼系数。

第 **16** 章

整流管互换指南

音响设备中使用的电源整流电子管，大多是高真空全波整流管。对同规格的旁热式整流管在最大电流输出时的管压降要比直热式整流管为小，不过直热式整流管比旁热式整流管的耐过载冲击能力要强许多。

5AR4：GT 型（Φ33mm）8 脚高真空旁热式全波整流管。

5AR4=GZ34 Mullar （自左至右） RCA 1962, Tungsol 1964, 旧标 1964, Miniwatt 1965, Sylvania 1968,Miniwatt 1969, RCA 1971

等效管：GZ34、GZ34S（斯洛伐克，J/J）。

类似管：GZ32、GZ33（英，Mul.，G 管）、GZ37（英，Mul.，G 管）。

该管为小型高性能整流管，适于较大电流（250mA）电源整流用。电容输入滤波的输入电容器电容量不得大于 60μF。适宜垂直安装，工作时必须有良好的通风。

（美国 RCA 自己并不生产 5AR4。）

5R4GY：G 型（Φ52mm）8 脚高真空直热式全波整流管。

5R4WGB Cetron "木柄手榴弹"　　5R4GY RCA 1950's 标 Lewis 及 Kaufman Los Gatos

等效管：5R4GYA（美，外形尺寸较小，为 Φ45mm GT 管）、5R4GYB（美，5R4GY 的改进型、Φ40mm GT 管）、5R4WGA（美，高可靠）、5R4WGB（美，高可靠）、5R4WGY（美，Φ45mm GT 管，高可靠）。

类似管：274B（美，WE，通信用 G 管）。

该管适用于较高电压电源整流用。电容输入滤波的典型输入电容器电容量为 4μF。适宜垂直安装，工作时必须有良好的通风。

5U4G：G 型（Φ52mm）8 脚高真空直热式全波整流管。

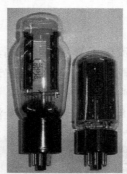

5U4G Sylvania 1950's 及 5U4GB RCA 1960's

等效管：VT244（美，军用）、CV575（英，军用）、5Z10（法，MAZDA）、5U4GB（美，5U4G 改进型，外形尺寸较小，为 Φ40mm GT 管）、5Z3P（中，Φ52mm G 管）、5Ц3C（苏联，Φ52mm G 管）、5Z3PA（中，5Z3P 改进型）、5U4WG（美，高可靠）、5U4WGB（美，高可靠）、5931（美，工业用）、WTT135（美，特种用途）。

类似管：U52（英，GEC，G 管）、GZ31、5Z3（美，底座为 4 脚，Φ52mm ST 管）。

该管适用于较大电流（250mA）电源整流用。扼流圈输入滤波，负载电流大于 45mA 时，可获得最佳稳定度。电容输入滤波的输入电容器电容量不得大于 40μF。适宜垂直安装，工作时必须有良好的通风。（20 世纪 50 年代前的 5U4G 的峰值屏极电流为 675mA）

（英国 Mullard 自己并不生产 5U4G。）

5Y3GT：GT 型（Φ28mm）8 脚高真空直热式全波整流。

5Y3GT RCA, Sylvania, GE, 5Y3WGTA Sylvania 褐色管基 1972

等效管：VT197A（美，军用）、CV1856（英，军用）、5Y3G（美，Φ46mm G 管）、5Z2P（中）、5Y3WGT（美，高可靠）、6087（美，工业用）、6853（美，工业用）、WTT102（美，特种用途）。

类似管：6106（美，工业用，灯丝电流 1.7A）、U50（英，GEC，G 管，直流输出电流 120mA）、80（美，底座为 4 脚，Φ46mm ST 管）。

该管适用于中等电流（125mA）电源整流用。扼流圈输入滤波，负载电流大于 35mA 时，可获得最佳稳定度。电容输入滤波的输入电容器电容量不得大于 20μF。适宜垂直安装，但 5Y3GT 的第 2 和第 8 脚成水平面时，也可水平安装，工作时必须有良好的通风。（20 世纪 50 年代前的 5Y3GT 的峰值屏极电流为 400mA）。

5Z4GT：GT 型（Φ28mm）8 脚高真空旁热式全波整流管。

GZ30=5Z4GT　Amperex 荷兰 1972 及 Mullard 1959

等效管：5Z4（美，Φ33mm 金属管）、VT74（美，军用金属管）、GZ30，52KU（英，cossor，G 管）、5Z4P（中，Φ42mm G 管）、5Ц4C（前苏联，Φ42mm G 管）。

类似管：5V4G（美，Φ46mm G 管，直流输出电流 175mA）、5V4GA（美，Φ40mm 筒形）、53KU（英，cossor，G 管）、U77（英，GEC，G 管）。

该管适用于中等电流（125mA）电源整流用。该管的两个屏极，可在管座上并接作为半波整流管，当用两只 5Z4 接成全波整流，直流输出电流可 2 倍于单管作全波整流而特性不变。电容输入滤波的典型输入电容器电容量为 10μF。适宜垂直安装，工作时必须有良好的通风。

EZ81/6CA4：小型（Φ22mm）9 脚高真空旁热式全波整流管。

U709=6CA4　GEC, 6CA4　Tungsol, Brimar, Sylvania

等效管：U709（英，GEC）、CV5072（英，军用）。

该管为小型高性能整流管，适用于最大电流 150mA 内的电源整流用。电容输入滤波的输入电容器电容量不得大于 50μF。装置位置可任意，但工作时必须有良好的通风。

6X4/EZ90：小型（Φ19mm）7 脚高真空旁热式全波整流管。

6X4W　Raytheon

等效管：U78（英，GEC）、U707（英）、6Z31（捷克，Tesla）、CV493（英，军用）、6063（美，工业用）、6X4W（美，高可靠）、WTT100（美，特种用途）。

类似管：6Z4（中，管脚接续不同）、6Ц4П（苏联，管脚接续不同）。

该管适用于最大电流 70mA 内的电源整流用。电容输入滤波的典型输入电容器电容量为 10μF。装置位置可任意，但工作时必须有良好的通风。（20 世纪 50 年代前的 6X4 的峰值屏极电流为 210mA）

资料

稳压用管

在电子管稳压电路中，使用的电子管有电压调整管、误差放大管，以及提供基准的电压稳定管。电压调整管需要低内阻功率管，输出电流应在调整管最大屏极耗散功率内，除专用管外，常使用三极接法的功率集射管。误差放大管需要提供高的增益，使用五极管或高放大系数三极管，如 6AU6、EF86、12AX7、5751 等。电压稳定管（Volage regulator）是一种充有惰性气体的冷阴极二极管，在工作电流范围内，管压降基本不变，是为提供一个稳定的直流输出电压而设计，常用 0A2 和 0B2 两种型号。

0A2　Sylvania

0B2　Brimar

6AS7G/6080　　电压调整管，直流输出电流 100～110mA。

6C19/6C19Π　　电压调整管，直流输出电流 70～80mA。

6L6G/807　　三极接法作调整管时，直流输出电流 60～70mA。

6P1/6P6P　　三极接法作调整管时，直流输出电流 30～40mA。

0A2/150C2　　小型 7 脚充气电压稳定管

等效管：CV1832（英，军用）、0A2WA（美，高可靠）、6073（美，特种用途）、6626（美，工业用）、M8223、STV150/30、СГ1П（苏联）、WY1（中，Φ22mm）。适于作 150V（5～30mA）稳压用，启动电压 185V。

0B2/108C1　　小型 7 脚充气电压稳定管

等效管：CV1833（英，军用）、0B2WA（美，高可靠）、6074（美，特种用途）、6627（美，工业用）、M8224、STV108/30、СГ2П（苏联）、WY2（中，Φ22mm）。适于作 108V（5～30mA）稳压用，启动电压 133V。

0C3/VR105　　G 型（Φ40mm）8 脚稳压管

等效管：0C3W、VR105W、WT269、СГ3С（苏联）、WY3P（中）。适于作 105V（5～40mA）稳压用，启动电压 115V。

0D3/VR150　　G 型（Φ40mm）8 脚稳压管

等效管：0D3W、VR150W、WT294、150C3、СГ4С（苏联）、WY4P（中）。适于作 150V（5～40mA）稳压用，启动电压 160V。

第 **17** 章

换管调声须知

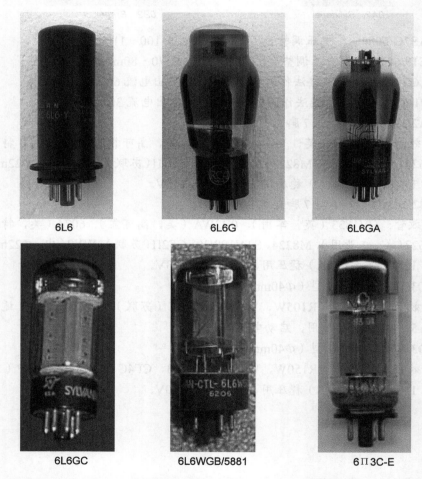

6L6　　　　　　6L6G　　　　　　6L6GA

6L6GC　　　　6L6WGB/5881　　　6Π3C-E

　　每个把玩电子管放大器的音响爱好者都知道，电子管具有个性，换用不同厂牌或者同厂不同时期的同型号电子管，会有不同的音色表现，有时差异可以很大，所以有人以换管来调声，实行升级，可谓其乐融融！

130

不同厂家制造的同一型号电子管，尽管它们的技术参数都一样，但由于电极机械加工尺寸和阴极化学性能都有着微小差异，加上电极材料或制造时处理的不同，使它们在放大声频信号时的各种谐波并不一致，从而产生出有差异的音色，这也造就了它们的不同个性。同一厂家在不同时期制造的电子管，由于生产工艺的变化，同样也会有不同的音色表现。

换管调声对放大器音色的改变，并无太多规律可循，须经试验才能确定。但一般前级电子管常在放大器的高频延伸、细致顺滑感方面产生变化，对分析力、透明度、生动感影响较大；一般后级电子管常在放大器的动态范围、质感、控制力方面产生影响，对力度、速度感影响较大。鉴于欧美优质电子管制造厂已停止生产几十年，虽仍有库存，但已不可能批量供应给电子管放大器制造厂使用，各厂只能使用等级较一般的电子管作配套，这种随机电子管虽能保证稳定的工作，但并不能保证声音最好，也就给爱好者留下了较大的换管调声空间。

换管调声对不同放大器会有不同的敏感度，有的音色变化较大，有的音色变化较小，这是由于不同放大器中电子管实际运用时工作状态的不同（如工作电压、工作电流），外围元器件性能的不同（如耦合电容器），以及采用电路的不同等因素所致。

有不少电子管的早年产品要比后期产品的音色好，但某些年代较早的电子管，是开发早期产品，其某些特性参数常低于后期生产的同型管。如 20 世纪 40 年代生产的 6V6GT、20 世纪 50 年代末生产的 KT88 等功率放大电子管的最大屏极电压、最大屏极耗散功率都比后期生产的要低。又如 20 世纪 40 年代生产的 5Y3GT 及 5U4G 等整流电子管的峰值屏极电流较后期生产的为小，见表 17-1。故而如若设备原是按后期管的最大参数设计，在换用功率电子管时，就要考虑是否超过极限值，以免损坏或缩短电子管寿命。

表 17-1　　　　　　　　　　早期管与后期管比较

型　　号	早　　期　　管		后　　期　　管
6V6GT	E_{pm}	315V	350V
	E_{sgm}	285V	315V
	P_{pm}	12W	14W
	P_{sgm}	2W	2.2W
KT88	E_{pm}	600V	800V
	E_{sgm}	600V	600V
	P_{pm}	35W	42W
	P_{sgm}	6W	8W
6X4	i_{pm}	0.21A	0.245A
5Y3GT	i_{pm}	0.4A	0.44A
5U4G	i_{pm}	0.625A	0.8A

不同外形尺寸的同型功率电子管，也有不同的音色表现。如6L6（$\Phi33\times95$mm金属管）、6L6G（$\Phi52\times116$mm 瓶形玻壳管）、6L6GA（$\Phi46\times98$mm 瓶形玻壳管）、6L6GB/GC（$\Phi40\times94$mm 筒形玻壳管）、5881（$\Phi37\times74$mm 筒形玻壳管）等。换用这类电子管时，必须注意它们之间外形尺寸的差异是否有不良影响，除外形较大的电子管在空间有限时不能安装外，特别要关注功率放大电子管和整流电子管的通风散热不能因空间限制而受到影响。

著名厂牌电子管常有其特有的声音特点，但并非某一个品牌所有型号电子管用在音响设备中都能有同样的上好表现，所以对品牌选择决不能简单地一概而论。不同放大器的最佳适配电子管品牌并无定规，不同品牌电子管搭配使用，常可起互补作用而获得出人意料之效果。

军用、工业用、通信及特殊用途电子管，都属特殊品质电子管范畴，它们与普通接收电子管（应用在电视机、收音机等消费类产品）相比，虽具有寿命长、一致性好、长期工作特性稳定、耐冲击和抗振动等特点，但特殊品质电子管与普通电子管互换时，由于电气特性基本一致，通常对音色并无特别影响。

改进管和原型管一般仅在最大电极电压及最大电极耗散功率等方面作提高，基本参数不变，见表17-2，外形尺寸可能不一样，改进管和原型管在换用时必须注意到这些问题。

表17-2　　　　　　　　　　改进管与原型管比较

型　　号	E_{pm}	E_{sgm}	P_{pm}	P_{sgm}
6L6G/GB	360V	270V	19W	2.5W
5881	400	400	23	3.0
6L6GC	500	450	30	5.0
6550	600	400	35	6.0
6550A	660	440	42	6.0
6BQ5	300	300	12	2.0
7189	400	300	12	2.0
7189A	440	400	13.2	2.2

型　　号	E_{pm}	I_{pm}	I_{om}	管压降
5R4G/GY/GYA	2800V	650mA	250mA	62V
5R4GYB	3100	715	250	63
5U4G	1550V	800 mA	225mA	44V
5U4GA	1550	900	250	44
5U4GB	1550	275	275	38

用于前置放大器的前级电子管，若螺旋形加热丝露出阴极管者，噪声较大，同型号管，热丝露出少者噪声更小。电子管工作时轻扣管壳，应不发生"当……当……"样噪声。

换管调声时，必须将放大器充分预热，使其进入最佳工作状态，并反复比较试听。对一些长期库存的电子管，重新使用的预热时间最好长一些。全新的电子管必须先煲一定时间（通常在数十小时），才会进入稳定的状态。

　　在选用电子管时，外观及管脚应无缺陷，全新小型电子管的管脚应是笔直的，外力只会造成倾斜，不会弯曲，使用过的旧管，所有管脚由于长期插在管座中而致中间同一部位都有个向内弯曲点。使用较长时间的玻壳旧管，会在阴极相对的顶端玻壳上出现一个黑斑或镜面斑，越旧则斑越大，小型管则整个玻壳的透明度会降低发灰，犹如用旧的电灯泡般，甚至在电极间隙相对玻壳上出现黑晕。不过个别品牌的电子管仅使用很短时间，就会在电极间隙相对玻壳上出现明显黑晕。某些小型管的底边玻璃颜色呈灰黑，或管脚周围有某种痕迹，应属正常现象，是玻璃烧结工艺差异所致，并非使用过的旧管。若电子管玻壳顶部或侧底部银白色或棕黑色吸气剂呈暗白色，表示该管已漏气失效。真空度略有降低的电子管，工作时随机的电离噪声（ionization noic）增大。

　　对库存数十年的新电子管，真空度可能会下降，出现电离噪声等问题，初次使用时，在加高压电源前，应先让热丝燃点半小时到数小时，以消除残留气体，延长电子管使用寿命。

资料

　　一个多世纪前的 1883 年，爱迪生观察到在他发明的白炽灯中，如果装入一个金属极片，并供以正电压，灯丝就会发射电子，即真空里的炽热灯丝会向邻近的导体发射电子，这就是有名的爱迪生效应。1904 年英国的 J.A.弗莱明发明了真空二极管。1906 年美国的 L.德·弗雷斯特在弗莱明二极管中引进一个金属栅极，发明了真空三极管，扩展了热电子真空管的应用，使微弱信号的放大成为可能。1912 年美国通用电气公司的 I.阿诺德和美国电话电报公司的 H.兰米尔在各自公司研制出高真空电子管，使三极管的放大倍数大大提高，寿命和稳定性更好，电子管进入实用阶段。1926 年英 H.J.朗德在屏极和栅极之间加入第二个栅极，发明了帘栅四极管，提高了放大倍数，减小了栅极和屏极之间的电容。1928 年荷兰的特勒根、霍尔斯特在帘栅极和屏极之间加了一个抑制栅极，出现了五极管，抑制了二次电子发射。真空电子管的发明，产生了新技术，开创了一个新时代。

　　电子管从简单的直热式二极管发展开始，各国开发的各种用途电子管达数千种之多，而随着电子管性能的提高，技术的成熟，生产厂家生产工艺的差异，电子管在外形及结构上就有所不同。鉴于电子管是重现音乐情感的好器件，不同时期和厂家生产的电子管音色又有差别，所以对电子管结构所传递的信息多些了解是有必要的。

　　全盛时期的电子管外形，以瓶形、8 脚直筒形及小型为主，少数早期电子管的玻壳有涂层，可分黑色涂层玻壳（black coated glass）和灰色涂层玻壳（gray coated glass）两种，其作用是吸收撞到管壁上的少量二次发射电子。某些欧洲产小型管的管顶部具有十字形凸筋或一字形凸筋，通称十字顶或一字顶。另外欧美产的 9

脚小型管外形尺寸比俄罗斯、东欧产管稍小，电子管的实际外形尺寸：$\varPhi$52mm 瓶形玻壳为 40mm，$\varPhi$46 mm 瓶形玻壳为 36mm（俄罗斯及国产 33mm），$\varPhi$37~40mm 筒形玻壳为 30mm，$\varPhi$27~30mm 筒形玻壳为 25mm，$\varPhi$22 小形玻壳为 18mm（俄罗斯及国产 19mm），$\varPhi$19mm 小形玻壳为 16mm。欧美小型管的管脚端头不尖，颜色发暗，而东欧及国产小型管则呈银色，有针尖形端头，有的高品质管采用镀金脚，通常称金脚（gold pins），普通管脚则称标准镍脚（standard nickel pins）。

电子管的吸气剂架从外观看，可分方环（矩形环）、D 形环、大圆环、小圆环、方形碟及圆盘状碟等，见图 17-1。通常方环及 D 形环为 20 世纪 50 年代或更早期的电子管采用，直径略小于云母片的大圆环是 20 世纪五六十年代电子管采用，再后期生产的电子管大多是直径明显小于云母片的小圆环。大型电子管则多用 D 形环，俄罗斯及国产电子管大多采用圆盘状碟及方形碟，某些大型电子管设有两个吸气剂架。吸附在管壁上的吸气剂呈亮银色或棕黑色晕，有的在电子管底部，有的在管侧，有的在管顶，通常称铬顶（chrome top），小型管绝大多数在管顶，极少数在管侧的通常称透明顶（clear top）。

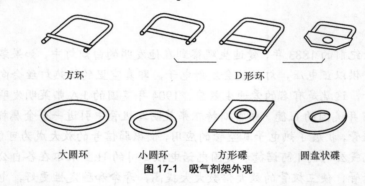

图 17-1　吸气剂架外观

电子管的屏极从外观看，可分为黑屏、灰屏、银屏、网屏、盒屏、分裂屏、半边屏、长屏与短屏、窄屏与宽屏、平滑屏和有肋屏等，见图 17-2。为了提高屏极的热辐射能力，功率管屏极常带有翼片。黑屏（black plate）是 20 世纪 50 年代及更早期的一些电子管，为了增大屏极的热辐射能力帮助散热，在屏极表面涂以石墨而呈黑色。灰屏（grey plate）比黑屏出现得晚，是因石墨工艺有碍环保，为提高热辐射能力而把屏极进行碳化处理呈灰色。银屏（silver plate）为屏极耗散功率很小的电子管，其镍或镀镍钢板屏极为银色，（如 6 н 2 п、6N2）。网屏（mesh plate）是早期某些功率电子管曾采用以金属丝编织的网状屏极，用以防止热辐射而造成栅极过热，现在某些功率电子管也有使用冲有矩形孔金属板。为了增加屏极表面积，帮助热量散发，把屏极加工成多孔的网状屏极（某些小功率五极管外面的网状金属筒，并非屏极而是屏蔽用）。盒屏（box plate）也称多士屏，外形如盒状，两边无翼（如 M8136、CV4003、CV4004）。分裂屏（sliver plate）由 2 片分开的相对极片组成（如 6н1п、6N1、6c19п、6c19）。半边屏为不对称，仅在单边有支柱及翼的屏极结构（如 12AT7、ECC81）。窄屏（pinched plate）是指同类电子管的屏极宽度较窄的称呼（SYLVANAIA 的 12AU7、12AX7 是窄屏）。长屏（long plate）是对同型号电子管屏极的高度尺寸较长的称呼（如 Mullard 20 世纪 50 年代的 12AU7、12AX7 是长屏，后期生产的屏极较短）。平滑屏（smooth plate）是指屏极表面平坦，无加强肋。有肋屏（ribbed plate）也称坑屏，是指屏极表面有增加强度的肋状筋。从结构看，电子管的屏极有点焊屏（spot welded plate），铆接屏（stapled plate），卷曲屏（crimped plate）等。

黑屏与灰屏　　　　　　　　　　　　　银屏

网屏　　　　　　　　　　　　　　　　盒屏

半边屏　　　　　　　　　　　　　　　分裂屏

图 17-2　电子管的屏极

长屏和短屏

窄屏和宽屏

滑屏

有肋屏

点焊屏

铆接屏

图 17-2　电子管的屏极（续）

　　8 脚直筒形 GT 管的管基从外观看，可分塑料的黑色管基（black base）、棕色管基（brown base，高频损耗小的棕色管基）、红色管基（red base）、金属箍管基（metal base，胶木座环形金属箍有屏蔽功能，一般接 1 脚）、硬币管基（coin base），还有瓷管基（ceramic base）、肥大管基（fat base）等，见图 17-3。某些瓶形 G 管的管基外围较大，称肥大管基。

黑色管基、硬币管基

棕色管基

图 17-3　电子管的管基

红色管基

金属箍管基

瓷管基

图 17-3　电子管的管基（续）

音响设备中使用的电子管，通常以 20 世纪五六十年代及以前生产的音色较好，但除 RCA、GE、SYLVANIA 等少数公司的电子管有 4 位数字编码代表生产年代外（如 7826 即 1978 年第 26 周），大部分厂商并无标志。我们可以根据电子管外形结构上的一些特征，来判断电子管的生产年代。

目前还在生产的部分优质电子管，如图 17-4 所示。

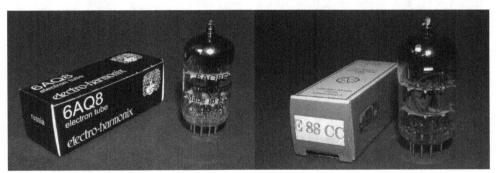

6AQ8　EH

E88CC　JJ

6922　SOVTEK

6922　EH

图 17-4　现生产的优质电子管

ECC82 Ei

12AU7　EH

ECC802S　JJ 金脚

12AX7WXT+　Sovtek

ECC803S　JJ 金脚

12AX7　EH

图 17-4　现生产的优质电子管（续）

12AX7　TUNG-SOL(RE)

12AX7/ECC803S　TUNG-SOL(RE)金脚

ECC83　Ei

12BH7　Ei

12BH7　EH

ECC99　JJ

6N30P=6SN7X　BTB（俄罗斯）

EF806SG　TUNG-SOL（俄罗斯）

图 17-4　现生产的优质电子管（续）

SV 6L6GC　　SVETLANA

6L6GC　　SOVTEK

7591　　JJ

KT66　　Tung-Sol（俄罗斯）

6CA7　　Ei

EL 34 BLUE　　JJ

EL34　　EH

6CA7　　EH

图 17-4　现生产的优质电子管（续）

EL 34　Mullard (RE)

EL 34-B　曙光

6550　TUNG-SOL(RE)

6550　EH

SV6550C　SVETLANA

6550WE　SOVTEK

图 17-4　现生产的优质电子管（续）

KT88　EH

KT88　SVETLANA (SED) 2004

KT90　EH

KT90　Ei

2A3　SOVTEK

2A3　曙光

图 17-4　现生产的优质电子管（续）

300B　EH

300B/N　FULL MUSIC

SV 300B　SVETLANA

300B　JJ

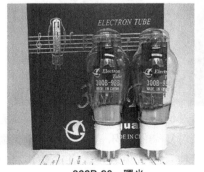

300B-98　曙光

845　曙光

图 17-4　现生产的优质电子管（续）

第**18**章

电子管声频放大器实例

　　声频放大器本身应把输入信号原样放大传输，但目前还只能做到可听频率范围内正弦波在纯电阻负载两端的响应相当准确，对复杂的音乐信号，要完全消除各类失真还不可能，于是声频放大器就有了自己独有的音色表现，并产生声频放大的独有技术。

　　前置放大器（pre amplifier）也称前级放大器或控制放大器（control amplifier），具有各种标准输入选择和控制功能，是重放声音的控制中心，作用是获得足够的增益，将信号源电平提高到能驱动功率放大器的电平，控制信号源输入及音量，用以取得满额的信号输出电平。

144

前置放大器是音响系统中不可缺少的一环，其作用举足轻重，不容忽视，好的前置放大器可使信号具有快速起落的速度感，提高瞬态表现和控制力，并富有音乐感。

在决定放大器电路的设计方案时，有必要把听觉因素即音质的心理问题考虑进去，方法是把可能在听觉上成为问题的地方，针对性地选择电路构成。这对前置放大器尤其重要。

前置放大器是随着密纹唱片的出现而发展起来的，模拟唱机拾音头的输出电压很低，还需要进行频率均衡，故而改善信噪比和均衡电路特性是其两大要点。由于激光唱机的出现，激光唱机的输出不需要经过频率均衡电路对频率响应作补偿，输出电平又高，故而主要使用激光唱机的前置放大器，在形态上就变得有所不同，只有高电平输入，唱头前置放大部分常作为独立配件，或干脆取消。现代前置放大器还废除了音调控制电路及一切滤波器装置，见图 18-1。

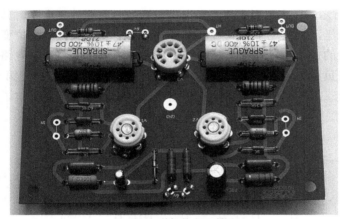

图 18-1　前级放大器实例

典型的电子管前置放大器由一级或二级三极管共阴极放大或再加一级阴极输出器组成，也有单级放大的。前置放大器的末级设置阴极输出器的目的，在于减小输出阻抗，提高负载能力，并削弱外界电磁场的影响。前置放大器中负反馈是不可缺的，单级的非线性失真要尽可能小，多级放大要防止过激励，屏极供电电压稍高些为好，音量控制设于输入端较好。前置放大器的输入阻抗是信号源的负载，一般认为以适中、不太高较好，过低会使信号源负载过重，性能变差。对主要使用激光唱机的高电平前置增益以 10dB 较好，调谐器、录音座等信号源则要 20dB，若增益不够，需将音量控制开得很大，甚至接近最大位置。电子管前置放大器在最大不失真输出时的输入信号电平应在 100mV_{rms} 左右，输出电压则在 $2\sim3\text{V}_{rms}$ 以上，总谐波失真度小于 0.2%～0.3%。前置放大应有较低的输出阻抗，以具有一定驱动低阻抗负载能力，因为有些功率放大器的输入阻抗较低，还要求噪声低。

图 18-2 所示是单级前置放大电路。由于是单级共阴极放大，屏极与栅极的信号相位相反，通过 681kΩ 电阻及 100kΩ 电阻把从屏极取得的信号返回到电子管栅极完成电压负反馈，改善频率响应及相位特性。由于是并联负反馈，不会产生共模误差。电路电压增益约 5.5 倍（14.4dB），输入阻抗 100kΩ。

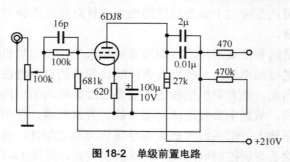

图 18-2　单级前置电路

图 18-3 所示是著名的马蒂斯 Matisse Referene 前置放大电路。其特点是采用较高的电源电压，扩大电子管的线性范围。由于是二级放大，相位变化 180°，所以电压反馈的方法与单级放大时不同。使用薄膜耦合电容器，电路结构可说非常经典，环路负反馈电压由 20kΩ 电阻从 12AT7 屏极取得，加到第一级 12AX7 阴极完成，第二级 12AT7 阴极的 340Ω 电阻提供电流负反馈，扩大了该级的动态范围。

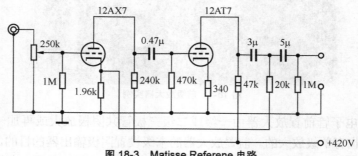

图 18-3　Matisse Referene 电路

图 18-4 所示是杰迪斯 Jadis JP80 前置放大电路。电路结构比较经典，仅输出级至第一级间的负反馈馈给方式稍异。电路全部由 12AX7 电子管担任，为二级阴极接地放大及阴极输出组成，总增益约 20 倍，$G_v \approx$（100k+5.1k）/5.1k。

图 18-5 所示是一个非常中规中矩的前置放大电路，是 CD 机出现前低电平信号源时代的经典。由二级共阴极阻容耦合放大加上阴极输出组成，每级均有本级负反馈，环路负反馈进一步改善整体性能。该电路的特点是增益较大、线性好、失真小、工作稳定，增益在很宽频带范围内保持常数。这是激光唱机流行前的经典电路形式。

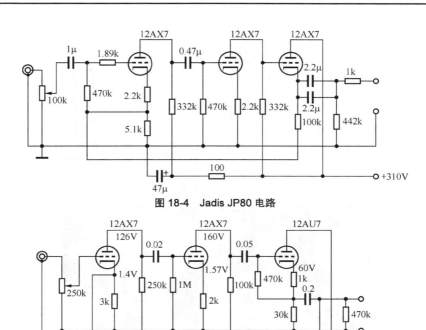

图 18-4　Jadis JP80 电路

图 18-5　标准前置电路

图 18-6 所示是高电平前置放大器电路。由三极接法的五极管 EF92 作放大，三极管 12AU7 作阴极输出组成，为扩大动态范围，前级加有本级负反馈，级间采用直接耦合，以取得好的相位特性和瞬态特性，整机还通过 634kΩ 电阻及 100kΩ 电阻从输出管阴极取出反馈信号返回到前级管栅极完成环路电压负反馈，提高整机性能。该电路噪声很低，声音均衡活泼，自然流畅，频率响应优于 16Hz～60kHz±0dB，电压增益约 5 倍（14dB），输入阻抗 70kΩ，输出阻抗 500Ω，最大输出电压 15V$_{rms}$。为防 EF92 电子管的微音器效应，该管的管座应予防振处理。电子管 EF92/6CQ6 是小型 7 脚遥截止五极管，热丝 6.3V/0.2A，屏极 250V/8mA，控制栅极−0.65V，帘栅极 150V/2mA，互导 2500 µA/V，管脚接续：①控制栅极；②阴极；③和④热丝；⑤屏极；⑥抑制栅极、屏蔽；⑦帘栅极。

对于高电平前置放大器即线路放大器，不适宜使用高放大系数三极管，一级共阴极阻容耦合放大加直耦阴极输出，是高电平前置放大器的典型电路结构。电路中的输出电容器取值，当电子管后级功率放大器的输入阻抗为 100kΩ 时，输出电容器取大于 0.47µF 即可，当晶体管后级功率放大器的输入阻抗为 10kΩ 时，输出电容器要取大于 4.7µF。

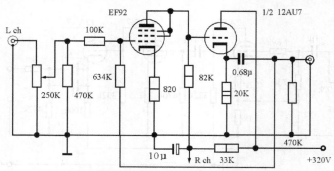

图 18-6　高电平前置放大电路

图 18-7　功率放大器局部

　　功率放大器（power amplifier）也称主放大器（main amplifier）或后级放大器。它具有有限的电压放大能力，将来自前置放大器的信号，在合乎失真要求下放大到足够的功率输出，用以驱动音箱。

　　典型的电子管功率放大器（常见内部结构见图 18-7）由前级、倒相级、输出级组成。对于高激励电压的三极功率电子管，由于倒相电路输出电压不够，在倒相级后面还需增加一级激励级，以取得必要的增益量和输出电压，前级与倒相级常采取直接耦合方式。功率放大器的总增益用以保证功率输出管的充分激励，但增益过大时，会使功率输出管过激励而严重失真。多级放大器的耦合回路的时间常数，后级不要大于前级，防止低频自激。在声频电路中，时间常数通常如下式表示：$t=RC=159/f$（t 单位为 μs，C 单位为 μF，R 单位为 kΩ，f 单位为 Hz）。为防止输出非线性失真度的增大，在选择激励电子管时，应使其在输出电压峰值时失真度小于 2%，并避免采用较高电平的输入信号。要使功率放大器的失真降到最小，必须采用包括输出变压器在内的大环路负反馈。功率输出级最好采用多环路负反馈的形式，以利电路工作的稳定，若输出级本身具有足够的负反馈量，则放大器的设计可简化，大环路负反馈导致的问题可以得到较好解决。电子管放大器的电路结构要讲究合理性，例如滥用 SRPP 电路和长尾对倒相电路，而不顾电路整体要求，就缺乏合理性。功率放大的前级采用 SRPP 电路，实在没什么好处，而且失真频谱的 3 次谐波较大，好像是一种时尚。在要求输出电压较高的场合，并不适合长尾对倒相电路，因为大输出时开环失真会急剧变大。功率放大器在最大功率输出时的输入信号电平应在 0.5～1V$_{\text{rms}}$。对于输出功率应具有适当的余量，在一般居室内以普通音箱进行管弦乐的真实重放，电子管放大器必须具备 15～20W 以上的最大不失真功率输出能力，总谐波失真度小于 1%。

图 18-8 所示是单端功率放大器电路。五极管 EF86 担任激励放大，五极功率管 EL34 担任输出放大，可获得大于 9W 的输出功率。输出级为超线性阴极反馈电路（UL·CNF，Ultra-Linear Cathode Feedback），帘栅极接在输出变压器初级绕组 0.43 抽头上，引入负反馈，使输出级的失真和内阻降低，而增益和输出功率并无太大减小。输出管阴极回路还引入来自输出变压器单独绕组的局部负反馈，该绕组圈数约为初级绕组的 1/10，输出级的失真和内阻得到减小，而效率不减，同时减小由变压器引起的相移。为进一步减小输出管屏极内阻，提高阻尼系数，阻尼系数达 12，电路还加有适量大环路负反馈，所以该电路有极好的性能指标。输出变压器初级阻抗 2.5kΩ。

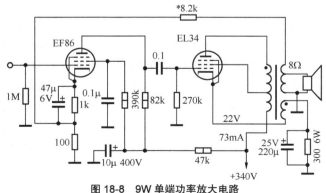

图 18-8　9W 单端功率放大电路

　　图 18-9 所示是使用直热式三极功率管作成的单端功率放大器电路。因为输出管的非线性失真本身并不大，所以没有使用负反馈，使声音动态完全不受到压缩，还不致增大原本已相当高的激励电压。激励放大由五极管担任，以取得足够的激励，为提高工作状态的稳定，帘栅极由分压电路供电。该机输出变压器的性能至关重要，初级阻抗 3.5kΩ。输出管灯丝并接的 100Ω 电位器不可使用线绕电位器，以免影响音质，可以用两只固定电阻代替。频率响应 14～38000Hz±1dB，输出功率 8.5～9W，总谐波失真<5%，阻尼系数 4，该电路虽是经典，但末级管激励电压稍欠是其不足的地方。

　　直热式三极管单端功率放大不采用负反馈是一种时尚，但从技术角度看，明显有问题，因为没有负反馈的放大器，其频率响应、非线性失真和阻尼系数无法提高到令人满意程度。

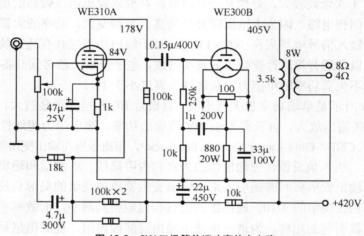

图 18-9　8W 三极管单端功率放大电路

　　图 18-10 所示为经典超线性 20W 功率放大器电路。前级使用五极管 EF86，获取较高增益，双三极管 ECC83 作长尾对倒相。功率五极管 EL34 作超线性推挽输出，自给偏压，超线性接法为本级取得 3～5dB 的负反馈，降低了输出管的内阻，为了防止产生高频自激，在功率放大管栅极串入 1kΩ 电阻，并在帘栅极串联 1kΩ 电阻，输出变压器初级阻抗 6.6kΩ（屏至屏），环路负反馈由输出变压器次级 15Ω 处引出，达 30dB，使该机有较好的阻尼系数。电路特点是前级与倒相级采用直接耦合，减少了电抗性元器件造成的相移，而且瞬态特性好。R1C1 和 R2C2 是相位校正电路，R1C1 为高频补偿，使高端有所下降，C2 作高频相位超前补偿，以确保施加较深负反馈时的稳定性。该电路输出管使用集射管 6CA7 时声底较厚。

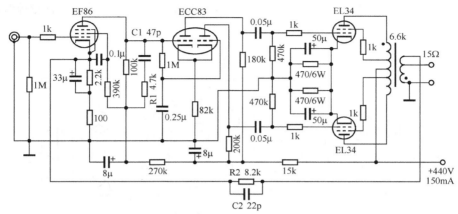

图 18-10　20W 超线性功率放大电路

负反馈功率放大器在高频端的稳定性与输出变压器的品质好坏、元件及布线的排列适当与否等有关，除减小分布电容外，必要时可设置防振电路。防振电路通常是积分型相位补偿电路，一般设置在前级管的屏极电路，对功率放大器的带宽加以限制，使反馈环路中的增益随着频率的升高而逐渐下降，这种补偿电路可使高频端衰减 12dB，过渡频率取可闻频率的上端 $f_L=15\text{kHz}$，则 $1/4(-12\text{dB})=R_1/(R_1+Z_o)$。

$$\frac{159}{f_L}=C_1(R_1+Z_o)$$

式中，R_1——补偿电阻（MΩ），C_1——补偿电容器（pF），Z_o——前级管输出阻抗（MΩ），f_L——过渡频率（kHz）。

这种积分型相位补偿电路会使放大器的高频响应变坏，而在现代设计中，由于环路负反馈都较小，这种补偿方式已很少人采用。

图 18-11 所示是使用直热式三极功率管的推挽放大器电路。6AN8 的五极部分担任前级电压放大，三极部分作剖相式倒相而与前级直接耦合。为了提供高达 80V_{rms} 的激励电压，由 12BH7A 作单独的激励放大，并采用较高电源电压。末级 300B 作 AB_1 类放大，采用固定偏压，两推挽管的平衡由 5kΩ 电位器提供。整机环路负反馈由输出变压器次级单独绕组（或从扬声器输出端取得）经 100kΩ 电阻至第一级阴极完成，30pF 电容器作相位补偿，反馈量 14.5dB。输出变压器初级阻抗 3.8kΩ（屏至屏），输出功率 18W（最大可达 35W），总谐波失真<0.5%，阻尼系数大于 15。直热式输出管灯丝中心点接地视供电方式不同而异，若用交流供电，则电源变压器灯丝绕组中心抽头接地。

合并放大器（integrated amplifier）又称综合放大器，是前置放大和后级放大合并设计并共用电源的二位一体结构形式，其整体增益要求比后级放大器大，通常满功率输出时的输入信号电平在 200～250mV$_{\text{rms}}$ 或更小。现在有不少称为合并放大器的电子管放大器，输入灵敏度在 $0.5V_{rms}$ 或更大，其实只是带有音量控制器的后级放大器。

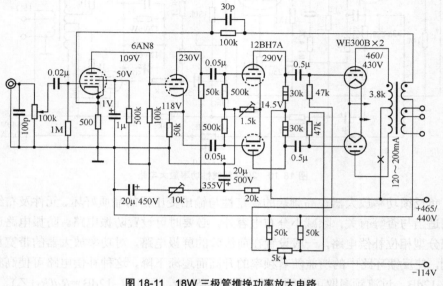

图 18-11　18W 三极管推挽功率放大电路

图 18-12 所示为 70W 合并放大器电路，前级使用高互导五极管 EF80 担任，较小的屏极电阻使高频响应更好，中放大系数双三极管 12AU7 担任长尾对倒相，与前级直接耦合不仅简化了电路，还提高了瞬态特性，较大的屏极电流和较高的供电电压，能提供输出级足够的激励电压。输出级以集射功率管 KT88 采用标准推挽方式，固定偏压，本级负反馈减小内阻，需要注意的是 KT88 的帘栅极供电电压必须稳定，一个优质的输出变压器则是另一关键，其初级屏至屏阻抗 $4.5k\Omega$。适量的环路负反馈使本机具有优秀的阻尼系数（>15），以及很高的性能指标。该机声音饱满充沛，清新从容，全频平衡，分析力适度，细节层次丰富，空间感好，活泼舒展，动态凌厉，控制良好，十分耐听。

该机输入灵敏度 $350mV_{rms}$，输出功率 70W（最大 90W），总谐波失真<0.5%，频率响应 13～100000Hz±1%，阻尼系数大于 16，信噪比>90dBA。

声频放大器的电源，在整机中起着举足轻重的作用，图 18-13 所示是几种典型的方案。（a）是功率放大器用电源例，高压绕组的 80V 抽头是供偏压电源之用；（b）是前置放大器用电源例，40V 正电压用作前置电子管灯丝中心点的正偏压；（c）是功率放大器半导体桥式整流电源；（d）是功率放大器倍压整流电源例，倍压整流所需交流电压比桥式整流低近一半，由于电源变压器绕组阻抗的降低，能使电源内阻大为减小（半导体二极整流管均应并联一只 0.01μF 直流工作电压高于交流电压 2 倍以上的电容器）。

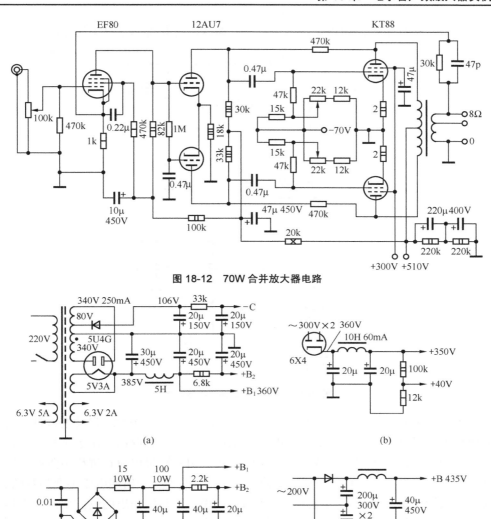

图 18-12　70W 合并放大器电路

图 18-13　声频放大器的电源电路

功率放大器输出电子管的帘栅极和前级放大器的电源，最好使用稳压电源供给。两种典型的高压稳压电路见图 18-14，直流供给电压与稳定输出电压之差，应在 20V 以上，（a）是使用晶体管作电压调整管及误差放大器的电路（2SC2335：BV_{CBO} 500V，I_{CM} 7A，P_{CM} 40W，h_{FE} 50；2SC2551：BV_{CBO} 300V，I_{CM} 0.1A，P_{CM} 0.4W，h_{FE} 90），（b）是使用电子管作电压调整管及误差放大管的电路。电路中插入电容器 C [（a）图中 39pF，（b）图中 $0.1\mu F$] 的目的，是为了提高电路的工作速度，电容量在 10pF～$0.1\mu F$。

高电压基准半导体稳压管使用多只串联组成，可获得比单只小的噪声。

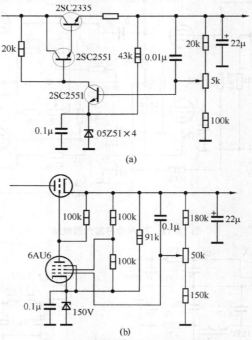

图 18-14 两种典型的高压稳压电路

电子管串联稳压电路（见图 18-15）是根据输出电压的变化，自动增减调整管的栅极电压进行工作。误差放大管的栅极电压是由输出端取出，由于阴极有一恒定电压为基准，这个输出端取得的电压的变化，引起屏极电流在屏极电阻的电压降作为调整管的栅极偏压，达到改变输出电压，从而维持输出端电压不变的目的。误差放大管采用五极管，把纹波信号加到帘栅极，可降低输出的纹波率。由于误差放大管和调整管的阴极有高电压，灯丝应浮地独立供电。

图 18-15 稳压电源实例

图 18-16 所示是使用可调稳压集成电路 317 和高压达林顿晶体管 MJE340 组成的高压稳压电路。鉴于 317 仅允许 37V 输入、输出压差，把 317 浮置工作，就可用于 400V 高压电源稳压电路，但需设辅助保护电路。高压功率晶体管的 h_{FE} 小，速度慢，用作串联电压调整管并不合适，所以使用达林顿管。317 在电路中浮置工作，输入和输出间的电压由 15V 稳压管保持在 15V 以内，保证 317 的安全，达林顿管 MJE340 作串联稳压调整管，100Ω 电阻和 470nF 电容用以提高低频瞬态响应。输出电压微调由 22kΩ 微调电位器担任。

直流供电的灯丝电源，整流二极管应采用高速型，用三端稳压电路提供，直流供给电压与稳定输出电压应有 2V 以上的压差，通常加适当散热器的三端稳压电路如若电流不够，可加功率晶体管扩大电流容量，见图 18-17，电路在电流较小时，由三端稳压电路 7806 实行稳压功能，当电流上升到 20mA 以上时，33Ω 电阻上的压降使功率晶体管 MJ2955 导通。该电路在实现较高电流输出时，必需提高输入电压使压降在 5V 以上，功率晶体管要有相应散热器，三端稳压电路则无须散热器。

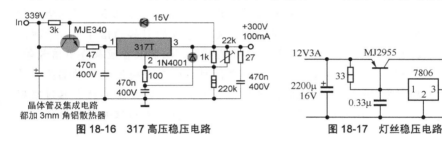

图 18-16　317 高压稳压电路　　　　图 18-17　灯丝稳压电路

设计各种放大器时，务使各放大级的输入电平不要过大，以免过激励使谐波失真增大，减小单级的谐波失真是整机低失真的保证。尽量避免电子管的并联使用，双三极管并联使用时互导加倍，屏极电流加倍，屏极内阻减半，放大系数不变，但极间电容增大和两管参数的离散性会对音质造成负面影响。尽量减少耦合电容器，隔直流的耦合电容器过多，会引起音质缺陷及染色。为了降低输出级的内阻，可以采用超线性（UL）接法或阴极反馈（CNF），并在输出级与推动级间加入局部反馈的多重负反馈（MLF）方法，以大幅改善输出级的各项特性，再加上包括输出变压器在内的大环路负反馈，放大器的整体性能会进一步得到提高，这是获得功率放大器全频带内总谐波失真系数小于 0.1% 的唯一途径。另外，高压电源应有充分的电流裕量。过大的耦合电容器电容量，过大的阴极旁路电容器电容量及过深的大环路负反馈，对重放音质都是有害的。

在放大器中，本级负反馈可使动态扩大，不容易产生削波现象，环路负反馈可使输出失真减小，使声音更细腻。作为前置放大器，负反馈加得过深，会出现音色发暗而偏单薄的倾向。适度的负反馈可以提高放大器性能，但大量的大环路负反馈容易导致出现稳定性问题，功率输出级最好采用多环路形式的多重负反馈。

　　音量控制电路一般设在输入第 1 级之前，以防止输入过大信号时出现过载，引起严重失真。音量控制电位器以往取 500kΩ～1MΩ，现在常用 100～250kΩ，取值小放大器输入阻抗低，对前级放大器（或信号源）的负载会加重。

　　以上所有电路都是一个声道，立体声的另一声道电路相同，电源共用。

　　电路选定后，元器件的正确选择很重要，元器件本身存在缺陷，或者型号选得不当，就会影响声音表现，而音响专用的元器件很少，价格并不是品质的标志，不要迷信所谓发烧补品元器件，因为只有合适的元器件，不存在最好的元器件。

资料

输入选择转换电路

　　输入选择转换电路由转换开关将需要的信号源信号输送到放大器，并接入适当的控制网络，提供合适的输入阻抗和信号处理。实用上需要把不使用的输入信号端切断并接地，以避免由于转换开关及寄生电容等可能引起的信号串音干扰。

　　通常信号源有模拟唱头、激光唱机、收音调谐器、磁带录音座及备用信号等，这些信号的电平相差很大，为此输入前置放大器时，就需要将低电平的唱头信号进行放大，并作频率均衡补偿，或将高电平信号作适当衰减，以免放大器过激励而过载，使失真增大，同时还要考虑到放大器输入阻抗是否与信号源阻抗匹配，以免信噪比变坏。

　　由于调谐器、录音座、备用信号的输出电平值大体相同，为 100～150mV，和唱头均衡放大的输出电平相近，故而将他们用输入选择开关转换到平直放大器就能得到相同的输出电平。

　　输入信号选择转换开关的连接方法，如图 18-18 所示，（a）带 MM 唱头放大，（b）把不用的输入信号端予以切断并接地。

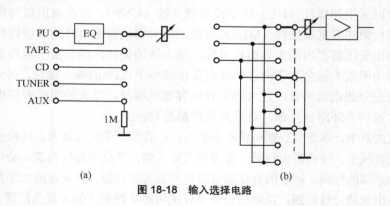

图 18-18　输入选择电路

输入信号选择可采用转换开关或继电器完成，继电器的安装应尽可能靠近输入插座。

主极点补偿

声频放大器的频率响应特性总是中频段平直，低频端和高频端下降，相关的相位特性则是低频端的相位比中频超前，高频端的相位比中频滞后，从低频、中频到高频频率响应曲线的下降和相位变化，各个放大器也不尽相同。为此声频放大器有时要作频率补偿，即是对其开环增益和相位特性进行补偿，也就是校正。

声频放大器要增大负反馈量，就要尽可能减小反馈电路的 $G_0 \cdot \beta$ 的终端斜率或终端相位角，终端值取决于放大级数和电路形式。多级负反馈放大器反馈网络中的 $G_0 \cdot \beta$ 相位变化达到 180° 以上时，将会发生自激，所以反馈量受到限制，这时放大器必须补偿频率响应。可见放大器的稳定性牵涉到高频截止点补偿问题，亦即主极点的处理方法。

关于主极点(dominant pole)的介绍说法不一，常让人一头雾水。实质上进行主极点补偿，应直接找到最低的极点，并使之成为主极点，让放大器看似只有一个高频截止点。该极点的频率应低至使得总增益 $G_0 \cdot \beta$ 在足以产生高频振荡积累起足够的相移前，就下降到单位增益以下。

对一个单极点来说，增益以 6dB/oct 斜率下降，相应的相移为 90° 不变，所以相位裕度 90° 时有可靠的稳定度。亦即找出高频截止点频率最低的 RC 时间常数网络，此频率最低的高频截止点即为主极点。对多级放大器而言，可先确定所需反馈，算出环路增益，再对主极点的时间常数进行调整，使主极点时间常数与邻近极点时间常数之比等于环路增益。简单而言，多级放大器中，在确定输出级高频上限后，其前级的高频上限要求高于后级的高频上限，越是向前高频上限越高，以保证放大器工作的稳定。

实用上为保证放大器工作稳定，方法很多，如：

① 减少反馈环路内电路级数或时间常数个数，尽量减少耦合电容器。

② 作主极点补偿，在放大电路时间常数最大的回路中并接补偿电容，增大其时间常数，使放大电路的主极点频率下降。

③ 采用相位校正补偿网络，高、低频补偿电路尽可能接入前级电路。

第 19 章

电子管放大器的装配工艺

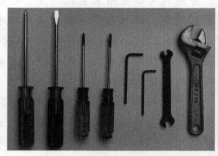

　　一台优质声频放大器，除了电路设计和零部件外，制作工艺是第 3 要素，它将直接影响到整机品质，是保证电子产品可靠性，赢得用户信誉的关键。对 DIY（Do-It-Yourself，自己动手制作）音响爱好者，自己装配电子管放大器具有无穷乐趣。

　　组装的顺序，一般是先安装零部件，再安装装配好的印制电路板、变压器、各种电位器、开关等，最后是布线。也可在安装前，先将插座、端子等的布线进行焊接、束线，再安装，这可视操作具体情况而定。变压器或其他重量大的部件，可最后安装，以减轻作业过程中的劳动强度。

　　在声频放大器的装配中，紧固件组装是设备安装中的一项主要工作，机械零件和电子零件在结构件上的安装，则几乎都要采用螺钉、螺母。

　　紧固螺钉的手工工具是起子，常用的有一字起子、十字起子和套筒起子。十字起子用于带十字槽头的螺钉、自攻螺钉的安装和拆卸，使用时起子头应与螺钉头的十字槽尺寸相一致。内六角螺钉的安装和拆卸，使用棒状六角扳手。较大螺钉和螺母的紧固或拆卸，使用固定扳手和活动扳手，固定扳手尺寸应与螺钉头部或螺母的对边距离相一致。螺母的紧固使用套筒扳手。安装螺钉时，不能拧得过紧，以免破坏螺纹，造成滑牙。要可靠地紧固螺钉，在操作中施加的转矩要与螺钉大小相适应。

　　螺钉的头部形状有半圆头、扁圆头、沉头、圆柱头（也称蘑菇头）、圆头、六角头等，见图 19-1，头部沟槽又可分一字槽、十字槽、内六角槽及菊花槽等。螺母有六角螺母和方形螺母。最常用的紧固件是十字槽或一字槽的半圆头螺钉和六角螺母，新型六面内菊花槽螺钉的特点，是紧固工具转矩传递力强。塑料制品和薄板的紧固常用自攻螺钉。还有一种没有头的定位螺钉，其尾端有尖端和凹端两种形式，利用螺钉尾端制止结构零件互相移动，如用于固定旋钮等场合。

螺钉为了防锈和装饰，常作电镀为主的表面处理。最常见的是镀锌和镀镍，镀锌防锈效果好，成本低，使用最广泛。镀镍坚固、抗腐蚀、防锈，还有良好装饰效果，也被广泛采用。作氧化铁薄膜处理或磷酸盐薄膜处理，具有黑色外观，膜层牢固，能防止继续向内氧化。对于钢制螺钉常采用镀锌、镀镍，对黄铜制螺钉常用镀镍。

半圆头　　十字头　　沉头　　六角头　　内六角头

图 19-1　几种螺钉头

垫圈是夹在紧固部件和螺钉或螺母之间，用以防止紧固时造成损伤及螺钉松动之用。垫圈有防松的带齿垫圈、弹簧垫圈，以及平垫圈，见图 19-2。常用的垫圈是平垫圈和弹簧垫圈。垫圈的材料有钢、黄铜和磷青铜等，垫圈的表面处理主要是镀锌和镀镍。

对于陶瓷、玻璃上面用的垫圈，使用橡胶、硬纸板等材料制作的软垫圈。

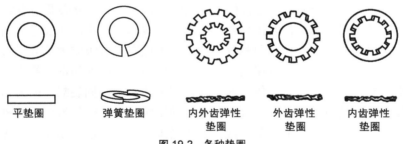

平垫圈　　　弹簧垫圈　　内外齿弹性　　外齿弹性　　内齿弹性
　　　　　　　　　　　　垫圈　　　　垫圈　　　　垫圈

图 19-2　各种垫圈

为防止螺钉松动，螺钉头下要放置平垫圈、带齿垫圈或弹簧垫圈，这是广泛采用的防松方法，见图 19-3。

自攻螺钉一般用于塑料制品和薄板的紧固，通常不需要其他紧固件配合。

陶瓷、玻璃或其他脆性材料与金属面接合时，在陶瓷与金属面之间，要放置橡胶、硬纸板等制作的软性非金属垫圈。

A 弹簧垫圈　　B 平垫圈　　C 螺母

图 19-3　弹簧垫圈使用法

所有安装的紧固件应旋紧到不能再紧而又不损伤螺纹或连接物的程度。

沉头螺钉装配到攻有螺纹的材料上时，螺钉头下不需放置垫圈。

一般旋入攻有螺纹材料的螺钉最少不应小于螺钉直径的长度，但铝、铜等软金属材料，与螺纹结合的长度至少要是螺钉直径的 1.5 倍。

螺钉穿孔安装时，螺钉延伸出螺母的长度不能少于 1.5 倍螺距长，也不要长过螺钉直径加 1.5 倍螺距长。

机箱装配采用十字槽螺钉及平垫圈。机箱面板装配采用内六角螺钉及平垫圈，不使用防松垫圈。

对大孔或槽形开孔，在材料和防松垫圈或螺母之间必须加置平垫圈。

防止螺钉松动的一种常用方法，是螺钉紧固时，在螺钉的尾端或头部与零件之间涂以紧固剂等涂料，须要注意的是，涂料只需涂至螺钉头部圆周的三分之一即可。

还有双螺母法防止螺钉松动，是用两个螺母重叠起来紧固螺钉，外侧螺母是防松螺母，紧固防松螺母时，首先拧紧紧固螺母，再拧紧上侧的防松螺母，然后把紧固螺母稍稍回拧，使两螺母相互在螺钉上产生拉伸力。

机械装配完以后，要作目视检查，若有毛刺或损伤的螺钉、螺母，应予更换。剪切过的螺钉对切端要用锉修光。

螺钉紧固操作注意事项：

① 使用工具应适合螺钉头的形状和大小。

② 工具要垂直地接触螺钉或螺母，以免损伤螺钉头或螺母边。

③ 不得在固定地线焊片等接地用的紧固件上涂敷粘合剂。

装配前，先对各个元器件进行检测，确定是否合格是十分必要的步骤。

电子管放大器中元器件的排列要很紧凑，接线尽量短捷，还要考虑到散热良好、更换元器件的方便和检修便利等方面。要求低电平前级放大部分尽可能地距交流电源部分和高电平输出电路远一些。为了减小分布电容和寄生耦合，电子管放大器常舍弃印制电路而采用传统的立体装配工艺，即搭棚装配，因为印制电路板基是高介电常数材料，易于导致杂散电容的影响，故以空气为介质的搭棚方式能提高电气性能。搭棚装配简单直接，如适当采用支架固定元器件，接线可缩至最短。印制电路板装配更适合前级放大，如元器件位置及固定得当，接线减少，对提高信噪比及避震都有利。

电子管放大器的底板也称底盘（chassis），是用以安装电子元器件及其相关电路的一种金属薄板箱、框架或简单的板。电子管放大器的底板必须坚固，可使用 1.0～1.5mm 的铝合金板或 0.8～1.0mm 的铁板制作。使用铝制底板时，须注意铝板表面氧化层引起的接触电阻影响，以及与不同金属接触面产生化学反应和物理现象的影响，如铜和铝不能直接接触。铁底板应予镀锌纯化处理以防锈。在高增益和低电平电路使用铁制底板时，由于导磁系数高，易将微弱的漏泄磁通引得很远而引起干扰。

金属底板上电子管管座及插座的开孔尺寸见表 19-1，表中 Φ 为开孔直径，管座的 2 个固定螺钉打 Φ3.2mm 孔，为帮助功率管的热量散发，可在管座开孔的四周打一些散热孔，如 GT 型功率管，可沿 Φ50mm 均匀打 14 个 Φ8mm 的散热孔。

表 19-1　　　　　　　　　　　　　管座开孔尺寸

MT 小七脚瓷管座	Φ=16mm	安装螺钉间距 22mm
MT 小九脚瓷管座	Φ=21mm	安装螺钉间距 28mm
GT 八脚瓷管座	Φ=27mm	安装螺钉间距 36mm
RCA 信号插座	Φ=11mm	两插座间间距 19mm
扬声器大型接线柱	Φ=9mm	两接线柱间间距 25mm

电路的连接配线，可使用彩色塑料导线，不仅美观，而且绝缘良好，不受潮气影响，又便于用色彩分辨不同性质的电路配线。但在焊接时，应注意不使其受高热而损伤绝缘外皮，故最好使用能耐高温的彩色塑料导线。连接配线以纯无氧铜为佳，为方便检修，配线用颜色表示电路性质。电路连接导线的色标见表 19-2。

表 19-2　　　　　　　　　　　　　　导线色标

颜　　色	电　路　接　线	电源变压器引线
黑	接地，接地元件及电路	初级（抽头为黑黄相间）
棕	热丝或灯丝	—
红	电源正极（B+）	高压（抽头为红黄相间）
橙	帘栅极	—
黄	阴极，发射极	整流管灯丝
绿	控制栅极，基极	灯丝（1）（中心抽头为绿黄相间）
蓝	屏极，集电极	—
紫	电源负极（B−）	—
灰	交流电源	灯丝（2）（中心抽头为灰黄相间）
白	其他	

MIL-STD 681A 美军用标准

三芯电源线芯线的色标见表 19-3，中标 GB 同欧洲标准。

表 19-3　　　　　　　　　　　三芯电源线芯线色标

	美国 UL 标准	欧洲标准	日本标准
L（火线）	黑色或茶色	茶色	黑色或茶色
N（零线）	白色、红色、浅蓝色	蓝色	白色、红色、浅蓝色
E（地线）	绿色或绿间黄色	绿色或绿间黄色	绿色或绿间黄色

电子管的排列，最好逐级依次布置，管脚与电路元器件间及相邻电子管的相对位置应正确，以尽可能地取得前、后级电路间的最大可能距离和最短捷的接线为原则。当级数较多时，要尽可能把各级成一直线排列，以期取得输入、输出电

路间的最大可能距离。在充分利用空间的前提下，应尽可能地考虑电气上的合理性，获取合理的结构布局。

扼流圈、单端输出变压器等具有空气隙的铁心电感或变压器，在装置时应将有空气隙的一面背向底板，以减少漏泄磁力线在底板上传出而产生不良影响。电源变压器的漏泄磁力线会干扰其他电路，见图 19-4，为防止这种影响，应选择最佳安装位置及方向，并远离易受影响的电路。卧式电源变压器安装时，要用非导磁材料（如铜螺母）与底板隔开。电源变压器的安装，必要时需作隔震处理，降低机械噪声。EI 型电源变压器外面卷包以宽幅薄铜皮短路带(belly-band)，可明显减小漏泄磁场，抑制交流声。电源变压器应安装在有良好散热处，并远离放大器，尤其是低电平的前级。输出变压器、级间变压器应和电源变压器成直角安装，以免感应造成干扰或交流声。穿过环形变压器中心的紧固螺栓，不要在与机壳连接上形成对变压器次级线圈的交流短路。

图 19-4　变压器的漏泄磁力线分布

电容器（特别是电解电容器）、模拟和数字集成电路对振动都很敏感，尤其是在低频，这在安装时必须予以考虑。

当前级放大电子管距离输出电子管较近，而且高频响应很好时，由于分布电容等原因易引起自激，为减小前级放大电子管跨路电容影响，要加用屏蔽罩，并做好管座的屏蔽。

元件直接接至电子管管座时，应注意不使接线及元件跨过管座中心，否则，对检测会造成不便。电阻和电容器接入电路时，其引线长度应适当，如图 19-5 所示虚线即引线过长，不要把引线作锐角弯曲和在根部弯折。薄膜电阻在装配时应避免外保护层的擦伤，并防止焊接时间过长。

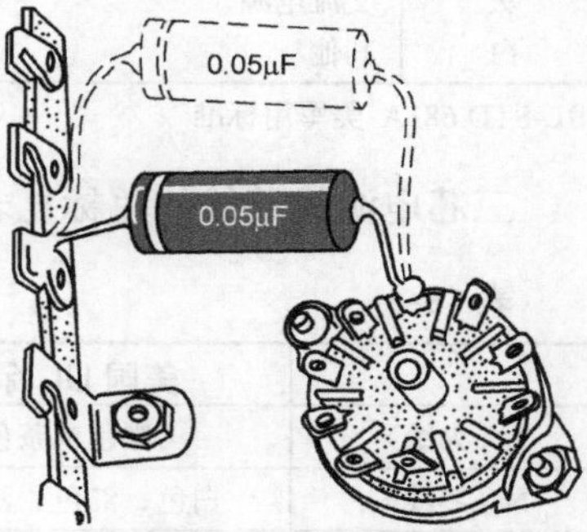

图 19-5　引线长度要适当

电子管管座及各元件布排位置要通盘详加考虑，而以电性能的要求为首位，然后才能考虑其他因素。元件装置应牢固，不使悬浮摇动，可借助于接线板、接线支架及紧固件固定，见图 19-6 及图 19-7。电子管管座、接线板、接线支架应保持良好绝缘，不要受污染，以免引起噪声。大功率电阻和大型管状电容器不能只用引线支撑，应用夹卡紧固件，将本体牢固安装在底板上，并注意金属外壳与底板的绝缘。

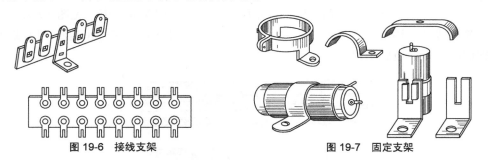

图 19-6　接线支架　　　　　　　　　　图 19-7　固定支架

电位器轴套穿出安装孔不宜太长，能安装紧固螺母即足。定位片或凸缘要穿入底板上相应孔槽内，以使旋柄旋转时不引起整体转动。电位器安装面要平整，紧固螺母的力矩要适当。电位器不能使用过大旋钮，以免旋转力矩过大而损坏。

圆形　　卵形

图 19-8　焊片

信号插座及接线柱等若要与机箱绝缘安装，接插件本身与机箱两面间都要设置专用的绝缘垫圈。接线柱连接、机壳接地等，都应使用焊片，常用焊片有圆形焊片和卵形焊片两种，见图 19-8，使用时接线柱螺杆、螺钉穿过焊片上的大孔作固定，小孔用作连接导线。

所有元器件的排列应使在调整、检修时便于检查和调换，元器件的规格标志尽量朝外，以便观察，尤其是一些易于发生故障的元器件，如电解电容器等。

接线及元器件排列要尽可能减少它们之间的寄生耦合和寄生反馈，防止产生寄生振荡。此外，还应使整机具有良好的通风条件和散热效果，减少元器件间相互的热影响。电容器外壳上有黑圈或类似颜色标记的一端，或金属外壳应接至低阻抗或低电位的一端，如此，以使电容器的外电极起屏蔽杂散电场作用。耦合电容器的外壳如果是金属制，因其他元器件与外壳间的杂散电容较大，外壳和底板间必须加以绝缘。电解电容器应严格按照实际电路中的电压极性连接，并远离热源。连接线的布线应考虑最佳走线路径，特别要考虑接地点。正确而整齐的布线及元器件排列，不仅便于调整检修，也保证了工作的可靠性。

信号输入电路、前级放大电子管栅极电路的连线，必须使用屏蔽线，屏蔽线只能在放大级一端接地，6L6G、EL34、807 等功率管屏极到输出变压器的连线较长时，也可使用屏蔽线。

输出变压器初、次级的连线不要靠近导磁材料（如铁底板）走线，以免引起高次谐波失真。

电子管灯丝等交流电源的每对接线，应采用互相绞合的双绞线连接，并贴底板沿边走线，以使导线周围形成的交变磁场互相抵消，并最大限度地减小可能对其他电路引起的干扰。前级管灯丝可采用二芯屏蔽线连接交流电源，并就近接地于本级。

直流电源引接线，应贴底板平行布放，也可将它们扎成一束，见图19-9。扎线除用线外，还可使用线夹或线卡。正、负电源线最好紧靠在一起走线，以减少它们所产生的电磁辐射。

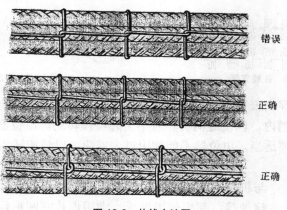

错误

正确

正确

图 19-9　扎线方法图

一些典型的接线方法，见图 19-10 及图 19-11。

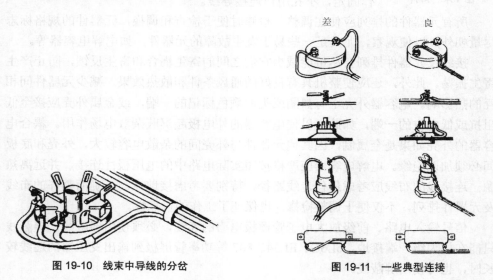

差　　　　良

图 19-10　线束中导线的分岔　　　　图 19-11　一些典型连接

为使导线的线头与端子作电气连接，须对线头按一定长度剥除绝缘层，并作焊接前的搪锡处理。一般绝缘层剥开 10mm 即可，多股芯线还须拧紧，芯线搪锡应离芯线根部 1mm。

如果导线芯线是多股，要把芯线拧紧，以免散乱。屏蔽线、同轴电缆的屏蔽层处理方法，见图 19-12。首先剥除外绝缘层，抽出芯线或拆开屏蔽网，把屏蔽网拧紧，再按需要或切断屏蔽网或将拧紧的屏蔽网搪锡。

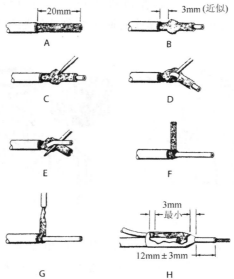

图 19-12　屏蔽线、同轴电缆的屏蔽层处理

各级应独立具备一接地点，各级的旁路电容器的接地端要直接接到本级阴极焊片或本级接地点上，这对多级放大器的前置级是必要的。前置放大的低电平信号输入插座的安装，应与金属外壳绝缘，其接地端不要与底板外壳直通，以免由于多个接地点间存在公共阻抗，产生电源频率及其谐波的小回路电流形成的背景哼声（hum loop，回路哼声，又称蜂音），可通过 0.01μF 电容器就近与底板相通，接地端则直通放大级接地点，见图 19-13。前级放大小型管管座中心的屏蔽柱要接地，音量控制电位器的金属外壳也要接地。

各级接地点，可用 0.71mm 以上铜线相连，作一点接地（也称星形接地），一点接地就是使各点的基准电位为同电位，各接地线分别连接到同一点，消除公共阻抗。要防止用铜线作公共接地线而成闭合环路，接地线只能有一点与底板相连（如星形接地端），以免引发信噪比下降，甚至产生交流声。切勿让电

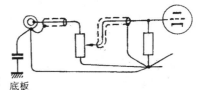

图 19-13　输入放大级的接地

源滤波电容器的充电电流进入其他接地线，在 2 个滤波电容器之间即使有粗的连线，也不要作任一星形接点的连接，星形接地点应在该 2 个电容器的交叉点上，全波整流的高压线圈中心抽头不得就近接地。

　　为使元器件排列整齐美观，可采用备有大量焊片的接线板，先把电路元器件焊接在接线板上，通过它进行中继转接，但须严格注意不使上一级栅极电路元件和下一级屏极电路元器件相邻地并排在一起，以免接线板绝缘不良引起漏电而影响栅极正常电位，为此应该在他们中间隔以接地焊片，如图 19-14 所示，(a)为不良接法，(b)为合理接法。焊接时避免焊剂或油脂等污染接线板使绝缘性能下降。

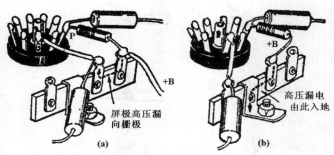

屏极高压漏
向栅极
+B

高压漏电
由此入地
+B

图 19-14　接线支架使用例

　　悬浮连线要使用较硬而且不易弯曲的稍粗些的单股线。需要减小在端子上的引力时，应使用操作容易、柔软性好的细多股绞合线。有大电流流过的导线，可使用截面大而有一定可弯性的多股绞合线，对端子形成的力也小。1MHz 以下频率信号通路可使用屏蔽线，以达到静电、电磁和磁的屏蔽效果。从电源插座到机器的电源软导线，可使用聚氯乙烯软导线。

　　走线原则是布线长度有适当余量，沿接地线走线，电源线和信号线不要平行，接地点要集中，导线不能形成环路，不要在元器件上面走线，特别是可调元器件及易损元器件附近不得布线，不要靠近发热体，扎线结扎点要在便于保养及维修处。

　　焊接要点是使用优质焊锡丝，焊点及导线充分清洁，电烙铁加热充分，焊点处焊锡量适当，不使焊接处过热。焊接时焊锡量只要足以均匀布满焊区即可，太多焊锡并不会改善连接。如烙铁热量适宜，焊点冷却后焊锡呈光亮的银白色，无光泽的锡点大多是由于焊接时热量不足引起的，这种焊点容易产生虚焊。

　　整机装配完毕，应校对无误才进行通电调试。检查内容包括连线是否正确、元器件数值是否正确、紧固件是否牢固等。

　　电子管放大器整机装配实例见图 19-15，该图为双单声道左右对称排列搭棚工艺装配，该合并放大器的电路构成为 6AU6 五极管前级放大，12AU7 长尾对倒相，6CA7 三极接法推挽输出，半导体二极管全波整流。一般连线的顺序是：①电源变压器初级，②地线，③灯丝连线，④输出变压器连线，⑤高压及偏压连线，⑥信号通路连线，⑦阻容元件、二极管。

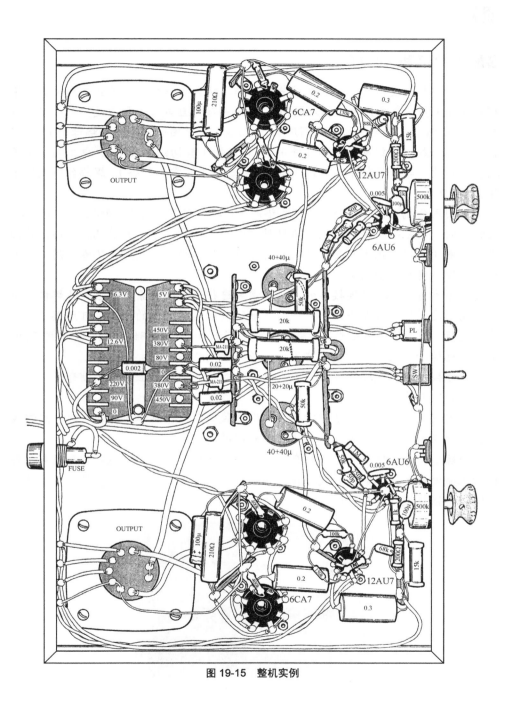

图 19-15　整机实例

资料

装配前的准备和注意事项

　　组装整机先要进行一定的机械装配工作，就需要一些手工工具，如大小十字螺丝起子（紧固或松开十字槽螺钉用）、大小一字螺丝起子（紧固或松开一字槽螺钉用）、小扳手（紧固或松开螺帽用）、活动扳手（紧固或松开较大螺母用）、尖嘴钳（折弯和加工导线及夹持小零件用）、斜口钳（剪切细导线用）、电工钳（用于较重型作业）等。还有焊接工具，如电烙铁、焊剂（常用松香）、焊锡丝以及镊子等见图 19-16。

　　紧固用金属附件有螺钉、螺母及垫圈等，螺钉有不同尺寸、形状和头部结构，最常用的是圆柱头机械螺钉及六角螺母，以十字槽及一字槽最常见。常用的垫圈有平垫圈（用以防止平面受到转动的螺母或螺钉的影响）及弹簧垫圈（用以锁紧垫圈，保持螺母不松动）。

　　对于元器件引线及连接线的端头常需要进行清洁或去除绝缘层再作焊接，对于镀锡的元器件引线及平面导体表面（如印制电路焊盘）的清洁，可用擦墨水的橡皮进行。当用细砂纸去除漆包铜线的绝缘层时，不可让铜线受损，使导线变细。装配线绝缘外皮剥除时，要注意不可造成导体的机械损伤。

　　对连接处进行绝缘的方法，可在接头处或导线端头套上一节热缩套管，并用热风器收缩套管。

　　热熔胶是一种热塑性塑料物质，可用作胶黏剂，把物体固定在一起。热熔胶装配的优点是牢固、简单和能粘接互不相同的材料。

　　绝缘套管有黄蜡套管和塑料套管之分，除用作电绝缘外，还可对导线和元件进行机械增强，或把数根导线套在一起。如连接导线的端子加上套管，就能达到绝缘和增强机械强度的目的。

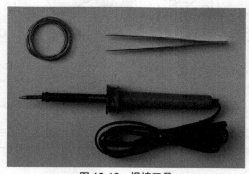

图 19-16　焊接工具

　　电烙铁的用途是以烙铁头把足够的热量传递到要焊接的零件处,以熔化焊料(铅锡合金,现在使用环保的无铅锡合金)而不损坏元器件。适于电子元器件及小金属件焊接可采用烙铁头直径 4mm 的 25W 电烙铁;焊接大的接头和中等尺寸的金属元器件,则应采用烙铁头直径为 9.5mm 的 80W 电烙铁。

　　焊剂的作用是把热量从烙铁头传递到焊料和工件上,并清除金属表面上的氧化物、硫化物或其他腐蚀性薄膜,还能使焊点美观。

　　烙铁头的触面上要仔细地镀一层锡,以助热量从烙铁头传到工件。电烙铁操作过程中,触面上镀的锡会氧化,要及时用湿海绵擦拭触面,以清除氧化物,保持烙铁头的清洁。电烙铁不用时一定要放在防护架上,防止烫伤。焊接时间不能过长,一般 2~3s,当被焊元器件引线或焊片热到足以熔化焊锡丝时,焊锡便会熔入元器件间的缝隙并填满,此时便要移开烙铁头,同时保持焊点不移动,让焊点自然冷却,必要时可向焊点吹气帮助冷却。焊接时间过长或电烙铁功率过大,热量过度传入元器件内部会造成损坏。

　　焊锡丝是把焊剂和焊料结合在一起的焊剂芯焊条,能保证焊剂对焊料的每个小部分都有恰当的比例,焊条熔化时能使焊剂迅速流遍焊接表面。

　　将焊锡丝置于清除干净的焊点,然后用烙铁头熔化焊锡丝,焊锡发亮液化向四面流动布满焊接面,这种把热量间接传到焊接表面是加热工件最好的方法。直接用烙铁加热工件不但效率差,而且会氧化焊接表面,使焊接困难。烙铁头接触焊点的方法如图 19-17 所示,当焊点的温度达到焊锡熔化温度时,就应即时将焊锡丝加到烙铁头与接合金属的交接处,使焊点表面漫流上一层薄薄的焊锡。

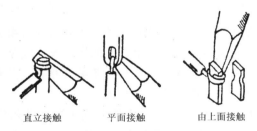

直立接触　　　　平面接触　　　　由上面接触

图 19-17　烙铁头接触焊点方法

　　焊接时焊锡量只要足以匀流布满焊区即可,过量的焊锡并不会改善连接,反会出现尖刺或溢出焊区,见图 19-18。如烙铁热量适宜,焊点冷却后焊锡呈光亮的银白色,无光泽的锡点大多是由于焊接时热量不足,这种焊点容易产生虚焊。同样焊点加热时间过长,会使漫流于焊点的焊锡向下滴流,并使焊锡失去金属光泽。焊点加热时间过短,则易造成虚焊。加热至适当温度时,迅速撤开烙铁头,若动作过慢将造成焊锡的尖刺。

焊接的要点是使用优质焊锡丝，焊点及导线充分清洁，电烙铁加热充分，焊点处焊锡量适当，不使焊接处过热。焊接时不要太过用力，烙铁头大小和温度要适当，助焊剂不要使用过量，不要先把焊锡熔于烙铁头上再作焊接，此外焊接时要避免不必要的修饰和返工，如焊点的重复焊接。

焊接后，不应存在明显的碳化、烧焦或其他因焊接而引起的绝缘损伤现象，焊锡不应流溅到相邻部件上。

锡焊作业必须经过一定时间实际操作，才能掌握熟练的技能，获得良好的锡焊质量。焊接完毕后，要检查一下是否有接错线、漏接线、元器件极性接错等情况，以及是否有残留的线头、焊锡粒及碎片等。在焊接时，为便利操作而把导线拨到一边进行布线，完成焊接后，要回归原来的位置，把弄乱的导线加以整理。

元器件引线在装配前，要进行搪锡，搪锡前的刮线应注意：①不能刮到露出基体。②引线根部不能受到过大拉伸和扭力。③引线上不能有刮痕等机械损伤。

布线锡焊与线头的固定有密切关系，元器件的引线和导线在连接到端子前，应弯折成连接端子所需要的形状。元器件的引线和导线都应卷绕着连接端子或连接点，需在连接端子上卷绕¾～1圈，弯折并压平，以确保连接可靠性，见图19-19。

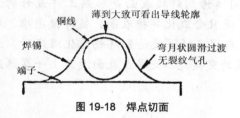

图19-18　焊点切面

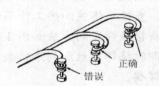

图19-19　端子上引线的卷绕

无孔扁形端子及圆柱形端子，以及开口端子上导线卷绕要紧密整齐，导线绝缘层要稍离焊点。开孔的扁形或管形端子，可把导线头折成V字形，再沿端子轴向穿进端子孔中，把线头压紧在端子上即可，不要再横折，另外，导线端不能长于或短于端子面，导线绝缘层同样要稍离焊点。

为把元器件装到印制电路板上，元器件引线（脚）必须根据印制板上的安装孔距弯折成形，操作时应注意不能在元器件根部进行弯曲，至少要离根部或焊接点2mm，而且弯曲圆角半径要大于引线直径2倍，引线弯曲后应与元器件本体垂直。

发热的元器件、怕热的元器件、垂直插装的元器件等不适于贴装的元器件，在安装时应浮起印制板3～7mm。

对于没有端帽或引脚元器件，如贴片电阻等，其两端是银钯合金镀层，焊接时为了防止镀层中的银被吸走，就要使用含银焊锡。

印制电路板的人工焊接，首先要检查确认所有元器件及电路板铜箔的可焊性。印制电路板的焊接应使用功率 20～40W 的电烙铁，用烙铁头进行加热时，要对引线和电路铜箔同时加热，当接合金属表面的温度被加热到焊锡熔化温度时，再填加焊锡丝，待焊锡充分流满插装元器件一侧的焊盘上，双面板则还要求流满金属化孔的内部。若焊点未经充分加热，焊锡流入不足，如从反面补焊，内部易生气泡。

印制电路板焊接注意事项：

① 不要用烙铁头摩擦焊盘。

② 烙铁头在焊点停留时间不能太长，以免造成焊盘铜箔剥离和基板损伤。

③ 不耐热的元器件焊接，应在引线上采用镊子等工具帮助散热冷却。

④ 焊接 MOS 场效应管时，必须使用接地的电烙铁。

电烙铁温度判别法

只要在烙铁头上熔化一点松香芯焊锡丝，就可根据助焊剂的烟气，判断烙铁头温度是否合适。温度过低时（200℃以下），发烟细长，持续时间长达20s以上，焊锡几乎不变色；温度过高时（400℃以上），烟量很大，消散快，只要 2s，焊锡在 2s 内变成紫色；焊接印制电路板的适宜温度为 230～280℃，这时烟量稍大，持续 10～13s 后消散，6～8s 后焊锡会变成黄色；焊接导线的适宜温度约 320℃，呈中等发烟状态，8s 左右消散，3～5s 后焊锡会变成黄色。

双金属腐蚀作用的防止

在组装金属结构件时，若遇两种金属互相接触，例如铝与镍、铝与铜、铝与银，则在潮湿条件下，会产生局部电池作用，于阳极处起腐蚀作用。

为防止这种双金属腐蚀作用，可在两种金属之间用绝缘垫圈相互绝缘。或把连接处全部加以涂覆或用不透水的密封漆、树脂或其他适当化合物密封。

第**20**章

电子管放大器的调整

电子管放大器装配完毕后，先要仔细校对连接线及使用元器件值有无错误。然后用简单的仪表对放大器进行调整，使它工作于最佳状态。

先用电阻表在高压电路正端与地之间测量，应不出现电阻值很小的情况。然后，不插电子管，接通电源，若无异常，插上除整流电子管以外所有电子管，测量灯丝电压，应符合额定值，再接妥负载（音箱）并插上整流电子管，观察玻壳电子管阴极或灯丝，应发暗红亮光，小功率管管壳有微温，功率管及整流管会烫手。预热 30min 后，如无异常，测量各电子管的屏极电压是否在预定值。若屏极电路里有较大阻值的电阻（如 RC 耦合放大），应考虑电压表内阻并联引起的测量误差，电压表内阻越大，则误差越小。为了减小测量误差，应使用 20kΩ/V 以上内阻的电压表。

微调电阻调节时有滞后、跳跃现象，所以在调整微调电阻时，要来回几次，以达到最佳值。

测量各级电子管的阴极电压，就可求出阴极电流 $I_K = \dfrac{V_K}{R_K}$。三极电子管的屏极电流等于阴极电流，根据电子管的阴极电流可以了解该管的工作状态，看是否与设计值一致，若差异很大，就应检查原因。如前置放大器第一级放大 12AX7 的 $I_K = I_P = 0.45\sim0.65\text{mA}$，第二级放大 12AX7 的 $I_K = I_P = 0.8\sim1.0\text{mA}$，第三级阴极输出 12AU7 的 $I_K = 4\sim5\text{mA}$。电子管屏极电流的大小，对音色、生动感和动态有影响，最佳值视电子管而异，通常小信号放大在 $1\sim1.5\text{mA}$，高放大系数三极管稍小。

前置放大第一级电子管的屏极电流，可用增减电源退耦电阻阻值进行调整。五极电子管的屏极电流，可用帘栅极电压调整，帘栅极电压应低于屏极电压。末级功率电子管的屏极电流，由固定偏压值大小或阴极电阻值大小控制。若开机一段时间后，功率电子管屏极电流出现不稳定并异常上升，甚至红屏，应检查电子管的栅极直流电阻值是否太大，以免影响电子管寿命。若在无信号时，功率电子管的屏极电流异常升高，应检查末级有无超高频自激，方法是用一数千皮法的电容器并接在功率电子管的栅极与地间，如屏极电流下降则说明存在超高频自激振荡。

直接耦合放大级的调整，由下级阴极电阻 R_K 的阻值进行调整，应使其阴极电压 V_K 高于栅极电压（即前级管屏极电压 V_P）一个偏压值，即 V_C，如图 20-1 所示。

倒相级输出的对称性要进行测量。在输入信号时用毫伏表测量它的两个输出电压，应该对称相等，如不对称，则要调整相关元器件值。如长尾对倒相电路的对称可调整上、下管的屏极电阻值，栅极接地的下管屏极电阻应大于上管屏极电阻之值。长尾对倒相电路的共阴电阻值，可增减调整取最佳值。与前级直接耦合的倒相电路，其阴极电压应比前级屏极电压高 $2\sim8\text{V}$，视电路使用电子管而定。

末级功率电子管的静态屏极电流，应在设计值允许范围内，过大或过小，可调整其偏压值（固定偏压）。一般阴极自给偏压无需调整，但务必不使屏极耗散功率过大，即静态屏极电流与实际屏极对阴极间电压的乘积小于该管最大屏极耗散功率。末级功率管静态屏极电流过小，会导致冲击力下降，动态减小。同时注意两只推挽电子管屏极电流的对称性，若相差过大，必要时应调换功率电子管，少量偏差可调偏压平衡。末级的平衡可观察示波器，以上下波形顶对称为准。

功率管静态屏极电流过小，会导致冲击力下降，动态减小。如果在标准偏压时，功率管屏极电流低于标称值的 70%，应考虑该电子管阴极发射不良，必须换管。功率管的屏极电流可通过测量其阴极电路中 $2\sim10\Omega$ 取样电阻上的压降换算得到，图 20-2 所示的 2Ω 阴极电阻上，当压降为 80mV，则该管的屏极电流即是 40mA。推挽末级管静态电流的调整要反复多次，以求准确、对称、平衡。

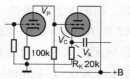

图 20-1 直接耦合放大级工作点调整

图 20-2 功率管屏极电流的测量

大环路负反馈在输出变压器次级线圈引出，若连接端相位不对，负反馈将变成正反馈而产生自激啸叫，这时只要将连接次级线圈的两个接线端对调即可。改变大环路负反馈回路的反馈电阻的阻值，对音质会有影响，阻值大反馈量小，反之反馈量大，选最佳值固定。大环路负反馈量达到 20dB 左右时，要注意不发生高频自激，必要时可在反馈电阻上并联 30～500pF 电容器，对输出反馈信号相位特性的延迟进行修正，作相位超前补偿，选取适当值，可获得最平坦的特性，并防止发生高频自激，见图 20-3。

调整放大器时，最好用示波器于输出端监测，观察在输入信号时是否有自激振荡（"扑——扑" 汽船声、"瞿——瞿——" 啸叫声、"刹——刹——" 声等）、噪声（"嗡嗡" 交流声、"喀啦" 声等）及波形失真（削波、变形等）发生，如有则排除之。

放大器的自激振荡常是由于电子管的密勒效应与其栅极回路分布电感构成谐振所致，对高互导管更易产生。排除方法是在紧靠栅极处串接一只阻尼电阻进行抑制。

超线性放大器的输出变压器品质欠佳时，常会产生高频自激振荡，排除方法是在功率管屏极与帘栅极间并接入一只 1000pF/630V 的电容器。

串联稳压电源电路的调整以图 20-4 为例。首先测量基准电压（150V），然后调节取样电位器 RP，这时取样放大管 6AU6 栅极电压（a 点）应相应变化，调至输出电压为额定值（320V）即完成电路调整。

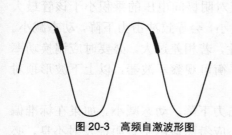

图 20-3 高频自激波形图

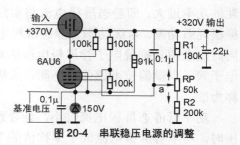

图 20-4 串联稳压电源的调整

当调节电位器 RP 时，输出电压变化范围均高于额定值，要适当减小电阻 R1 的阻值，变化范围均低于额定值则需增大 R1 的阻值。

第 21 章

电子管用输出变压器的计算

　　输出变压器（output transformer）是电子管功率放大器中的一个重要元器件，整个放大器的工作性能与输出变压器的质量有着密切的关系。输出变压器的作用是把声频功率放大器的输出功率作阻抗变换，传输给扬声器或其他负载，并阻止直流成分进入输出电路，使低阻抗的负载（如扬声器）能与高阻抗的输出电子管屏极负载阻抗相匹配。

　　输出变压器的性能，可以用下列参数说明：

①　圈数比 $n = \dfrac{N_s}{N_p}$；

②　初级绕组电感 L；

③　漏感 L_P；

④　初级绕组的分布电容 C_S；

⑤　绕组的有效电阻（包括初级绕组和次级绕组）。

圈数比用以取得最佳阻抗匹配。初级电感与低频响应有关，初级绕组的电感量，并不能因加有负反馈而减小。漏感（leakage inductance）决定高频部分的频率特性，漏感大时高频响应下降、失真增大，内阻小的三极管对漏感要求高，内阻高的五极管或集射管容许的漏感要大得多。初级绕组的分布电容与其漏感形成谐振，使高频时的耦合变坏，出现不稳定现象，影响高频响应，内阻高的五极管或集射管分布电容的影响较大，初级电感大，漏感也大。绕组的有效电阻与变压器的效率有关，初级绕组直流电阻引起的电压降应在 5～10V 为宜。

输出变压器的频率响应低频下限在初级电感的感抗值等于负载的阻抗处，高频上限在泄漏电抗等于负载阻抗处。图 21-1 及图 21-2 分别给出典型的电感和负载阻抗值所对应的频率响应上限及下限。输出变压器必须在远低于其额定功率下工作，以使系统有良好的动态范围，因为过载时铁心将饱和引起失真。

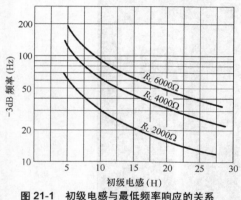

图 21-1　初级电感与最低频率响应的关系

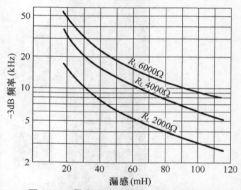

图 21-2　最大漏感与最高频率响应的关系

单端放大用输出变压器的初级绕组中有直流电流通过，故而铁心需要留有适当的空气隙（air gap）以增加磁阻，避免铁心产生磁饱和，减小直流磁化的影响，使低频端失真减小，频率响应特性得到改善。单端输出变压器有直流磁化现象，必须增大铁心截面，如 300B 等 8～10W 的单端输出变压器，有必要采用到 20～40W 的铁心截面。

1．电子管用单端输出变压器的设计

① 初级绕组电感 $L = \dfrac{0.159R_L}{f_L}$

式中，L——初级电感（H），R_L——电子管最佳负载阻抗（Ω），f_L——最低重放频率（Hz）。

② 铁心最小截面积 $S = \dfrac{I_P^2 \cdot L}{3000}$

式中，S——铁心截面积（cm^2），I_P——电子管屏极直流电流（mA）。

③ 初级绕组圈数 $N_P = 800\sqrt{L \cdot \dfrac{l_{ave}}{S}}$

式中，N_P——初级圈数，l_{ave}——铁心磁力线平均长度（cm），见图 21-3。

④ 变压系数　$k = \sqrt{\dfrac{R_o}{\eta_T \cdot R_L}}$

式中，k——变压系数，η_T——变压器效率（5～10W 按 0.75～0.8 计，10～100W 按 0.8～0.9 计），R_o——次级负载阻抗（Ω）。

⑤ 次级绕组圈数　$N_S = k \cdot N_P$

⑥ 空气隙长度　$G = \dfrac{N_P \cdot I_P}{8} \cdot 10^{-5}$

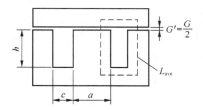

$S_c = a \cdot b$　式中，a——铁片舌宽
$S_o = h \cdot c$　　　　b——铁片叠厚
　　　　　　　　　　c——铁片窗宽
　　　　　　　　　　h——铁片窗高

图 21-3　铁心

式中，G——铁心空气隙长度（mm），铁心必须作单向镶插，实际留空气隙 $G' = G/2$。

⑦ 绕组用线直径，可按电流密度 $J = 2.5\text{A/mm}^2$ 计算，但为了减小绕组直流电阻导线粗些为宜，并采用无氧铜漆包线。

$$I_o = \sqrt{I_P{}^2 + I_a{}^2} \qquad I_a = 1000\sqrt{\dfrac{P_o}{R_L}} \qquad I_s = 1000\sqrt{\dfrac{P_o}{R_o}}$$

式中，I_o——初级有效负载电流（mA），I_a——初级声频电流（mA），I_s——次级声频电流（mA，在最大输出功率时），P_o——最大输出功率（W）。

推挽放大用输出变压器，由于初级绕组中的直流电流能抵消，铁心没有直流磁化，所以铁心不需留空气隙。但对于没有磁化的变压器，为了避免变压器中出现非线性失真，使用硅钢片的磁通密度不要太高。

2．电子管用推挽输出变压器的设计

① 初级绕组电感，与单端输出变压器的计算相同，但电子管的负载阻抗为屏至屏极间的总阻抗。

② 铁心最小截面积　$S = \dfrac{25P_o}{f_L}$

③ 初级绕组圈数　$N_p = 450\sqrt{L \cdot \dfrac{l_{ave}}{S}}$

其余计算与单端输出变压器相同，但硅钢片交叉镶插，不留空气隙。

输出变压器的铁心尺寸是根据它的功率而定，但决定变压器最大功率的参数是铁心截面积 S_C 和铁心窗口面积 S_0，S_0 大的铁心在同样 S_C 时可绕制功率较大的变压器，但用铜线较多，一般以 $S_0 \approx S_C$ 为宜。铁心尺寸要正确选择，不能过大，以免效率下降，窗口应刚好充满绕组线圈。

由于高保真用输出变压器除了初级需有足够大的电感量外，还要求其初级绕组具有很小的分布电容，并尽量减小初、次级绕组间的漏感。但实际上，大的初级电感量与小的泄漏电感互相矛盾，将初级分成几段，把部分次级绕组交错绕在其间，能减小因绕组引起的高频相移。它的绕制工艺对性能影响极大，建议采用初、次级分层夹绕、分段交叉、正反绕等工艺，见图 21-4 及图 21-5，例如把初级分成 4 组（推挽每边 2 组串联）次级分为 3 组（3 组并联）。超线性推挽放大输出变压器在分段绕制时，不能把初级绕组一端的帘栅极线圈和屏极线圈分成不同的两段。还要使帘栅极抽头远离对端的屏极引出端。在要求所有绕组均有紧密耦合情况下，随着绕组数量的增多，出现问题的可能性将大幅度上升，如出现高频时的振荡及其他不稳定现象。输出变压器在高频时，由于绝缘材料的质量和厚度以及绕组定位的微小差异，都会导致在相当大范围内性能的变化，这些都是难以预知的因素，也是输出变压器难做的关键所在。

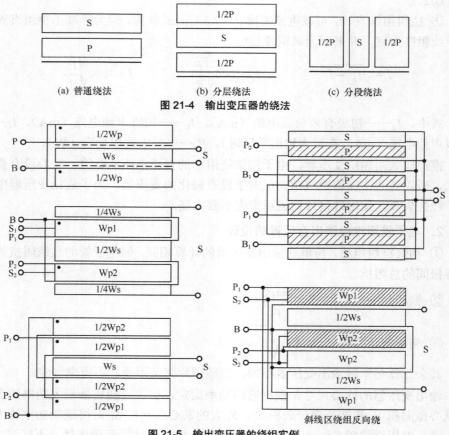

图 21-4　输出变压器的绕法

图 21-5　输出变压器的绕组实例

输出变压器初级绕组随着它的分层分段的不同，其分布电容和漏感也不同，分层分段多，漏感小而分布电容大，分层分段少分布电容小而漏感大，故分层分段并非越多越好。三极管对漏感的要求较高，分布电容相对要求低些，多极管则相反，对分布电容的要求比较严格，对漏感相对要求低些。输出变压器次级绕组宜用几个线圈并联组成。

为了保证输出变压器性能，要选用厚 0.35mm 磁通密度适当的 EI 型优质硅钢片作铁心，铁心叠厚宜与舌宽相等呈正方形，以利漏感及铜耗减小。初级绕组尽可能选用粗导线（实际电流值 3 倍以上），以减小直流电阻引起的损耗，提高不失真输出功率。次级绕组可用较细导线绕 3 个相同的线圈，再作并联。绝缘材料可用厚牛皮纸，不要用介电常数大的聚酯等合成塑料薄膜，典型输出变压器数据见表 21-1。

表 21-1　　　　　　　　　　　　典型输出变压器数据

初级阻抗(Ω)	功率(W)	电流(mA)	工作方式	铁心尺寸(mm)	适用电子管
2.5k	25	90	SE	E32×50	300B, 2A3
10k	50	150	SE	E38×57	211, 845, VT4C
6.6k(CT)	35		UL PP	E32×50	EL34, 6L6G, 6881
4.3k(CT)	60		UL PP	E32×50	KT88, 6550A

五极管或集射管等高内阻电子管输出级在无负反馈时，输出变压器初级应并联一个 RC 电路作频率补偿，见图 21-6，以免产生超出容许的失真。

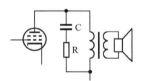

图 21-6　RC 频率补偿电路

$$R = （1\sim2） r_\mathrm{p}$$

$$C = \frac{L_\mathrm{p} + \dfrac{L_\mathrm{o}}{k^2}}{R^2} \times 10^6$$

式中，R——补偿电阻，$k\Omega$，　　　　r_p——电子管内阻，$k\Omega$，

　　　　C——补偿电容器，μF，　　L_P——变压器漏感[*]，

　　　　L_o——负载电感[**]，　　　　k——变压系数。

[*] 一般变压器漏感约在 $1/100\,L$，优质变压器约在 $1/200\,L$。

[**] 一般电动扬声器约在 $0.2\sim1\mathrm{mH}$。

资料

输出变压器的检测

若要对输出变压器的良好与否作判断，可对输出变压器作简单的测试。

① 检查初级电感。将次级绕组开路，再测量初级绕组两端的电感量。

② 检查漏感。将次级绕组短路，并重测初级绕组的总电感，此时的电感即漏感。

③ 检查平衡。将推挽输出变压器次级绕组开路，测量两个初级绕组的阻抗（电阻和电感），实测值之差应在 5% 以内，1% 为好。输出变压器特性阻抗见表21-2。

表21-2　　　　　　　　　　输出变压器传输特性阻抗范围

初 级 阻 抗	传输特性阻抗范围
2.5kΩ	1.75～3.5kΩ
3.8kΩ	2.7～5.3kΩ
5kΩ	3.5～7kΩ
6kΩ	4.2～8.4kΩ
6.6kΩ	4.6～9.6kΩ
7kΩ	4.9～9.8kΩ
10kΩ	7～14kΩ

第**22**章

电子管放大器的测试

新装的放大器，经过通电调整后还要进行测试，看是否符合技术条件。

旁热式电子管的阴极从冷态热丝通电，大约需要 1min 才能达到工作温度，到热丝-阴极的热平衡更需长达 5min，电子管的工作状态才能稳定。

先将放大器预热 30min～1h，然后测量放大器各部的电压，如各部电压正常，就可进行各项测试。高压电源电压的误差，如在 10～20V 以内，可视为正常。

放大器的测试，如图 22-1 所示方框图。根据 IEC268-3（国标 GB/T9001—1998）标准要求，在测量放大器噪声及谐波失真特性时，应加接具有陡峭衰减特性（−18dB/oct）的 22.4Hz～22.4kHz 的带通滤波器，测量其他特性不接带通滤波器。

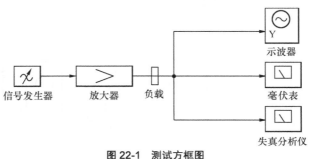

图 22-1　测试方框图

1．频率特性

使用 20Hz～200kHz 正弦波低频信号发生器，1MHz 带宽示波器、最低挡 0.2mV 电子管毫伏表测量，代替扬声器的负载电阻必须能承受放大器的输出功率（如 8Ω/100W）。测试时放大器的音量控制置于最大位置，输入信号电压为额定值的 1/3。

测试时，改变输入放大器信号的频率（或取若干个频率）、幅度保持不变，同时测量放大器的输出电压幅度，以 1kHz 频率为参考频率，即与 1kHz 频率对比，变化不超出规定值的频率范围即为放大器的频率响应范围，当规定±1dB 时，电压变化应不超过+1.122、−0.891。示波器用以监测输出信号波形，利用示波器可观察出大于 5%程度的非线性失真。

2．总谐波失真

使用正弦波低频信号发生器、负载电阻、示波器、失真分析仪测定。测量应包括整个有效频率范围，直到最大输出。

利用基波抑制原理，将正弦波信号加到放大器，不经滤波器时测得的输出电压值，与经过滤波器后测得的输出电压值之比，即总谐波失真系数。测试时，输入放大器额定电压，可用失真分析仪测量放大器输出端的谐波失真，也可用示波器监测输出信号波形。

总谐波失真与被测放大器输出功率（电压）及频率范围有关，不同测试条件下，所测得的总谐波失真不同。

3．互调失真

使用正弦波低频信号发生器、负载电阻、3kHz 高通滤波器、示波器测定。

两个不同频率信号在放大器中混合时，高频信号就可能被低频信号所调制，这就是互调失真。测试时使用正弦波低频信号发生器产生一个低频信号（50Hz）和一个高频信号（7kHz），把此幅度为 4:1 混合信号加到放大器输入端，放大器输出经 3kHz 高通滤波器后，加到示波器垂直通道，若显示存在 50Hz 的信号，即是在 7kHz 信号上调制通过的，根据示波器图形由公式即可算出互调失真，

$$IMD = \frac{B-A}{B+A} \times 100 \quad （\%）$$，见图 22-2。

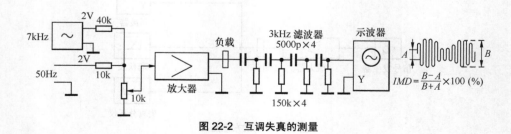

图 22-2　互调失真的测量

4．方波测试

使用方波信号发生器及示波器测量，输入放大器的方波信号值，应使放大器输出功率是额定值的 1/5～1/10。否则结果会不准确，另外负载要用真实扬声器。

方波信号可以分解为正弦基波和谐波之和，将方波信号输入放大器，用示波器在输出端观察，根据方波的输出波形与输入波形的差异，可以很好地了解放大器的过渡特性（瞬态特性），推定放大器的频率特性和失真原因等，见图 22-3。2kHz 方波加到放大器输入端，由于方波具有高的奇次谐波分量，而以 3 次、5 次、9 次谐波为主，所以可显示放大器从这个频率到可用频率的上限 18kHz 的工作性能，40Hz 方波包含了较低的声频范围。如放大器再现的方波非常接近其输入方波，即可认为在整个声频范围内，没有频率失真和相位失真。

放大器通常可用 100Hz、1kHz 和 10kHz 方波进行测试。高频时由于输出变压器的泄漏电抗使绕组间耦合变差，频响特性会出现峰谷，使放大器被瞬态激励时出现振铃或其他不稳定现象，输出变压器高频性能越好，振铃越小。如果放大器的输出波形非常接近方波，则放大器的转换速率可认为比较理想。

理想的输出方波不可出现振铃（在 10kHz 应无明显振铃）现象，无过冲，恢复时间短。当方波有过冲，会出现细节过多，声音偏硬情况，若有圆角，则会出现透明度下降，声音发闷的情况。

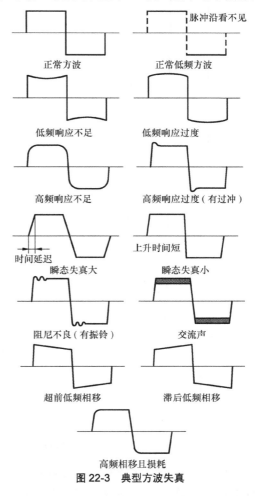

图 22-3　典型方波失真

放大器输入方波，从其输出方波形状的变化可方便地看出其瞬态特性，由此推定放大器的频率特性，非常方便，特别适合量产时的测试，方波与频率特性的关系可见图 22-4，左边是放大器输出方波波形，右边是放大器相应的频率特性。

5．瞬态特性

使用方波信号发生器、示波器测定，负载要使用真实的扬声器。

　　瞬态特性可用转换速率表征,转换速率是输出脉冲上升电压与上升时间之比。测量转换速率,可用 10kHz 方波信号输入放大器,在输出端用示波器进行观察,测量它的最大前沿,即以底部为基准,从总高度 0.1 那点开始,算到总高度 0.9 那点为止,定出上升时间,就可算出转换速率（V/μs）,见图 22-5。

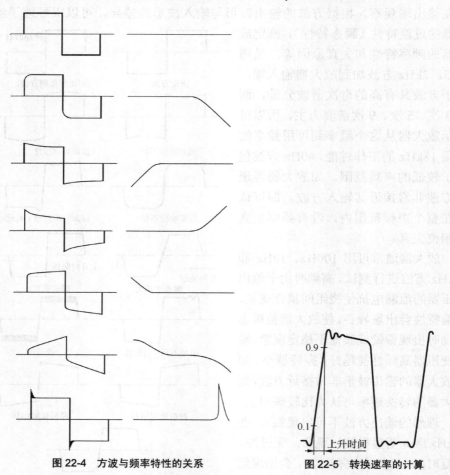

图 22-4　方波与频率特性的关系

图 22-5　转换速率的计算

　　好的瞬态响应除低的相移及频率失真外,还包括有效增益的变化、铁心元器件的影响,这些都将导致严重失真,而这些失真在稳态测量中又不会显现。瞬态信号将引起 AB 类工作输出级的电流上升,电流上升造成自给偏压的上升,从而使放大器有效增益变化,其变化速率取决于偏置电路的时间常数。

6. 输出功率,最大输出电压

　　使用正弦波低频信号发生器、负载电阻、示波器、电子管毫伏表测定。

　　功率放大器的输出有效功率的测试与计算。测试时调节输入放大器的信号电压，使示波器上显示尽可能大的不失真的输出波形，测量负载 R_L 两端的有效电压值 V_0（示波器读出的是峰-峰值）。使用下列公式即可计算输出功率，

$$P = \frac{V_o^2}{R_L}$$

式中，P——输出功率，W；V_o——输出电压，V_{rms}；R_L——负载电阻，Ω。

优秀的功率放大器必须保证放大器于瞬态过载之时，不致出现暂态间歇或"阻塞"现象。

前置放大器的最大输出电压的测试。测试时输入放大器额定信号电压，测量放大器输出端的电压值，即其最大输出电压。这时示波器监测输出信号波形的失真情况。

7. 噪声电平，信噪比

使用负载电阻、示波器、电子管毫伏表测定。测试时放大器输入端短路，音量控制置于最大位置，用示波器观察，测得的毫伏值，即输出端噪声电平。此噪声电平 V_N 与最大输出电压 V_S 之比的对数值，即信噪比。

$$S/N = 20\lg \frac{V_S}{V_N} \quad \text{(dB)}$$

信噪比的测量结果，与被测放大器的工作状态、检测前滤波器类型、通带宽度及输入端阻抗等因素有关。一般在相同条件下，A 计权条件的信噪比值要比宽带条件的信噪比大 5～6dB。若不说明放大器的信噪比在何种条件下测得，就反映不出其实际信噪比。

① 输入灵敏度

使用正弦波低频信号发生器、负载电阻、示波器、电子管毫伏表测定。

放大器的灵敏度就是产生最大不失真输出所需的输入电压。测试时输入放大器 1kHz 正弦波信号，至输出达到额定值，这时的输入信号电压幅度值，即是放大器的输入灵敏度。示波器监测输出信号波形。

交流正弦波的平均值、有效值、峰值间的关系见表 22-1。

表 22-1　交流正弦波的平均值、有效值、峰值和峰-峰值的关系

	平　均　值	有　效　值	峰　　值	峰-峰值	
平均值	—	1.11	1.57	3.14	ave
有效值	0.900	—	1.414	2.83	rms（均方根值）
峰值	0.637	0.707	—	2.00	peak
峰—峰值	0.318	0.354	0.500	—	P-P

② 阻尼系数

使用正弦波低频信号发生器、负载电阻、电子管毫伏表测定。

按图 22-6 连接，$R_M = R_o$，R_o 是扬声器阻抗值。功率放大器输入 100Hz 或 700Hz 信号，并测功率放大器输出电压，开关 S 断开时毫伏表指示电压为 V_o，开关 S 闭合时毫伏表指示电压为 V_o'，则功率放大器的阻尼系数 F_D 可由下式求得：

$$F_D = R_o \ \frac{V_o - V_o'}{2V_o' - V_o}$$

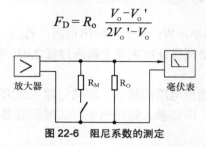

图 22-6　阻尼系数的测定

不过目前的测试手段，还不足以完全判定声频放大器的音质好坏，与实际情况存在一定差距。所以对于声频放大器的最终评定，还需要在仪器测试后，再对其进行重放声音质量的主观听音评价。

资料

真实声音重现的条件

人的听觉系统对声音的感受具有一定特性，在高保真重放技术中需要考虑。

音响的声音在较宽的频率范围内，听起来都具有很好的保真度，音量减小时，人耳对高音和低音有衰减，对中音则仍有成比例的响度。正常的听觉系统具有方向性。人耳的听觉响度随声强的变化并不线性，而是接近对数式。

声音是由听觉器官随着心理的作用感觉到的结果，所以用一般物理量来测量非常困难，而必须依据听觉感受加相关物理数据来决定，为了得到声音的真实重现，对声频放大器就要满足一定技术条件。

① 平坦的频率特性　声音的频率范围是 16Hz～20kHz，听觉好的人通常能听到 30Hz～16kHz，老年人则通常在 50Hz～10kHz 间，高保真放大器的频率特性，至少应能在 32Hz～18kHz 范围内，增益变化不超过 ±2dB，因为该频段覆盖了音乐和语言的全部频率。对频率特性最重要的是不能在某些频率上出现尖峰，整个频率范围内要平坦无起伏。

人耳可分辨的频率响应不平坦度，因人、因节目内容而异，大多数人对同一节目的频率响应变化如小于 2～4dB 就不易觉察。高保真放大器在所需的频率范围，其频率特性变化以不超过 ±1dB（以 1kHz 为基准）为好。

负反馈能改善频率特性，使它更宽阔、更平坦，好的放大器在额定输出时，仍有良好的频率特性。不标明平坦度的频率响应特性是无意义的。

频率特性与音质密切相关，功率放大器实际使用状态下的频率范围可用功率带宽（PWB）表征，它是功率放大器在失真度一定时，额定输出功率降低一半（–3dB）时的高频上限和低频下限范围，在功率带宽范围内，所有频率的失真度均低于中间频率（1kHz）。

② 小的失真度　放大器的非线性不仅使信号波形混乱，产生很多谐波，还会在同时存在很多频率时产生互调作用，谐波失真的各高次谐波的含有量，即总谐波失真（THD），是衡量放大器非线性失真量的标准。谐波失真不允许大于 10%，因人耳对音乐节目的 2 次及 3 次谐波失真分别在 5.2% 及 4.4% 时就能觉察，而语言节目则分别为 9.6% 及 2.1% 时可觉察。一般电子管放大器以小于 1% 的总谐波失真系数作为低失真的界限。晶体管放大器的总谐波失真大多低于 0.1%。谐波失真并不必然导致听感恶化，但高次谐波即使很少，也能影响听感，这就是某些谐波失真稍大的放大器听感好于谐波失真较小的放大器的原因。

存在非线性失真时，信号中高频率信号会被低频率信号所调制，产生两频率和及差的信号，这就是互调失真（IMD），它与原信号无谐波关系，若能减小谐波失真，互调失真就能消除，互调失真与音质有较大关系，一般与总谐波失真接近。

另外，信号在通过放大器时，不同频率分量相互间的时间关系不对所形成的失真，称为相位失真。相位失真会降低声像定位准确性导致放大器不稳定。放大器对瞬间变化信号的跟随能力，即是它的瞬态响应，瞬态响应可用转换速率（SR）表征，它是放大器输出电压对时间的变化率，即放大器对瞬间变化信号的跟随能力，单位 V/μs。转换速率越高，瞬态响应越好，处理猝发脉冲信号能力越好，高频响应越好，声音的清晰度和层次感越好，重现细节越多。为了实现高保真，放大器的转换速率应大于 10V/μs。反映瞬态失真的还有瞬态互调失真（TIM），这两种瞬态失真都和各个声频电路的响应时间有关，强负反馈环造成的信号延迟也会引起瞬态失真。瞬态特性可用低频及高频方波对放大器进行测试。

好的放大器直至最大输出，其非线性失真仍然极小，而且相位漂移小，瞬态响应好。

③ 低的输出阻抗　电子管功率放大器都有一个固定的负载阻抗，其输出阻抗（即内阻）由它的阻尼系数表征，输出阻抗越小则阻尼系数越大。功率放大器的输出阻抗越小，其阻尼系数越大，对扬声器机械运动系统的阻尼作用越好，低音的清晰度越好，层次感和力度越好。通常希望多极管输出时阻尼系数大于 1，一般认为，放大器的阻尼系数要大于 4 才能满意；若阻尼系数大于 10，放大器对大部分音箱的低音重放的影响已可忽略。

④ 良好的信噪比　放大器有噪声时，弱音将被掩盖而使声音不悦耳，还会与声音信号产生互调，降低声音清晰度。高保真放大器的信号对噪声之比，即交流声及噪声电平至少应低于最大输出电平 80dB。

⑤ 足够的输出功率　虽不能要求功率放大器的输出功率越大越好，但考虑到音质还是以大小适当为宜。音乐厅适当位置听交响乐团演奏的最大声压约为100dB，一般认为家庭音乐欣赏的平均声压为75dB，为此必须要使听音点（距离音箱2m位置）的平均声压在75dB左右。重放音乐的峰值因数取15dB，峰值声压为90dB，喜欢大音量的人，则要达到100dB。一般情况下家庭聆听音乐用1～2W平均电功率就能得到足够的音量，考虑到功率储备量，在大多数情况下电子管功率放大器取最大10～15W是合适的，较大房间和使用灵敏度较低的音箱时，放大器要具有最大35W以上的功率。

资料

A计权

计权（weighted）也称加权或听感补偿，考虑到音响设备在正常使用和测量时的条件不同而对客观测量所加的人为修正，称计权。可以在测量中附加一个校正系数，或接入网络予以计权，可更正确地反映被测对象。

如在噪声测量时，由于人耳对1～1.5kHz频率的灵敏度最高，对低频不敏感，从听觉上评价噪声大小时，必须在声频频谱的各部分进行计权，也即是在测量噪声时需要使它通过一个与听觉频率特性等效的滤波器，以反映人耳在3kHz附近敏锐的灵敏度和60Hz时较差的灵敏度。普遍采用A计权，采用以频响曲线与40方（phon）等响曲线相对应的滤波器，用dBA表示测量值。不加滤波器的测量值即为宽带条件测量值。

交流电压表

交流电压表有平均值指示和有效值指示两种，在测量含有多个波形成分的电压时，指示值有差异。如测量失真和噪声时，用有效值交流电压表测得的结果更准确。

第**23**章

音质评价

　　音响设备的重放声音的好坏，没有完善的评价标准，也难以用一定的电气标准进行规范。通常音响器材提供的技术参数，都是用正弦波测量所得，而实际的声音信号却是由多种同时并存的信号组成。它们的幅度、变化速度各不相同，且多为不重复、不对称波形，具有瞬变特性，故而用正弦波测得的参数并不能客观反映音响器材重放声音音质的优劣，也就是音响器材的重放声音质量，并不能以技术指标、规范要求等定量或定性的考核作出准确的结论。可见音响设备的重放声音无法用正弦波测得的经典参数表征其音质的好坏，目前技术上还无法将听觉的要求完全表示出来。所以音响器材通过人们的听觉进行声音质量的主观评价是极其重要的，这就是听音评价（音质评价）。在仪器测试完成，结果满意后，音响设备优劣的最终判断，乃是人的听觉。

　　音质是一种心理量，音质的好坏，首先要考虑心理量，再考虑客观的定量实验。根据听觉感受确定音响器材的优劣并不容易，因为听觉因人而异，因时而异，还会产生喜欢或不喜欢的反应，并随场所和时代而变。听音评价涉及人的生理听觉和心理听觉的差异，因为人对声音音质的判断能力是非常不明确的，会受其他心理条件的影响，广告宣传也会影响判断，这就牵涉诸多技术和艺术领域，而且由于每个人都会对声音有自己的偏好，使主观评价因人而异，且与人的文化背景、主观习惯、偏爱和修养以及情绪等因素有关，故而一致性较差，极为复杂。

听音评价的节目内容，应包括男、女声语言，钢琴曲，弦乐曲，管弦乐曲，打击乐，男、女声独唱，戏曲，自然声等。

听音评价可采用反复重放相同的一段节目进行，若作器材的 AB 比较，则为保证可靠的听觉记忆，每段节目内容不宜过长，常是一个乐句的不中断的片断，在 20s 以内。不考虑旋律，要集中在音质本身上。由于音量对音质的影响较大，听音评价还必须在适当的音量下进行，一般可取 80～90dB，还特别需要排除试听设备和环境的外来干扰影响，以及评价者心理判断上的干扰因素。避免使用电子音乐及流行音乐录音作评价节目，因为用那类节目对音质作出绝对判断是困难的。

音质评价的试听时间，随目的不同而异，对盲目 AB 比较，由于注意力要相当集中，一般不宜超过 40min。公开 AB 比较，为了使听者能充分掌握器材的音质后再下判断，就要不慌不忙地听，但也不宜时间过长，避免因疲劳而影响试听结果，平均 1h 左右，最长也不宜超过 2～3h，中途还要设休息时间。

人对音质判断的能力是非常不明确的，还会受心理因素影响，但却有判别音乐中很细微部分的能力。在对音响器材作评价时，器材应不受注意而代替吸引人的聆听思考，造成聆听器材而不是聆听音乐的危险，从而破坏判别能力。而且有经验的人易生成见，无经验的聆听者反而容易洞察区别和建立评价。所以音质的主观评价最好的尺度是由训练有素的专家意见和未经培训的听音人员给出的一致意见。

在作 AB 比较时，哪件器材先抓住听者的注意力，哪件器材就会获好评，成为有吸引力的器材。所以 AB 比较一定要掌握先听 A，再听 B，重复听 A 的顺序，这样可以纠正比较时产生的第一印象误差。

音响器材重放的声音，无法与实际现场音乐一样，只能近似接近，所以自然、真实、不夸张、不压缩，充分表现乐器的泛音很重要，超高音和超低音会给你带来意外的现场感。不要盲目追求所谓的声场宽度、深度和高度，以及清晰定位，处处应以真实为要。为此大家一定要多听现场音乐会，努力提高音乐欣赏水准。

音色的正确与否，有无倾向十分重要，一个好的音响系统的重放声音，应该是平衡的声音，没有明显的声染色，低音坚实丰满，中低音浑厚有力，中高音明亮透澈，高音纤细洁净，总体感觉不浑、不硬、不毛，层次丰富，细节清晰，流畅活泼，有真实感。

从心理上说，要确切表示声音音质的术语，以凭感觉的朴素语言为好。这些语言是与声音的物理条件或对应关系的术语。使用音质评价术语的目的，是综合判断音质的好坏。音质的评价术语相当多，而且一个音质评价术语能与几个物理特性有关，为了作出正确评价，其涵义一定要弄清楚。

音质评价有 8 个方面，即明亮度、丰满度、清晰度、平衡度、柔和度、力度、真实感和立体感。对于音质评价用语，不管是名词还是形容词，必须对其所要表达的意思充分掌握，否则就会造成偏差。

明亮度　不能灰暗。要高、中音充分，听感明朗活跃。

丰满度　不能单薄（干瘪）。要中、低音充分，高音适度，响度合宜，混响适中，听感温暖舒适。

清晰度　不能浑浊模糊。要语言可懂度高，乐队层次分明，细节清晰，有清澈透亮感。

平衡度　不能高、中、低音不平衡。要节目各声部比例协调，高、中、低音均衡，左、右声道一致性好。

柔和度　不能尖硬、粗糙。要声音扩散良好，松弛不紧，高音不刺，听感平滑（圆润）悦耳。

力　度　不能出不来和动态受压缩。要声音坚实有力，出得来，有冲击力，能反映声源的动态范围。

真实感　不能有失真、呆板（干涩）、声染色及破、炸、颤抖等现象。要自然，圆润流畅，能保持原声的特点。

立体感　不能定位漂移、声场缺乏以及纵深感及宽度不当。声音要有空间感，声像定位准确，声像群分布连续，并有适当的宽度及纵深感。

例如：力度与低频及中低频（100～600Hz）能量有关，出得来则声音厚实丰满，反之则薄。明亮度与 1～5kHz 频段有关，过度则发硬欠柔和，不丰满。5～6kHz 以上有衰减，声音暗哑无色彩。低音及中低音过多，声音发木；中高音及高音较少，缺乏泛音，声音呆板不活。声场与中频及高频有关，过度的中频及狭窄的高频扩散会使声场前冲，反之则后缩。强调细节时，过度的分析力、过多的细节会掩盖作为主体的音乐表现，破坏平衡度。过度的某种悦耳的音色常会失去真实感。让人觉得音乐很鲜活、有朝气、富冲击力、毫无拖泥带水，就是反应快控制力好的声音。声音厚实，声像清晰、力度好，但不是低频量较多，就是高密度的声音。高频要圆润纤细，但不过于丰满，中频要透明流畅，不能生硬单薄，低频不能过重，其清晰度和动态非常重要，不能浑浊松散，不能拖尾。动态与瞬态响应相关，应真实重放打击乐器，除了宽的动态范围外，音响系统还要能重现动态的层次，而且在大动态时不能出现动态压缩现象。良好的声场应是宽度超越左右音箱范围，深度不受音箱后墙限制，但声场是通过好的录音制品和性能优良的音响器材共同营造出来的。音乐味是指重放音乐时能让人感到愉快和享受的一种特性，是对音乐完整性的一种体会，细节含糊、声音浑并不是音乐味。"胆味"是电子管放大器特有的一种音色，是一种稍带甜味的平滑而泛音丰富的声音，有高的透明度，良好的声场，较少的染色，并不是那种稍显朦胧的甜润，浓郁的中频和缺少力度的软绵绵。

"极炼如不炼，出色而本色"，天然质朴、不事矫饰方是艺术至高境界，刻意追求某种声音效果，寻求口味至上，人为拼凑完美，虽可得逞一时，终未正道。寻求口味至上的风气，国外在 20 世纪 70、80 年代曾流行，实质那种声音效果都是由于音响器材具有较多的声染色所致，它们的声音特性和表现都不是均衡的，在"迷人"的声染色背后常隐藏着一些无法通过调校补救的缺陷，当然不可能得到真正好的声音效果。听音时要防止以主观想象代替真实音乐作为参考标准。要防止把高、中、低频段的突出表现误认为是最好的表现。对声音的美感会随着听者对美感的认知而异，所以不要轻易否定别人对声音表现的意见。

资料

声音的音色感觉

30～60Hz 的音色感觉：深度 60～100Hz 的音色感觉：重量	此频段强调时是含混的声音 此频段不足时是单薄的声音
100～200Hz 的音色感觉：力度 200～500Hz 的音色感觉：厚度 500Hz～1kHz 的音色感觉：明亮	此频段强调时是丰满的声音 此频段不足时是消瘦的声音
1～2kHz 的音色感觉：硬度 2～4kHz 的音色感觉：尖锐	此频段强调时是生硬的声音 此频段不足时是不明快的声音
4～8kHz 的音色感觉：清脆 8～16kHz 的音色感觉：干净	此频段强调时是尖锐的声音 此频段不足时是沉闷的声音

低音（150Hz 以下）是基础，要丰满深沉；中低音（150～500Hz）是力度，要浑厚有力；中高音（500Hz～5kHz）是亮度，要明亮透彻；高音（5kHz 以上）是色彩，要纤细洁净。低音段含能量大，对音量影响较大，如缺少会使放声单薄；高音段含能量小，对音量影响不大，但对音色影响极大，如缺少会使放声特征丧失；高音或低音不良时，音乐的均衡感就将被破坏，使保真度降低。由于音乐信号的大部分具有瞬变性质，音乐信号的高频分量有可能在一些重复出现的瞬间达到与低频信号同样声压级。过度的分析力，过多的细节，会掩盖作为欣赏主体的音乐，破坏平衡度。

重放某些已知其音质的语言或音乐节目，是判断音响系统重放声音质量的重要依据。听音时特别要加以确认的重点为：①音乐有无能量充沛感；②是否给声音附加了色彩；③信噪比是否良好；④动态范围是否能很宽。

频谱与听感

人对非旋律性音响的感觉，与声音的频谱、响度、持续时间和混响特征等有关，尤以频谱对音响的感觉为大。

对整个声音频率范围，通常可把它分为 6 段，它们给人的声刺激效果是不一样的。

1. 16～60Hz，甚低频

人对该频段的感觉要比听觉灵敏，能给音乐以强有力的感觉。但过多强调该频段，会使乐声混浊不清。

2. 60～250Hz，低频

该频段包含着节奏声部的基础音。改变该频段会改变音乐的平衡。80Hz附近频率在高响度时能给人强烈的声场刺激，而且不会使人不舒服。80～125Hz 频段对人的刺激较强，且会引起不适感，所以响度不宜过大。100～250Hz 频段可影响声音的丰满度，使声音圆润甜美，但过多会引起乐声混浊，增大疲劳感。

3. 250～2000Hz，中频

该频段包含大多数乐器的低次谐波，提升太多会出现象电话样音色。300～500Hz 以下，明显衰减会使声音缺乏力度感，感到单薄；提升 500～1000Hz 这一倍频程，会使乐器声变为似喇叭样声音，过多时使人有嘈杂感；提升 1～2kHz 这一倍频程，会使发出金属声。

4. 2～4kHz，高中频

该频段提升会掩蔽话音的重要识别音，导致声音口齿不清，该频段对声音的明亮度影响最大，一般不宜过多衰减，以免降低明亮度，但提升过多，特别是 3kHz 附近人耳听觉灵敏区，容易引起听觉疲劳。

5. 4～6kHz，高频

该频段为临场感段，能影响说话声和乐器声的清晰度。适当提升该频段能使声音明亮突出，有利于提高声音的清晰度和丰富层次。5～6kHz 以上如有明显衰减，会使声音暗哑无色彩，该频段响度过大会产生使人难忍的刺耳感。

6. 6～16kHz，最高频

该频段能给人清新宜人之感，能控制声音的明亮度和清晰度，特别在 12kHz 处，但过于强调该频率，会使语言产生齿音，该频段提升太多，易造成设备过载，使声音发毛。

第**24**章

电子管放大器的检修

声频放大器一般非常可靠，可使用多年而不会出故障。偶尔出现故障的原因为：使用不当，加载不当，元器件老化，过热或电击。

修理电子设备，必须掌握最基础的电子电路原理，对一些变形的特殊电路有充分理解，才能循序渐进，积累经验，逐步掌握故障诊断技术。高超的诊断技术需要一定的理论知识和实践经验。

电路是具有一定功能的元器件的组合，其中每个元器件都有它自己特定的作用，元器件的故障形式见表24-1，某一元器件发生故障，则电路的功能就会发生变化。电路功能的变化，必然引起参数的变化，所以可以根据这些参数变化来判断故障的原因。通常电压是一个重要的检测参数。

表 24-1 元器件的故障形式

元 器 件	故 障 形 式
电阻	阻值的变大或变小，开路
电容器	开路、短路或漏电，容量变小
电子管	灯丝开路，电极间短路，阴极发射率降低
半导体器件	PN 结开路或短路
变压器及电感	绕组开路或短路，绕组间短路

对声频放大器进行检修时，首先要详细了解其电路原理和装置情况，排除由于操作不当产生的非故障现象，要在确诊故障后才打开机箱检查。检修声频放大器时，逐级进行分析很重要。

检修时，要注意把拆卸下来的螺钉等小零件，放置在一个专用容器内，以防止失落，还要记住这些小零件原来的安装位置。拆卸下来的印制电路板，要用绝缘纸片与其他部件隔开，以免触及某些部件造成额外故障。

检修工作台上可放置一块柔软的衬垫，以保护被检修设备的外壳，不致发生划伤。

声频放大器的故障原因，主要有使用不当及自然损坏。使用不当有摔跌、液体侵入、负载开路等。自然损坏有电解电容器变质、电子管衰老等。

　　故障的判断，可以用激光唱机为信号源，仔细试听，并调节各控制钮，检查它们的功能是否正常，若能掌握放大器各组成部分电路的关键要点，就能从整机故障特征，以逻辑方法直接确定故障元器件所在，大大提高检修速度。

　　检修声频放大器的一般规律是观察整体，然后转向细节。

　　① 初步检查，判断故障类型，如无声、声小、失真、噪声、交流声、声音断续等。

　　② 从整体确定故障部位，如电源、前置放大、功率放大等。

　　③ 根据故障分析可能产生的原因。

　　④ 查出故障元器件，并排除之。

　　⑤ 重新调整电路，使其恢复原有性能。

　　初步检查。先接通声频放大器的电源，检查所有开关及控制旋钮，以证实故障的存在，排除操作不当因素。然后做外观检查，看有无冒烟、跳火、接插件松脱、机械损伤、脱焊、元器件被腐蚀、断裂或烧焦、电子管灯丝不亮、电解电容器漏液或外壳鼓胀等现象。这一步检查，常可找出故障所在，很快将其排除，所以不容忽视。

　　初步检查未发现故障原因，就要了解放大器的整机构成，弄清有几级，级与级之间的关系，最好有电原理图。在输入端加上信号，逐级检查其输出情况，某级输出异常时，该级就是故障级。判断故障级中损坏的元器件，并予调换，然后复查放大器的工作是否恢复正常。

　　检修注意事项：

　　① 保险丝熔断，当原因不明时，不要急于换上新的保险丝管，以免故障扩大。

　　② 声频放大器在扬声器未接妥时，不能开机进行测量或调试，以免造成损坏。

　　③ 不要在带电情况下更换或焊接元器件。

　　声频放大器出现无声故障时，首先要检查保险丝是否熔断，电源线是否良好。两个声道的故障症状如相同，则故障可能出在电源部分。控制电位器旋动时有"喀啦"噪声，表明该电位器已磨损。某信号源无声、有噪声或声小，可能是信号输入插座接触不良，或信号选择开关（继电器）接触不良。

　　保险丝管熔断后，如只有一个熔断点，有较长导线残留，机器大多无故障，一般换新即成。若玻壳发黑或有白色花纹，甚至出现裂纹，表明熔断电流很大，机器可能有故障，排除后才能换新的保险丝管。

　　检修立体声放大器时，如果是一个声道出现故障症状，可采用搭接注入法方便地确定故障所在级。将输入信号加到完好的一个声道，利用此完好声道按图 24-1 所示用一只 0.1μF/400V 电容器，由输出级开始向前逐级搭接，当有故障声道侧出现正常输出时，故障声道中的相应级即是有故障的级。

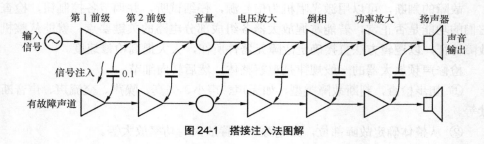

第 1 前级　第 2 前级　音量　电压放大　倒相　功率放大　扬声器

输入信号　声音输出

信号注入　0.1

有故障声道

图 24-1　搭接注入法图解

搭接注入法具体操作时，通常只要微弱的信号输入到完好的一个声道。先在完好声道与有故障声道的输出变压器输出端间通过隔直流的 0.1μF 电容器搭接，故障侧应出现正常声音输出，然后将两声道间的搭接点换到功率输出放大级的输入端，若故障侧出现正常声音输出，则说明该侧的功率输出放大级有故障，若仍无声，则依法逐级由后向前搭接，直到找出故障级。

把手指通过金属起子或直接接触放大器各级的输入端时，扬声器会发出"营……"声或交流声，这是一个非常简便地判定放大器能否工作的方法。需要注意的是接触前级放大电子管栅极时，音量控制不要置于太大位置，以免声音过大损坏扬声器。

另一种方法是电压测量法，对照电原理图或与完好声道对照进行，电压表负端接地，顺序逐个测量元器件和接点上的电压。根据异常的电压值，往往能快速找出损坏的电阻、电容器、二极管、电子管等。这种方法的好处在于不必在电路中断开元器件，元器件仍在实际工作条件下工作。在此要尽量使用高内阻的电压表进行测量，以免影响电路工作状态，造成误差。

测量电子管各电极的电压，即可判断其工作是否正常。大多数电路中电子管的屏极都有负载电阻，所以除功率输出管外，屏极电压总明显低于供电电压，屏极电压是电子管正常工作与否的标志。电子管的阴极电阻上测得的电压，就是该管的栅极偏压值。工作的电子管管壳有热量，玻壳管可看到灯丝的亮光。电子管放大器若有高频自激，各点直流电压值将变得不正常，用示波器可判定。

第 3 种方法是电阻测量法，适于出现冒烟等情况，不能通电检查的场合。对照完好声道进行各点的电阻测量，需要明确的是这时测得的某元器件的电阻值，实际是该元器件与其他元器件的并联值，而不是被测元器件本身的真实电阻值。必须注意这种方法不能在电路通电的情况下进行，以免损坏电阻表。

电阻表除了可以用来判断断线、虚焊等故障外，还可用来检测大部分元器件。但为求测量准确，最好把元器件的一端焊开再进行测量。

电容器：利用电阻表可检测电容器是否短路（即击穿）或开路。一只好的电容器在刚接通电阻表的瞬间，由于电阻表内的电池对电容器充电而有电流流过，表针摆动，电流的大小取决于它的电容量大小。表针摆动的情况可观察到充电的速率，通过实践经验能对很多电容器进行测量，测定其开路、短路、漏电及大致的电容量数值。在测试电容器前，先要对被测电容器进行放电，用导线短接电容器两端 2～3s，使电容器完全放电。用电阻表测量电容器，尽可能用较大量程，对于电容量大于 0.01μF 的电容器，可根据表针摆动的幅度大小估计电容量大小。开路的电容器，表针不会摆动，当然小容量的电容器充电快于表针的响应，同样看不出表针摆动。电解电容器是有极性的电容器，其正极端应接至电阻表的黑表棒（电池正极），负极端接至电阻表的红表棒（电池负极）。电解电容器的漏电流可由表针摆后的读数估计，一般应大于 10MΩ。非电解电容器在测量时，表针应回到无穷大。

保险丝：光凭外观检查并不一定能断定保险丝管是否损坏。用电阻表可以很容易测出其通断。

电阻：用电阻表可以方便地测出电阻的阻值是否在误差允许范围，但要注意尽量利用电阻表刻度中间段读数的挡位测量，因为接近刻度两端的读数误差远比中心段大得多。测量时双手不能同时接触电阻两端，以免人体电阻引入产生误差。

变压器及电感：变压器及电感的直流电阻值，取决于其绕组导线直径和长度。如测得线圈的电阻为零或无穷大，则绕组可能短路或断线。

整流二极管：测量半导体二极管的正反向电阻值，可简单地判别其好坏，正向电阻要小于 30Ω（R×1 挡），反向电阻越大越好，至少大于数百千欧，测得阻值较小一次时黑表棒所接为正极，红表棒所接为负极。

还有一种方法是替换法，当某个元器件被怀疑损坏时，可用一完好元器件将它替换，如工作恢复正常，就说明该元器件已损坏，这种替换法非常简便。必须注意的是调换电解电容器和半导体二极管时，不能搞错正负极性。

调换元器件时，要使用优质松香焊锡丝，并有良好焊接，各元器件及连接线应恢复到原来的安装位置。

对于大多数故障，使用电压测量法、电阻测量法以及元器件替换法就能发现。在检修工作中，切忌一动手就盲目地乱换元器件，要用逐步接近的方法，缩小故障范围并分析问题所在。故障元器件换好后，必须对放大器进行复查，工作一段时间。找出故障元器件后，必须分析产生故障的原因，并加以纠正，再换上新元器件修复，以从根本上排除隐患。

故障排除后，应根据故障情况对电路进行必要的调整和测试。

电子管放大器检修一览表见表 24-2。

表 24-2　　　　　　　　　电子管放大器检修一览

故障	原因
无声	（1）保险丝熔断（2）电源线断路（3）电源开关损坏 （4）电源变压器损坏（5）耦合电容器开路失效 （6）电子管损坏（7）退耦电容器击穿短路 （8）退耦电阻开路（9）扬声器引线不通 （10）输入信号选择开关置错位置（11）整流管损坏 （12）滤波扼流圈开路
声小	（1）耦合电容器漏电（2）推挽管一侧损坏 （3）滤波电容器失效（4）电子管衰老 （5）功率管阴极旁路电容器失效
失真	（1）某电子管偏压过高（2）推挽管一侧损坏 （3）耦合电容器漏电（4）某屏极电阻变值过大 （5）退耦电容器严重漏电（6）倒相管不良（7）电子管衰老
噪声	（1）元器件接触不良（2）电阻不良（3）电子管不良 （4）耦合电容器漏电（5）变压器绕组将断线
交流声	（1）输入滤波电容器失效（2）个别整流二极管不良 （3）接地线不当（4）信号输入线接地不良 （5）电子管不良（6）某栅极电阻开路
汽船声或啸叫声	（1）退耦电容器失效开路（2）输出滤波电容器失效 （3）某栅极电阻开路（4）五极管帘栅极旁路电容器失效 （5）偏压电源旁路电容器失效
功率管帘栅极发红	（1）帘栅极电压过高（2）输出变压器初级断线开路
功率管屏极发红	（1）屏极电流过大（2）推挽或并联功率管特性不一致 （3）栅极电阻过大或开路（4）栅偏压过低

第 25 章

简明电子管特性

电子管特性表的查看，看似简单，但若查看方法不对，也容易发生错误。原因在于栏目数所限，不可能将电子管的全部特性都罗列出来，如果不能充分加以理解，就容易发生错误。查看电子管特性表时，特别要注意下列几点：

① 要很好理解各栏目表示的意义。例如，屏极电压是指加于电子管的电压，而不是电源电压。

② 电压放大管、功率放大管，除注明者外，表示的都是它们的 A 类放大典型运用值。而且表示的都是电极上的真正电压值，所以在阻容耦合的情况下，电子管特性表的作用不大。

③ 加于电子管的最大额定值，可以用比规格值大约增大 10%考虑。

④ 整流管特性表虽十分简单，运用却并不简单。例如，峰值反向耐压或峰值屏极电流，都随着其滤波电路的不同而变。

⑤ 特性表所列工作参数，都是电子管在实际运用时的典型运用值（Typical Operation value）。因为任何电子管都能在低于其最大额定值（Maximum Ratings）的情况下工作，但太低的运用值不能得到良好有效的工作，所以才有典型运用值，供作参考。任一电子管的典型运用值，都不超出最大额定值，而且可以有多个典型运用值。例如，功率放大管的输出功率，并非说用了某功率管，便一定会有特性表所示输出功率，实际可能较大或较小，要看使用时采取的运用值及电路设计而定。

1. 常用电压放大电子管特性

型　号	灯丝电压/电流（V/A）	屏极电压/电流（V/mA）	帘栅极电压/电流（V/mA）	控制栅极电压（V）	互导（μA/V）	内阻（kΩ）	放大系数	备　注
6AQ8	6.3/0.435	250/10	—	−2.3	5900	9.7	57	ECC85，高频双三极管
6BQ7A	6.3/0.4	150/9	—	R_K220Ω	6400	5.9	38	高频双三极管（RCA）
6BZ7A	6.3/0.4	150/10	—	R_K 200Ω	6800	5.6	38	高频双三极管
6CG7	6.3/0.6	90/10 250/9	—	0 −8.0	3000 2600	6.7 7.7	20 20	6FQ7，多用途三极管

续表

型　号	灯丝电压/电流（V/A）	屏极电压/电流（V/mA）	帘栅极电压/电流（V/mA）	控制栅极电压（V）	互导（μA/V）	内阻（kΩ）	放大系数	备　注
6DJ8	6.3/0.365	90/15	—	−1.3	12500	(2.64)	33	ECC88，低噪声高频框架栅极双三极管
6EU7	6.3/0.3	250/1.2	—	−2.0	1600	62.5	100	低交流声、低颤噪效应音响用双三极管（小9脚MT管）
12AT7	12.6/0.15 6.3/0.3	250/10 100/3.7	—	R_K 200Ω R_K 270Ω	5500 4000	10.9 15	60 60	ECC81，高频双三极管
12AU7/A	12.6/0.15 6.3/0.3	250/10.5 100/11.8	—	−8.5 0	2200 3100	7.7 6.25	17 19.5	ECC82，低噪声通用双三极管
12AX7/A	12.6/0.15 6.3/0.3	250/1.2 100/0.5	—	−2.0 −1.0	1600 1250	62.5 80	100 100	ECC83，低噪声双三极管
12AY7	12.6/0.15 6.3/0.3	250/3.0	—	−4.0	1750	25.0	44	低电平放大用双三极管
12BH7A	12.6/0.3 6.3/0.6	250/11.5	—	−10.5	3100	5.3	16.5	双三极管
2C51	6.3/0.3	150/8.2	—	−2.0	5500		35	高频双三极管（通信用）
5670	6.3/0.35	130/7.6 150/8.2	—	−1.5 −2.0	5400 5500	6.5 6.5	35 35	高频双三极可靠管
5751	12.6/0.175 6.3/0.35	100/0.8 250/1.0	—	−1.0 −3.0	1200	58	70	双三极可靠管
5814A	12.6/0.175 6.3/0.35	100/11.8 250/10.5	—	0 −8.5	3100 2200	6.25 7.7	19.5 17	通用双三极可靠管
6201	12.6/0.15 6.3/0.3	250/10 100/3.3	—	R_K 200Ω R_K 270Ω	5500 4000	10.9 14.3	60 57	E81CC，高频双三极可靠管
6189	12.6/0.15 6.3/0.3	250/10.5	—	R_K 800Ω	2200	7.7	17	E82CC，通用双三极可靠管
6681	12.6/0.15 6.3/0.3	250/1.25	—	R_K 1600Ω	1600	62.5	100	E83CC，低颤噪效应双三极管（工业用）
6922	6.3/0.3	100/15	—	R_K 680Ω	12500		33	E88CC，高互导、低噪声框架栅极通用双三极可靠管
7025	12.6/0.15 6.3/0.3	250/1.2	—	−2.0	1600	62.5	100	12AX7的低噪声型高品质音响用双三极管
E80CC	12.6/0.3 6.3/0.6	250/6.0	—	−5.5	2700	10	27	6085，声频及自动增益控制用高品质双三极管
E188CC	6.3/0.335	100/15	—	R_K 680Ω	12500		33	7308，高互导、低颤噪效应框架栅极高品质多用途双三极管
5687	12.6/0.45 6.3/0.9	120/36 250/12.5	—	−2.0 −12.5	11000 5500	1.7 3.0	18.5 16.5	双三极管（特殊用途）（Tung-Sol.）

续表

型 号	灯丝电压/电流（V/A）	屏极电压/电流（V/mA）	帘栅极电压/电流（V/mA）	控制栅极电压（V）	互导（μA/V）	内阻（kΩ）	放大系数	备 注
E182CC	12.6/0.32 6.3/0.64	120/36	—	-2.0	15000	(1.6)	24	7119，双三极可靠管
E283CC	6.3/0.33	250/1.2	—	R_K 1600Ω	1600	62.5	100	特性同 6681，低交流声、低颤噪效应高品质双三极管（siemens）（小 9 脚 MT 管）
E288CC	6.3/0.475	100/30	—	R_K 350Ω	20000	1.4	25	8223 高互导低噪声高品质功率双三极管（siemens）
ECC99	12.6/0.4 6.3/0.8	150/18	—	-4.0	9500	2.3	22	双三极管（JJ）
ECC808	6.3/0.35	250/1.2	—	-1.9	1600		100	特性同 12AX7，低交流声音响用双三极管（小 9 脚 MT 管）
CCa	6.3/0.3	100/15	—	R_K 680Ω	12500		33	高互导、低噪声通用双三极管（通信用）
6240G	6.3/0.6	250/7.0	—	-6.0	3500	10	35	双三极管（NEC）
6SL7GT	6.3/0.3	250/2.3	—	-2.0	1600	44	70	双三极管（RCA）
6SN7GT/A	6.3/0.6	250/9.0	—	-8.0	2600	7.7	20	通用双三极管（RCA）
ECC33	6.3/0.4	250/9.0	—	-4.0	3600	9.7	35	通用双三极管
5691	6.3/0.6	250/2.3	—	-2.0	1600	44	70	双三极管（RCA）（工业用）
5692	6.3/0.6	250/6.5	—	-9.0	2200	9.1	18	通用双三极管（RCA）（工业用）
6J5GT	6.3/0.3	250/9 90/10	—	-8.0 0	2600 3000	7.7 6.7	20 20	L63、6C2P（中）、6C2C（俄），多用途三极管（8 脚 GT 管）
6C5GT	6.3/0.3	250/8	—	-8.0	2000	10	20	6C5P（中）、6C5C（俄），三极管（8 脚 GT 管）
6AU6	6.3/0.3	250/10.6 （三）250/12.2	150/4.3 接屏极	R_K 68Ω R_K 330Ω	5200 4800	1000 7.5	36*	EF94，五极管（RCA）
6267	6.3/0.2	250/3.0	140/0.6	-2.0	2000	2500	38*	EF86，低噪声五极管
5879	6.3/0.15	250/1.8	100/0.4	-3.0	1000	2000	21*	低噪声五极管（RCA）（小 9 脚 MT 管）
6AG5	6.3/0.3	250/6.5 （三）180/7.0 接屏极 （三）250/5.5 接屏极	150/2.0 接屏极 接屏极	R_K 180Ω R_K 330Ω R_K 820Ω	5000 5700 3800	800 8.0 10	45* 42*	FE96，五极管
6AK5	6.3/0.175	180/7.7	120/2.4	R_K 180Ω	5100	500		EF95，五极管

续表

型　号	灯丝电压/电流（V/A）	屏极电压/电流（V/mA）	帘栅极电压/电流（V/mA）	控制栅极电压（V）	互导（μA/V）	内阻（kΩ）	放大系数	备　注
EF80	6.3/0.3	170/10 250/10	170/2.5 250/2.8	−2.0 −3.5	7400 6800	500 650	50*	6BX6，低噪声多用途五极管
FE184	6.3/0.3	170/10 200/10 230/10	170/4.1 200/4.1 230/4.1	−2.0 −2.5(175Ω) −3.0	15600 15000 14400	330 380 450	60*	6EJ7，高互导低输入电容框架栅极五极管
6CB6	6.3/0.3	125/13	125/3.7	R_K 56Ω	8000	280		五极管（小7脚MT管）
6BC5	6.3/0.3	250/7.5	150/2.1	R_K 180Ω	5700	800	40*	五极管（小7脚MT管）
6BH6	6.3/0.15	250/7.4	150/2.9	−1.0	4600	1400		6661(美，工业用)，6096(美，工业用)，五极管（小7脚MT管）
6BA6	6.3/0.3	250/11	100/4.2	R_K 68Ω	4400	1000		EF93，6F31，W727(英)，6K4п(俄)，遥截止五极管（小7脚MT管）
6BD6	6.3/0.3	250/9.0	100/3.0	−3.0	2000	800		遥截止五极管（小7脚MT管）
6SJ7GT	6.3/0.3	250/3.0 (三)180/6.0 (三)250/9.2	100/0.8 接屏极 接屏极	−3.0 −6.0 −8.5	1650 2300 2500		19* 19*	五极管
6SH7	6.3/0.3	100/5.3 250/10.8	100/2.1 150/4.1	−1.0 −1.0	4900 4000	350 900		五极管（8脚金属管）
5693	6.3/0.3	250/3.0	100/0.85	−3.0	1650	>1000		五极管（RCA）（工业用）
6J7/GT	6.3/0.3	250/2.0	100/0.5	−3.0	1225		20*	五极管（8脚带栅帽金属管/GT管）
EF37A	6.3/0.2	250/3.0	100/0.8	−2.0	1800	2500		低颤噪效应五极管（8脚带栅帽G管）
6AN8/A	6.3/0.45	(三)150/15 (五)125/12	— 125/3.8	−3.0 R_K 56Ω	4500 7800	4.7 170	21	三极五极管
6BL8	6.3/0.43	(三)170/14 (五)170/10	— 170/2.8	−2.0 −2.0	5000 6200	≈4 400	20 47*	ECF80，三极五极管
6U8A	6.3/0.45	(三)100/18 (五)170/10	— 110/3.5	R_K 56Ω R_K 68Ω	8500 5200	5 400	40	ECF82，三极五极管
7199	6.3/0.45	(三)215/9 (五)100/1.1 220/12.5	— 50/0.35 130/3.5	−8.5 R_K 1000Ω R_K 62Ω	2100 1500 7000	8.1 1000 400	17	高品质音响用三极五极管（RCA）
6AQ6	6.3/0.15	(三)100/0.8 250/1.0	—	−1.0 −3.0	1150 1200	61 58	70 70	双二极三极管（小7脚MT管）
6AT6	6.3/0.3	(三)100/0.8 250/1.0	—	−1.0 −3.0	1300 1200	54 58	70 70	EBC90，DH77，双二极三极管（小7脚MT管）

续表

型　号	灯丝电压/电流（V/A）	屏极电压/电流（V/mA）	帘栅极电压/电流（V/mA）	控制栅极电压（V）	互导（μA/V）	内阻（kΩ）	放大系数	备　注
6AV6	6.3/0.3	(三)100/0.5 250/1.2	— —	−1.0 −2.0	1250 1600	80 62.5	100 100	EBC91，6BC32，6G2（中），双二极三极管（小 7 脚 MT 管）
6SQ7GT	6.3/0.3	(三)100/0.5 250/1.1	— —	−1.0 −2.0	925 1175	110 85	100 100	OSW3105，6G2P（中），6г2（俄，金属管），双二极三极管（8 脚 GT 管）
6N1	6.3/0.6	250/7.5	—	R_K 600Ω	4350	7.6	35	6н1п，通用双三极管
6N2	6.3/0.34	250/2.3	—	−1.5	2100	46.5	97.5	6н2п，双三极管
6N3	6.3/0.35	150/8.5	—	−2.0	5900	6.1	36	6н3п，高频双三极管
6N4	6.3/0.33 12.6/0.165	250/2.1	—	−1.5	2100	(46.4)	97.5	低噪声双三极管
6N6	6.3/0.75	120/30	—	R_K 68Ω	11000	(1.82)	20	6н6п，双三极管
6N10	12.6/0.1625 6.3/0.325	250/10.5	—	R_K 800Ω	2200		17	双三极管
6N11	6.3/0.34	90/16	—	R_K 90Ω	12500	(2.0)	25	低噪声框架栅极高频双三极管
2025	6.3/0.3 12.6/0.15	250/10	—	R_K 200Ω	5500		60	高频双三极管
6N8P	6.3/0.6	250/9.0	—	−8.0	2600	7.7	20	6н8с，通用双三极管
6N9P	6.3/0.3	250/2.3	—	−2.0	1600	44	70	6н9с，双三极管
6J1	6.3/0.17	120/7.3	120/＜3.2	R_K 200Ω	5200	300		6ж1п，五极管
6J2	6.3/0.17	120/5.5	120/≤5	R_K 200Ω	3700	220		6ж2п，五极管(小 7 脚 MT 管)
6J3	6.3/0.3	250/7.0	150/2.0	R_K 200Ω	5000	750		6ж3п，四极管
6J4	6.3/0.3	250/11	150/4.5	R_K 68Ω	5700	900		6ж4п，五极管
6J5	6.3/0.45	300/10	150/3.2	−2.0	9000	350		6ж5п，四极管
6J8	6.3/0.2	250/3.0	140/0.55	−2.0	2000			低噪声五极管
6J8P	6.3/0.3	250/3.0	100/0.8	−3.0	1650			6ж8с，五极管
6н1п	6.3/0.6	250/7.5	—	R_K 600Ω	4350	7.6	35	通用双三极管
6н2п	6.3/0.34	250/2.3	—	−1.5	2100	46.5	97.5	双三极管
6н3п	6.3/0.35	150/8.5	—	−2.0	5900	6.1	36	高频双三极管
6н4п	6.3/0.3	250/3.0	—	−4.0	1750	23.4	41	双三极管
6н6п	6.3/0.75	120/30	—	−2.0	11000	1.82	20	双三极管
6н23п	6.3/0.3	90/15	—	R_K 680Ω	12700	(2.56)	32.5	低噪声框架栅极双三极管
6н30п-EB	6.3/0.825	80/50	—	−12 (R_K=56Ω)	18000		15	框架栅极双三极可靠管

续表

型　号	灯丝电压/电流（V/A）	屏极电压/电流（V/mA）	帘栅极电压/电流（V/mA）	控制栅极电压（V）	互导（µA/V）	内阻（kΩ）	放大系数	备　注
6с45п-E	6.3/0.44	150/40	—	-9.0	45000	3.5	52	长寿命功率三极管(小9脚MT管)
6н8с	6.3/0.6	250/9.0		-8.0	2600	7.9	20.5	通用双三极管
6н9с	6.3/0.3	250/2.3		-2.0	1600	44	70	双三极管
6ж1п	6.3/0.17	120/7.35	120/≤3	R_K 200Ω	5150	100~1100		五极管
6ж2п	6.3/0.17	120/5.5	120/≤5	R_K 200Ω	3850	80~310		五极管（小7脚MT管）
6ж3п	6.3/0.3	250/7.0	150/2.0	R_K 200Ω	5000	800		四极管
6ж4п	6.3/0.3	250/11	150/4.5	R_K 68Ω	5700	900		五极管
6ж5п	6.3/0.45	300/9.5	150/≤3.5	-2.0	9000	≥240		四极管
6ж32п	6.3/0.2	250/3.0	140/<1	-2.0	1800	2500		低噪声五极管
6ж8с	6.3/0.3	250/3.0	100/0.8	-3.0	1650	2000		五极管

* G_2-G_1 放大系数

2．常用电压放大电子管最大额定值

型　号	管型	最大阴极—灯丝间电压 PE_{K-H}(V)	最大屏极电压 E_{pm}(V)	最大帘栅极电压 E_{sgm}(V)	最大屏极耗散功率 P_{pm}(W)	最大帘栅极耗散功率 P_{sgm}(W)	最大阴极电流 I_{km}(mA)	最大栅极电阻 R_g(MΩ)（自给偏压C/固定偏压F）	最大阴极—灯丝间电阻 R_{K-H}(Ω)*倒相时
6AQ8/ECC85	MT	90	300	—	2.5	—	15	1.0	20k
6BQ7A	MT	200	250	—	2.0	—	20	0.5	V_g=-10V（I_P=10µA）
6CG7/6FQ7	MT	200	330	—	4.0	—	22	2.2/1.0	V_g=-18V（I_P=10µA）
6DJ8/ECC88	MT	150(#2) 50(#1)	130	—	1.8	—	25	1.0	20k
6EU7	MT	200	330	—	1.2	—			
12AT7/ECC81	MT	90	300	—	2.5	—	15	1.0	20k
12AU7/A	MT	180/200	300/330	—	2.75	—	20/22	1.0/0.25	20k *150k
ECC82	MT	180	300	—	2.75	—	20	1.0/0.25	20k *150k
12AX7/A	MT	180/200	300/330	—	1.0/1.2	—	8.0	2.0	20k *150k
ECC83	MT	180	300	—	1.0	—	8.0	2.0	20k *150k

续表

型　号	管　型	最大阴极—灯丝间电压 PE_{K-H}(V)	最大屏极电压 E_{pm}(V)	最大帘栅极电压 E_{sgm}(V)	最大屏极耗散功率 P_{pm}(W)	最大帘栅极耗散功率 P_{sgm}(W)	最大阴极电流 I_{km}(mA)	最大栅极电阻 R_g(MΩ)(自给偏压C/固定偏压 F)	最大阴极—灯丝间电阻 R_{K-H}(Ω)*倒相时
12AY7	MT	90	300	—	1.5	—	10		
12BH7A	MT	200	300		3.5	—	20	1.0/0.25	$V_g=-23V$ ($I_{F}=50\mu A$)
5670	MT	90	300		1.5	—	18		$V_g=-8V$ ($I_{F}=10\mu A$)
5751	MT	100	330		0.8			1.0	
5814A	MT	100	330	—	3.0	—	22	1.0	
6201/E81CC	MT	100	300	—	2.6	—	18	1.0/0.25	20k
6189/E82CC	MT	100	330	—	3.0	—	22	1.0	
6681/E83CC	MT	200	330	—	1.2	—	9.0	1.2	
6922/E88CC	MT	+150 −100	220	—	1.5	—	20	1.0	
7025	MT	200	330	—	1.2	—	8.0	1.0	
7308/E188CC	MT	+150 −100	250		1.65		22	1.0/0.5	
ECC808	MT	100	300	—	0.5	—	4.0	2.0/—	20k
E182CC/7119	MT	200	300	—	4.5	—	60	1.0/0.5	
5687	MT	100	330	—	4.2	—	65	0.1	
ECC99	MT	200	400	—	5.0	—	60		
E80CC	MT	120	300	—	2.0	—	12	1.0	100k
E283CC	MT	200	330	—	1.2	—	9.0	1.2	
E288CC	MT	±150	250	—	3.0	—	40	1.0	
CCa	MT	+150 −100	220	—	1.5	—	20	1.0	
6240G	MT	200	800	—	3.0	—		—/1.0	
ECC33	GT	100	300		2.5	—	20		
6SL7GT	GT	90	300	—	1.0	—		0.85	
6SN7GT/GTB	GT	90/200	300/450		2.5/5.0	—	20	1.0	
5692	GT	100	275	—	1.75		15	2.0	

续表

型　号	管　型	最大阴极—灯丝间电压 PE_{K-H}(V)	最大屏极电压 E_{pm}(V)	最大帘栅极电压 E_{sgm} (V)	最大屏极耗散功率 P_{pm}(W)	最大帘栅极耗散功率 P_{sgm}(W)	最大阴极电流 I_{km} (mA)	最大栅极电阻 R_g(MΩ) (自给偏压C/固定偏压F)	最大阴极—灯丝间电阻 R_{K-H}(Ω)*倒相时
6J5GT	GT	90	250	—	2.5	—	20	1.0	
6AG5	MT	90	300	300	2.0	0.5			$V_g=-8V(I_P=10\mu A)$
6AK5	MT	90	180	180	1.7	0.5	18		$V_g=-8.5V(I_P=10\mu A)$
6AU6	MT	200	330	330	3.5	0.75			$V_g=-6.5V(I_P=10\mu A)$
EF86/6267	MT	+100 −50	300	200	1.0	0.2	6.0	3.0	20k
5879	MT	100	330	330	1.25	0.25			
EF80	MT	150	300	300	2.5	0.7	15	1.0/0.5	20k
EF184/6EJ7	MT	150	250	250	2.5	0.9	25	1.0	
6SH7	金属管	90	300	150	3.0	0.7			$V_g=-5.5V(I_P=10\mu A)$
6SJ7GT	GT	90	300	300	2.5	0.7		1.0	$V_g=-8V(I_P=10\mu A)$
5693	金属管	90	300	300	2.5	0.7		1.0	$V_g=-8V(I_P=10\mu A)$
6AN8	MT	（三）200 （五）	330 330	— 330	2.8 2.3	— 0.55		1.0/0.5 1.0/0.25	
6BL8/ECF80	MT	（三）100 （五）	250 250	— 175	1.5 1.7	— 0.5	14 14	—/0.5 1.0/0.5	
6U8A/ECF82	MT	（三）200 （五）	330 330	— 330	2.5 3.0	— 0.55			
7199	MT	（三）200 （五）	330 330	— 330	2.4 3.0	— 0.6		1.0/0.5 1.0/0.25	
6AQ6	MT	90	300	—					
6AT6	MT	90	300		0.5				
6AV6	MT	200	330		0.55				
6SQ7GT	GT	90	300	—	0.5				
6N1/6н1п	MT	+100 −250	300	—	2.2	—	25	1.0	
6N2/6н2п	MT	100	300	—	1.0	—	10		

型　号	管　型	最大阴极—灯丝间电压 PE_{K-H}(V)	最大屏极电压 E_{pm}(V)	最大帘栅极电压 E_{sgm}(V)	最大屏极耗散功率 P_{pm}(W)	最大帘栅极耗散功率 P_{sgm}(W)	最大阴极电流 I_{km}(mA)	最大栅极电阻 R_g(MΩ)(自给偏压 C/固定偏压 F)	最大阴极—灯丝间电阻 R_{K-H}(Ω)*倒相时
6N3/6 н 3 п	MT	100	300	—	1.5	—	18	1.0	
6N4	MT	100	300		1.0		10	0.5	
6N6/6 н 6 п	MT	200	300	—	4.8	—	45	1.0	
6N11	MT	150	130	—	2.0	—	22		
6 н 23 п	MT	+60 −120	200		1.5		20	1.0	
6 н 30 п -EB	MT	+100 −300	300		4.0		100	0.6/ —	
6 с 45 п-E	MT	100	150		7.8		52	0.15	
6N8P/6 н 8 с	GT	100	330	—	2.75	—	20	0.5	
6N9P/6 н 9 с	GT	100	275	—	1.1	—		0.5	
6J1/6 ж 1 п	MT	120	200	150	1.8	0.55	20	1.0	
6J2/6 ж2 п	MT	120	200	150	1.8	0.85	20	1.0	
6J3/6 ж 3 п	MT	100	330	165	2.5	0.55		0.5	
6J4/6 ж 4 п	MT	90	300	150	3.5	0.9	20	1.0	
6J5/6 ж 5 п	MT	100	300	150	3.6	0.5		1.0	
6J8	MT	100	300	200	1.0	0.2	6.0	1.0	
6 ж 32 п	MT	+50 −100	300	200	1.0	0.2	6.0	3.0	
6J8P/6 ж 8 с	GT	100	330	140	2.8	0.7		2.0	

3. 常用功率放大电子管特性

型　号	灯丝电压/电流（V/A）	屏极电压/电流（V/mA）	帘栅极电压/电流（V/mA）	控制栅极电压（阴极电阻）(V)	互导（μA/V)	内阻（kΩ）	放大系数	负载阻抗 (kΩ)	输出功率（W）	备　注
6F6GT	6.3/0.7	250/34～36 285/38～40	250/6.5～10.5 285/7～13	−16.5 −20	2500 2550	80 78		7.0 7.0	3.2 4.8	五极功率管（RCA）
6V6GT	6.3/0.45	250/45～47 250/70～79 285/70～92	250/4～5.7 250/5～13 285/9～13.5	−12.5 (250Ω) −15 (共用 200Ω) −19 (共用 260Ω)	4100	50	9.8*	5.0 10 (P-P) 8.0 (P-P)	4.5 10 14	集射功率管（RCA）

续表

型号	灯丝电压/电流（V/A）	屏极电压/电流（V/mA）	帘栅极电压/电流（V/mA）	控制栅极电压（阴极电阻）（V）	互导（μA/V）	内阻（kΩ）	放大系数	负载阻抗（kΩ）	输出功率（W）	备注
6BQ5/EL84	6.3/0.76	250/48～49.5 250/62～75 300/72～92	250/5.5～10.8 250/7～15 300/8～22	150Ω（7.3V） 130Ω（共用） 130Ω（共用）	11300	38	19.5*	5.2 8.0(P-P) 8.0(P-P)	5.7 11 17	五极功率管
6L6G/6L6GB	6.3/0.9	250/72～79 300/51～54.5 270/134～155 360/88～132 385/100	250/5～7.3 200/4.6 270/11～17 270/5～15 超线性	−14（170Ω） 220Ω（12.5V） −17.5 −22.5 350Ω（共用，35V）	6000	22.5	8*	2.5 4.5 5.0(P-P) 6.6(P-P) 6.6(P-P)	6.5 6.5 17.5 26.5 24	集射功率管（RCA）（超线性抽头43%）A₁类
6L6GC	6.3/0.9	350/54～66 360/88～100 400/112～128 450/95～194 450/116～210	250/2.5～7 270/5～17 300/7～16 350/3.4～19.2 400/5.6～22	−18 248Ω（共用） 200Ω（共用） −30 −37	5200	33	8*	4.2 9.0(P-P) 6.6(P-P) 5.6(P-P) 5.6(P-P)	10.8 24.5 32 50 55	6L6G的改进管（RCA）
EL34/6CA7	6.3/1.5	265/100～104 375/150～190 460/98	250/15～25 350/23～45 超线性（串120Ω）	−13.5（135Ω） 130Ω（共用，22.5V） 320Ω（共用，31V）	11000	15	11*	2.0 3.4(P-P) 6.6(P-P)	12 35 30	五极功率管（超线性抽头43%）
6550/A	6.3/1.6	250/140～150 400/87～105 400/166～190 400/180～270 600/100～280	250/12～28 225/4～18 300/7.5～39 275/9～44 300/3～33	−14（91Ω） −16.5 140Ω（共用） −23 −33	11000 9000	12 27		1.5 3.0 4.5(P-P) 3.5(P-P) 5.0(P-P)	12.5 20 41 55 100	集射功率管（Tung-Sol/GE）
KT66	6.3/1.27	250/85 415/104～125 510/80～175 450/125～145	250/6.3 300/5～18 395/3～19 超线性	160Ω（15V） 2×500Ω（27V） −40 2×560Ω（35V）	6300	22.5		2.2 8.0(P-P) 5.0(P-P) 7.0(P-P)	7.25 30 50 32	集射功率管（GEC）（超线性抽头43%）
KT88	6.3/1.6	250/140 560/128～146 560/120～290 436/174～198 453/100～280	250/3 300/3.4～18 300/3.4～30 超线性 超线性	−15（91Ω） 2×460Ω（30V） −34 2×600Ω（52V） −59	11500	12	8*	6.0(P-P) 4.5(P-P) 6.0(P-P) -4.0(P-P)	50 100 50 70	集射功率管（GEC）（超线性抽头40%）
KT90	6.3/1.6	250/145 400/90	250/8 300/4.7	−14 −27	14000 8800	11 22		1.5 3.0	12.5 22	集射功率管（Ei）
5881	6.3/0.9	250/75～80 350/53～65	250/4.3～7.6 250/2.5～8.5	−14 −18	6100 5200	30 48	8*	2.5 4.2	6.7 11.3	6L6G的改进管(Tung-Sol)
7027A	6.3/0.9	250/72 425/150～196 540/100～220 410/134～155	250/5 425/8～20 400/5～21.4 超线性	−14 200Ω（共用） −38 220Ω（共用）	6000	22.5		3.8(P-P) 6.5(P-P) 8.0(P-P)	44 76 24	集射功率管（RCA）（超线性抽头43%）

续表

型　号	灯丝电压/电流（V/A）	屏极电压/电流（V/mA）	帘栅极电压/电流(V/mA)	控制栅极电压（阴极电阻）(V)	互导(μA/V)	内阻(kΩ)	放大系数	负载阻抗(kΩ)	输出功率(W)	备　注
7189	6.3/0.76	250/48 300/72~92 400/75~105 375/70~81	250/5.5 300/8~22 300/1.6~25 超线性	−7.3 130Ω（共用） −15 220Ω（共用）	11300	40	19.5*	5.2 8.0 (P-P) 8.0 (P-P) 11 (P-P)	5.7 17 24 16.5	6BQ5 的高耐压改进管（超线性抽头43%）
7581/A	6.3/0.9	250/72 300/48 350/54 360/88 450/116	250/2.5 200/2.5 250/5 270/5 400/5.6	−14 −12.5 −18 −22.5 −37	6000 5300 5200			2.5 4.5 4.2 6.6 5.6	6.5 6.5 10.8 26.5 55	集射功率管
7591	6.3/0.8	300/60~75 450/82~94 350/92~130 450/77~123 500/35~168	300/8~15 400/11.5~22 350/13~28.6 350/9.6~27 400/9.4~30	−10 200Ω（共用） −15.5 −16.5 −22	10200	29	16.8*	3.0 9.0 (P-P) 6.6 (P-P) 6.6 (P-P) 6.6 (P-P)	11 28 30 43 50	特性同7868
7868	6.3/0.8	300/60~75 450/86~94 400/64~135 450/40~145 425/88~100	300/8~15 400/10~20 350/8~28 400/5~30 超线性	−10 170Ω（共用） −16 −21 185Ω（共用）	10200	29	16.8*	3.0 10 (P-P) 6.6 (P-P) 6.6 (P-P) 6.6 (P-P)	11 28 34 44 21	五极功率管（大9脚无底座NOVAB管）（超线性抽头50%）
EL156	6.3/1.9	350/116~120 450/108~112	250/15~24 280/17~25	60Ω 90Ω	13000	20		4.0(P-P) 3.8(P-P)	15 24	五极功率管（欧式10脚管）（A_1类）
WE350 A/B	6.3/1.6	250/52 360/88~100	250/7 270/5~17	−18 248Ω（共用）	6900	18		9.0(P-P)	24.5	集射功率管（5脚ST管/8脚G管）（WE）
807	6.3/0.9	250/80 300/80 400/60~63 400/56~143 500/44~141 600/36~139	250/7.5 250/5 250 300/2~16 300/1~15 300/0.6~15	(190Ω) (170Ω) −20 −30 −32 −34	6000		8*	2.5 4.0 6.0 6.8 (P-P) 8.2 (P-P) 10 (P-P)	6.5 8.5 10 36 46 56	集射功率管（RCA）
1614	6.3/0.9	530/60~160	340/20	−36	6050			7.2 (P-P)	50	集射功率管（8脚金属管）
2A3	2.5/2.5	250/60 300/80~100 300/80~147	—	−45 (750Ω) 780Ω（共用，62V） −62	5250	0.80 2.2	4.2	2.5 5.0 (P-P) 3.0 (P-P)	3.5 10 15	直热式三极功率管（RCA）

续表

型 号	灯丝电压/电流 (V/A)	屏极电压/电流 (V/mA)	帘栅极电压/电流 (V/mA)	控制栅极电压（阴极电阻）(V)	互导 (μA/V)	内阻 (kΩ)	放大系数	负载阻抗 (kΩ)	输出功率 (W)	备 注
45	2.5/1.5	250/34 275/36 275/36 275/28	—	−50 (1470Ω) −56 (1560Ω) 775Ω（共用） −58	2175 2050	1.61 1.7	3.5	3.9 4.6 5.0 (P-P) 3.2 (P-P)	1.6 2.0 12 18	VT45，直热式三极功率管（RCA）
50	7.5/1.25	300/35 400/55 450/55	—	−54 −70 −84 (1530Ω)	1900 2100 2100	2.0 1.8 1.8	3.8	4.6 3.67 4.35	1.6 3.4 4.6	VT50，直热式三极功率管
211	10/3.25	1250/80 1000/60~200	—	−70 −60	3800		12	5.0 6.9 (P-P)	25 80	直热式三极功率管（GE）
WE300B	5/1.25	300/66 350/60~78 450/80	—	−58 −74 −97	5600	0.68	3.8	3.0 2.7 3.5 (P-P)	6.0 8.3 17.8	直热式三极功率管（WE）
4300B	5/1.2	300/60 300/80 350/60 400/80	—	−60 −58 −74 −84				2.4 1.7 2.0 2.5	6.6 7.5 10.2 12.5	直热式三极功率管（STC）
845	10/3.25	750/95 1000/65 1250/52 1000/60~200 1250/50~200	—	−98 −155 −209 −100 −225	3000	1.7	5.3	3.4 9.0 5.0 6.5 (P-P) 6.6 (P-P)	15.0 21.0 24.0 80 115	VT43，直热式三极功率管（RCA）
6AS7G /6080	6.3/2.5	135/125 300/120~128 335/100~108	—	250Ω 750Ω（共用，90V） 1250Ω（共用，125V）	7000	0.28	2	4.0(P-P) 6.0(P-P)	11 13	双三极功率管（RCA）（A₁类）
6G-B8	6.3/1.5	250/140~151 320/214~242	250/12~28 320/16~50	−8 (57Ω) 60Ω（共用）	20000	15	15*	1.6 2.5 (P-P)	15 40	集射功率管（东芝）
50C-A10 (6C-A10)	50/0.175 (6.3/1.5)	250/80~85 250/90~95 300/100~150 350/100~150 400/100~150	—	−22 200Ω −30 −32 −43	14000	0.62	8.0	1.5 1.5 3.8 (P-P) 5.0 (P-P) 6.0 (P-P)	5.5 5.0 20 25 30	低频三极功率管（12脚）（NEC）
6R-A8	6.3/1.0	250/55~58 250/110~200 300/80~140	—	−19 −19 −21	10500	0.92	9.7	3.0 1.5 (P-P) 3.6 (P-P)	4.0 13.7 18	低频三极功率管（小9脚MT管）（NEC）
8045G	6.3/2.5	200/120 500/160~300	—	−30 −100	11000	0.40	4.5	3.5 (P-P)	60	低频三极功率管（8脚GT管）（NEC）

续表

型　号	灯丝电压/电流（V/A）	屏极电压/电流（V/mA）	帘栅极电压/电流 (V/mA)	控制栅极电压（阴极电阻）(V)	互导（μA/V）	内阻（kΩ）	放大系数	负载阻抗 (kΩ)	输出功率（W）	备注
6п14п	6.3/0.76	250/50	250/7.1	−6.0	11300	20		5.2	4.5	五极功率管
6п6с	6.3/0.45	250/50	250/7.2	−12.5	4100	52		5.0	4.5	集射功率管
6п3с	6.3/0.9	250/75 350/54	250/5.4 250/2.5	−14 −18	6000 5200	22.5 33		2.5 4.2	6.5 10.8	集射功率管
г-807	6.3/0.9									集射功率管
2с4с	2.5/2.5	250/62	—	−45	5400	0.77	4.15	2.5	3.2	直热式三极功率管
6н5с	6.3/2.5	90/60	—	−30	4450	≤0.6	2.2			双三极功率管
6н13с	6.3/2.5	90/80	—	−30	5000	≤0.46	2.4			双三极功率管
6P14	6.3/0.76	256/48	256/≤7	120Ω	≥9000	38		5.2	≥3.2	五极功率管
6P6P	6.3/0.45	250/45	250/≤7.5	−12.5	4100	52		5.0	3.6	集射功率管
6P3P	6.3/0.9	250/72	250/≤8	−14	6000			2.5	≥5.4	集射功率管
FU-7	6.3/0.9				6000					集射功率管
6C19	6.3/1.0	110/110	—	−7.0	7500	0.3	2.25			6C19п，三极功率管（小9脚MT管）
6N5P	6.3/2.5	90/60	—	−30	4450	0.45	2.2			双三极功率管
6N13P	6.3/2.5	90/80	—	−30	5000	0.46	2.4			双三极功率管
300B	5/1.2	300/60	—	−60	5500	0.70	3.85			直热式三极功率管

*G_2-G_1放大系数

△表中所列推挽放大，除注明者外，均为 AB_1 类，数据为两管值。

4．常用功率放大电子管最大额定值

型　号	管　型	最大屏极电压 E_{pm}(V)	最大帘栅极电压 E_{sgm}(V)	最大屏极耗散功率 P_{pm}(W)	最大帘栅极耗散功率 P_{sgm}(W)	最大阴极电流 I_{km}(mA)	激励电压 e_s（V_{rms}）	输出功率 P_O(W)	阴极消耗功率 P_H(W)	最大栅极电阻 R_g(MΩ)（自给偏压 C/固定偏压 F）
2A3	ST	300	—	15			31.8	3.5	6.25	0.5/0.05
45	ST	275	—	—				2.0	3.75	
50	ST	450	—	—				4.6	9.375	0.01
300B	ST	480	—	40		I_{pm} 100	43.1	6	6.0	0.25/0.05
845	/	1250	—	100（RCA）75(Amperex)	—	I_{pm} 120	148	24	32.25	

型 号	管 型	最大屏极电压 E_{pm}(V)	最大帘栅极电压 E_{sgm}(V)	最大屏极耗散功率 P_{pm}(W)	最大帘栅极耗散功率 P_{sgm}(W)	最大阴极电流 I_{km}(mA)	激励电压 e_s (V_{rms})	输出功率 P_O(W)	阴极消耗功率 P_H(W)	最大栅极电阻 R_g(MΩ)(自给偏压C/固定偏压F)
211	/	1250	—	100	—	I_{pm} 175	49.6	25	32.25	
6AS7G	G	250	—	13	—	125			15.75	1.0/0.1
6080	GT	250	—	13	—	125			15.75	1.0/0.1
6F6GT	GT	325	285	11	3.75		14.2	4.8	4.41	0.5/0.1
6V6GT	GT	350	315	14	2.2		9.2	5.5	2.835	0.5/0.1
6BQ5/EL84	MT	300	300	12	2.0	65	4.7	5.7	4.788	1.0/0.3
7189	MT	400	300	12	2.0	65	4.7	6.0	4.788	1.0/0.3
6L6G/GB	G/ GT	360	270	19	2.5		9.9	6.5	5.67	0.5/0.1
7591	GT	550	440	19	3.3	85	7.1	11	5.04	1.0/0.3
7868	NOV	550	440	19	3.3	90	7.1	11	5.04	1.0/0.3
1614	金属	375	300	21	3.5				5.67	
5881	GT	400	400	23	3.0		12.8	11.3	5.67	0.5/0.1
KT66	G	500	400	25	3.5	200	26.9	5.8	8.001	0.5/0.1
807	ST	600	300	25	3.5	I_{pm} 120			5.67	固定 0.1/0.05 (A₁、AB₁/AB₂)
350A/B	ST/G	400/600	250/300	30	4	I_{pm} 125			10.08	
EL34/6CA7	GT	800	425	25	8.0	150	8.7	11	9.45	0.7/0.5 (A₁、AB₁/AB₂)
6L6GC	GT	500	450	30	5.0		12.8	10.8	5.67	0.5/0.1
7581/A	GT	500	450	30/35	5.0				5.67	
7027	GT	450	400	25	3.5				5.67	0.5/0.1
7027A	GT	600	500	35	5.0				5.67	0.5/0.1
6550	G	600	400	35	6.0	175	11.7	20	10.08	0.25/0.05
6550A	GT	660	440	42	6.0	190	11.7	20	10.08	0.25/0.05
KT88	G	800	600	42	8.0	230			10.08	0.27/0.1
KT90	GT	750	650	50	8.0		19	20	10.08	0.25/0.05
EL156	/	800	450	50	8.0	I_{pm} 180			11.97	0.1
6R-A8	MT	300	—	15	—	120	13.0	4.0	6.3	0.5/0.1
50C-A10	/	800		25	—	200	15.5	6.0	8.75	0.5
8045G	GT	550		45		300			15.75	0.5/0.15
6G-B8	GT	500	400	35	10	200	5.6	15	9.45	0.7/0.5
2 c4 c	ST	360	—	15	—	140	31.8	3.2	6.25	0.5/0.05

续表

型　号	管　型	最大屏极电压 E_{pm}(V)	最大帘栅极电压 E_{sgm}(V)	最大屏极耗散功率 P_{pm}(W)	最大帘栅极耗散功率 P_{sgm}(W)	最大阴极电流 I_{km}(mA)	激励电压 e_s (V_{rms})	输出功率 P_O(W)	阴极消耗功率 P_H(W)	最大栅极电阻 R_g(MΩ)(自给偏压C/固定偏压F)
6н5с	G	250	—	13		125			15.75	1.0
6н13с	G	250	—	23		130			15.75	1.0
6п14п	MT	300	250	12	2.0	65	4.2	4.5	4.788	1.0/0.3
6п6с	GT	350	310	13.2	2.2		9.0	5.5	2.835	0.5/0.1
6п3с	GT	400	300	20.5	2.75	90	9.9	6.5	5.67	0.5/0.1
г-807	ST	600	300	20	3.0	120			5.67	
6C19	MT	350	—	11	—	(110)			6.30	0.5
6N5P	G	250	—	13		125			15.75	1.0
6N13P	G	250	—	23		130			15.75	1.0
6P14	MT	300	300	12	2.0	65	4.2	>3.2	4.788	1.0/0.3
6P6P	GT	350	310	13.2	2.2		9.0	>3.6	2.835	0.5/0.1
6P3P	G	400	330	20.5	2.75		9.9	>5.4	5.67	0.5/0.1
FU-7	ST	600	300	25	3.5	120			5.67	

5. 常用电视机用扫描输出电子管特性

型　号	灯丝电压/电流 (V/A)	最大屏极电压 (V)	最大帘栅极电压 (V)	最大阴极电流 (mA)	最大屏极耗散功率 (W)	最大帘栅极耗散功率 (W)	互导 (μA/V)	内阻 (kΩ)	放大系数	备　注
6BX7 GT	6.3/1.5	500	—	60	10	—	7600	1.3	10	重直扫描输出双三极管
		AB₁类，E_P280V　I_P55~99mA　E_g-23V　R_L 5kΩ(P-P)　P_O9.1W								
6BL7G TA	6.3/1.5	500	—	60	10	—	7000	2.15	15	重直扫描输出双三极管
6BQ6 GTB/ 6CU6	6.3/1.2	600	200	110	11	2.5	5900	18	4.3*	水平扫描输出集射管（8脚带屏帽GT管）
		AB₁类，E_P 270V　I_P 110~150mA　E_{sg} 150V　I_{sg} 3~8mA　R_K 170Ω（共用）R_L 3kΩ(P-P)　P_O 20W								
6CM5	6.3/1.25	550	250	220	12	5	14000	5.0		水平扫描输出集射管（8脚带屏帽GT管）
		B₁类，E_P 300V　I_P 36~200mA　E_{sg} 150V　I_{sg} 1~38mA　E_g -29V　R_L 3.5kΩ (P-P)　P_O 44.5W								
6п13с	6.3/1.3	450	450		14	4.0	9500	25		水平扫描输出集射管（8脚带屏帽GT管）
6P13P	6.3/1.3	450	450		14	4.0	>8500	25		水平扫描输出集射管（8脚带屏帽GT管）
		单端 A₁类，E_P 200V　I_P 68mA　E_{sg} 150V　I_{sg} 8mA　R_K 140Ω　R_L 2.6kΩ　P_O 5.6W								

*G_2-G_1 放大系数

6. 常用三极·五极功率管特性

型号	灯丝电压/电流 (V/A)	屏极电压/电流 (V/mA)	帘栅极电压/电流 (V/mA)	栅极电压 (V)	互导 (μA/V)	内阻 (kΩ)	放大系数	负载阻抗 (kΩ)	输出功率 (W)	备注
6BM8 /ECL82	6.3/0.78	(三)100/3.5 (五)170/41 A1: 200/35~37 AB$_1$: 250/56~62	— 170/9 200 串联 470Ω 200/11.6~26	0 −11.5 R_K 330Ω R_K 220Ω	2200 7500	16	70 9.5 *	4.5 10(P-P)	3.3 10.5	(三)E_{pm} 300V, P_{pm} 1W, I_{km} 15mA, R_{gm} 3M/1M (五)E_{pm} 300V, E_{sgm} 300V, P_{pm} 7W, P_{sgm} 2W, I_{km} 50mA, R_{gm} 2M/1M (自给偏压/固定偏压) 三极·五极功率管(小9脚MT管)
6GW8/ ECL86	6.3/0.7	(三)250/1.2 (五)250/36 A1: 250/36~37 AB1: 300/57~71	— 250/5.5 250/5.5~11.5 280/8.6~17	−1.9 −7.0 R_K 170Ω R_K 130Ω	1600 10000	45	100 22 *	7.0 8.0(P-P)	4 1 3.5	(三)E_{pm}300V, P_{pm} 0.5W, I_{km} 8mA, R_{gm} 2M (五)E_{pm} 300V, E_{sgm} 300V, P_{pm} 9W, P_{sgm} 3W, I_{km} 55mA, R_{gm} 1M (自给偏压) 三极·五极功率管(小9脚MT管)

*G_2-G_1放大系数

7. 常用高真空全波整流电子管特性

型号	灯丝电压/电流 (V/A)	屏极交流电压 (V)	直流输出电流 (mA)	滤波输入电容器 (μF)	屏极电源阻抗 (Ω)	峰值反向耐压 (V)	峰值屏极电流 (每屏) (A)	备注
5AR4●	5/1.9	2×450 2×500 2×550	250 200 160	60	150 175 200	1550	0.75	GZ34（8脚GT管）
5R4GY 5R4GYB	5/2	2×700 2×900	150	4	125 575	2800 3100	0.65 0.715	（8脚GT管）
5U4G	5/3	2×500	250		75		0.80	（RCA）（8脚G管）
5U4GB		2×300 2×450 2×550	300 275 162	40	21 67 97	1550	1.0	（8脚GT管）
5V4G●	5/2	2×375	175	10	100	1400	0.525	VT206A（8脚G管）
5Y3GT	5/2	2×350	125	20	50	1400	0.44	（8脚GT管）
5Z3	5/3	2×500	225	10	75	1550	0.675	VT145，特性同5U4G （4脚ST管）
5Z4GT●	5/2	2×350	125	<40	50	1400	0.375	（8脚GT管）

续表

型　号	灯丝电压/电流 (V/A)	屏极交流电压 (V)	直流输出电流 (mA)	滤波输入电容器 (μF)	屏极电源阻抗 (Ω)	峰值反向耐压 (V)	峰值屏极电流 (每屏) (A)	备　注
80	5/2	2×350	125	10	50	1400	0.375	VT80，特性同 5Y3GT（4 脚 ST 管）
274B	5/2	2×450	150	4		1500	0.525	（WE）（8 脚 G 管）
6CA4●	6.3/1	2×250 2×350 2×450	160 150 100	50	150 240 310	1300	0.50	EZ81（小 9 脚 MT 管）
6X4●	6.3/0.6	2×325	70	10	525	1250	0.245	EZ90（小 7 脚 MT 管）
5BC3	5/3	2×300 2×450 2×550	300 275 162	40	21 67 97	1700	1.0	（大 9 脚无底座 Novar 管）
EZ80●	6.3/0.6	2×250 2×300 2×350	90	50	125 215 300	1250	0.27	6V4（小 9 脚 MT 管）
GZ32●	5/2	2×300 2×350	300 250	32	150	1400	0.75	5AQ4（8 脚 G 管）
GZ33●	5/3	2×300 2×400 2×500	250	60	140 200 250	1500	0.75	（Mul）（8 脚 G 管）
GZ37●	5/2.8	2×500	250	4	75	1600	0.75	（Mul）（8 脚 G 管）
U50	5/2	2×350	120			1000	0.37	（GEC）（8 脚 G 管）
U52	5/2.25	2×500	250			1430	0.77	（GEC）（8 脚 G 管）
U54●	5/2.8	2×500	250			1250	1.50	（GEC）（8 脚 G 管）
U709●	6.3/0.95	2×350	150			1000	0.45	（GEC）（小 9 脚 MT 管）
U78●	6.3/0.6	2×325	70			1250	0.21	（GEC）（小 7 脚 MT 管）
5ц3с	5/3	2×500	250		200	1700	0.75	（8 脚 G 管）
5ц4с●	5/2	2×500	125		150	1350	0.375	（8 脚 G 管）
6ц4п●	6.3/0.6	2×350	≥72		250	1000	0.30	（小 7 脚 MT 管）
5Z2P	5/2	2×400	≥120	4	280	1400	0.36	（8 脚 GT 管）
5Z3P	5/3	2×500	≥230	4	200	1550	0.75	（8 脚 G 管）
5Z3PA	5/3	2×500	≥230	4		1700	1.75	并联灯丝（8 脚 G 管）
5Z4P●	5/2	2×500	>122	4	150	1350	≥0.30	（8 脚 G 管）
6Z4●	6.3/0.6	2×350	≥72	16	250	1250	0.30	（小 7 脚 MT 管）

●旁热式

8. 常用电子管管脚接续图

6AQ8/ECC85	A	5814A	B	7189	D	7868	K	5Z4GT/GZ30	P
6BQ7A/ECC180	A	6201/E81CC	B	6P14，6п14п	D	807	L	GZ32	P
6BZ7A	A	6189/E82CC	B	6F6GT	E	FU-7，г-807	L	GZ33	P
6CG7/6FQ7*	A	6681/E83CC	B	6L6G，6L6GC	E	6AU6/EF94	M	GZ37	P
6DJ8/ECC88	A	7025	B	6V6GT	E	6BA6/EF93	M	U54	P
6922/E88CC	A	12AY7，6н4п	B	5881	E	6BD6	M	5Z4P/5ц4с	P
7308/E188CC	A	ECC99	B	6550A，KT88△	E	6J4/6ж4п	M	5U4G，5U4GB	Q
8223/E288CC	A	E80CC	B	KT66	E	6J5/6ж5п	M	5Z3P/5ц3с	Q
CCa	A	6N4	B	1614	E	6AG5/EF96	M₁	5R4GY	R
6N1/6н1п	A	6N10	B	7581/A	E	6AK5/EF95	M₁	5Y3GT	R
6N2/6н2п	A	2025	B	6P3P，6п3с	E	6BC5	M₁	274B	R
6N6/6н6п	A	5687	B₁	6P6P，6п6с	E	6J1/6ж1п	M₁	5Z2P	R
6N11，6н23п	A	7119/E182CC	B₁	6G-B8	E	6J3/6ж3п	M₁	5Z3	S
6240G★	A	6SL7GT，5691	C	2A3	F	6267/EF86	N	80	S
6н30п	A	6SN7GT，5692	C	2с4с	F	6J8，6ж32п	N	6CA4/EZ81	T
2C51，5670	A₁	6N8P/6н8с	C	45	F	EF80/6BX6	N₁	EZ80	T
6N3/6н3п	A₁	6N9P/6н9с	C	50	F	EF184/6EJ7	N₁	6X4/EZ90	U
12AT7/ECC81	B	ECC33	C	300B	F	6SJ7GT，5693	O	6Z4/6ц4п	U₁
12AU7/ECC82	B	6AS7G，6080	C	4300B	F	6J8P/6ж8с	O	7591	V
12AX7/ECC83	B	6N5P/6н5с	C	211	G	5AR4/GZ34	P	6AN8	W
12BH7A	B	6N13P/6н13с	C	845	G	5V4G	P	6BL8/ECF80	X
5751	B	6BX7GT，6BL7GTA	C	EL34/6CA7	H			6U8A/ECF82	X
		6BQ5/EL84	D	7027A	I			7199	Y

* 6FQ7 第 9 脚为 NC　　★6240G 第 9 脚为 IC　　△KT88 第 1 脚为 BC

电子管管脚接续图说明：

① 所有管脚接续，均为底视图，顺时针方向编号。

② 管脚接续图中，IC（Internal connection）是管内没有电极连接的空脚，但管座上的相应焊片，不可用作中继连接端子使用。IC（Internal shield）是内部屏蔽。NC（Not connection）是管内没有电极连接的空脚，可用作连接端子使用。BC（Base sleeve）是金属管腰（屏蔽用）。

③ 管脚接续图中，F 是灯丝，G 是栅极（G1 为控制栅极，G2 为帘栅极，G3 为抑制栅极或集射屏），H 是热丝，K 是阴极，P 是屏极（阳极）。

常用电子管管脚接续见图 25-1。

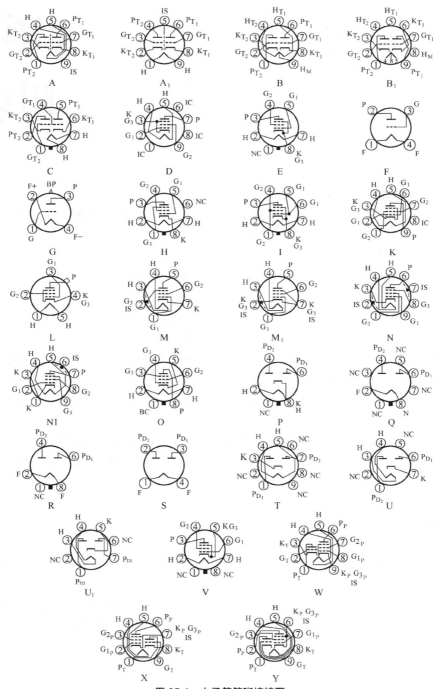

图 25-1　电子管管脚接续图

第26章

附录

1. 接收电子管型号命名法

（1）美 EIA 方式。由数字-字母-数字组成。20 世纪 30 年代的老式电子管由 2 位数字组成，如 42、80 等，并无具体含义。

第一部分数字，表示灯丝电压的整数。

以自然数 n 表示，应满足（$n-0.4$）V$<n$V$\leqslant$（$n+0.6$）V。

0 —— 冷阴极		1 —— 0～1.6V	
2 —— 1.6～2.6V		6 —— 5.6～6.6V	
……		12 —— 11.6～12.6V	

以 7 或 14 表示 6.3 及 12.6V 灯丝电压时，该电子管为锁式管，如 7N7、14C5 等。

第二部分字母，以一两个字母作为区别管型用，并无确切含义。但第 1 个字母为 S，指单端 single end 之意，表示该管为无栅帽型单管底电子管，如 6SJ7、6SK7 等。

第三部分数字，8 脚管、小型管表示电子管引出电极数，如 6J7、5Y3GT 等。4 脚、5 脚、6 脚、7 脚 ST 管表示管内电极数，如 2A3、5Z3 等，但某些 6 脚 ST 管也有表示引出脚数，如 6C6、2A6 等。

基本型号后，如有后缀，意义为：

G——8 脚玻壳管（ST-12、ST-16 尺寸）

GT——8 脚筒形玻壳管（T-9 尺寸）

如为改进管，在型号末尾加字母 A、B、C……，表示为原型的改进型，如 6L6GC 为第 3 次改进型。

（2）欧洲方式。由字母-字母-数字组成。（由 PHILIPS 及 TELEFUNKEN 制订，Mullard、PHILIPS、SIEMENS、Valvo 等使用，如 EF80 为灯丝电压 6.3V 的小 9 脚五极管）

第一部分字母：表示灯丝电压或电流。

D——$\leqslant$1.4V，串联或并联供电；

E——6.3V，串联或并联供电；

G——5V，并联供电；H——150mA，串联供电；

P——300mA，串联供电；U——100mA，串联供电；

X——600mA，串联供电。

第二部分字母：表示管型类别。

A——高频二极管（整流管除外）；

B——高频双二极管（整流管除外）；

C——三极管（功率三极管除外）；

D——功率三极管；

F——五极管（功率五极管除外）；

L——功率四极或五极管；

Y——高真空半波整流管；

Z——高真空全波整流管。

第三部分数字，以 2～3 位数字表示登记序号，其中第 1 个数字代表外形分类，后面的数字为登记序号。

3——8 脚（US）；8——标准小型 9 脚（B9A）；

9——小型 7 脚（B7G）。

（3）英国方式。由字母-数字组成（GEC、Marconi、Osram 等使用，如 KT77 为功率四极管）。

第一部分字母：表示管型类别。

B——双三极管；N——功率五极管；

D——二极管；P——功率三极管；

H——高 μ 三极管；U——全波或半波整流管；

KT——功率四极管；Z——锐截止五极管；

L——低内阻三极管；W——遥截止五极管。

第二部分数字，以 2～3 位数字表示登记序号。

（4）苏联方式。由数字-字母-数字-字母组成（如 6П6C 为灯丝电压 6.3V 的输出集射四极玻壳管）。

第一部分数字，表示灯丝电压，取整数部分。

第二部分字母，表示管型类别。

x——双二极管；c——三极管；

п——输出五极管或集射四极管；

к——遥截止五极管；ж——锐截止五极管；

н——双三极管；ф——三极·五极管；

ц——整流管。s

第三部分数字，以一两位数字，表示登记序号。

219

第四部分字母，表示外形结构。

无——8 脚金属管；c——普通玻壳管；

п——小型管（φ19 或 22.5mm）。

基本型号后，如有后缀，意义为

1976 年前：P - 特别品质　　　　　　1976 年后：B - 耐震动，高可靠

　　　　　EP - 特别品质，长寿命　　　　　　　E - 长寿命

　　　　　BP - 特别品质，高可靠　　　　　　　K - 特别声频

　　　　　ДР - 特别品质，超长寿命　　　　　　Д - 超长寿命）

　　　　　И - 脉冲用　　　　　　　　　　　　EB - 长寿命，高可靠

（5）中国方式。由数字-字母-数字-字母组成（如 6N1 为灯丝电压 6.3V 的小型双三极管）。

第一部分数字：表示灯丝电压，取整数部分。

第二部分字母：表示管型类别。

F——三极·五极管；C——三极管；

H——双二极管；J——锐截止五极管或四极管；

K——遥截止五极管；N——双三极管；

P——输出五极管或集射管；

Z——小功率整流二极管。

第三部分数字，以 1～2 位数字表示型、序号。

第四部分字母，表示外形结构。

无——小型管（Φ19 和 22.5mm）；P——普通玻壳管。

（6）日本 JIS 方式。由数字-字母-字母-数字组成（如 6R-HH1 为灯丝电压 6.3V 的小型 9 脚高 μ 双三极管）。

第一部分数字：表示灯丝电压，取整数部分。

第二部分字母：表示外形结构。

M——小型 7 脚管；R——小型 9 脚管；G——GT 管……

第三部分字母：表示管型类别。

H——高 μ 三极管；A——功率三极管；R——高频四极或五极管；

B——功率集射管；P——功率五极管；K——高真空整流管……

第四部分数字，表示登记序号。

（7）MAZDA 方式。由数字-字母-数字组成，是该公司专用，但并不严格遵守此命名方式（如 6F22 为灯丝电压 6.3V 的小型 9 脚小信号五极管）。

第一部分数字：表示灯丝类型。

6——6.3V；10——100mA；20——200mA；30——300mA。

第二部分字母：表示管型类别。

C——变频管；D——小信号二极管；F——小信号五极管；

K——闸流管；L——三极管；M——荧光指示管；

P——五极管或集射四极管；U——半波整流管；

UU——全波整流管。

第三部分：表示序号。

2．电子管特殊性质的标志

电子设备常要求电子管的性能在一个或多个方面作出改进，这些特殊品质的接收电子管的性能，超过一般用于消费类产品的原型，可以直接替换原型管。

电子管的特殊性质，一般在电子管型号的后面或下面用字母表示。

（1）美国　W 为高可靠管的代号。如 6X4W、6L6WGB、12AX7WA 等为 6X4、6L6GB、12AX7A 的高可靠管。

4 位数字型号，表示该管为工业用管或通信及特殊用途管，在长时间内能保持稳定的性能。如 6067 为 12AU7 的工业用管，6679 为 12AT7 的特殊用途管。

型号前加 JAN、USN 表示该管符合美军用规格（MIL-Qualified），在长时间内能保持稳定性能，并能耐受强烈的冲击和振动。如 JAN6922、JAN12AX7WA 等。

型号后的 A、B、C，表示该管为原型的 1、2、3 的某次改进型，改进管一般在最高工作电压及最大耗散功率等方面作了提高。如 6L6GC、6550A 等分别为 6L6G、6550 的第 3 次、第 1 次改进型。

型号后缀 GT/G，表示该管可与 G 型或 GT 型互换。如 6V6 GT/G、5Y3GT/G。

（2）欧洲　序号夹在灯丝特性代号字母与结构代号字母中间的电子管为高品质管，有长寿命、高可靠、低公差、耐冲击及耐振动等特点。如 E83CC、E88CC 是 ECC83、ECC88 的高品质型。

（3）英国　CV 后加若干位数字表示该管为军用型号，CV 为通用电子管（Common Valve）的缩写，如 CV492 是 ECC83 的军用型号。

（4）日本　Ⓣ表示 Hi-Fi 用管，Ⓢ或 Hi-S（High-Stability Tube）表示通信-工业用高稳定管。

（5）苏联　-В 表示为高可靠坚牢管，-Е 表示为长寿命管，-И 表示为脉冲用管，-К 表示为抗震管。如 6Н 1П-В、6С45П-Е 等。

（6）中国　-Q 表示为高可靠与高机械强度管，-M 表示为脉冲工作管，-S 表示为长寿命管。如 6N1-M、6J1-Q 等。

管壳或底座上注明级别，M（民）表示为民用级，J（军）表示为军用级，Z（专）表示为专用级，T（特）表示为特级。该级别主要指基本参数的误差范围及某些特殊要求。

3．电阻规格的标志

电阻器的规格包括电阻值、误差及功率等，其电阻值及误差除直接标在电阻体上外，常用颜色环表示。

电阻器电阻值的直接标志方法，由 2 个字母和数字组成，前一个字母表示倍乘数，而且此字母位置即小数点位置，后一字母表示允许误差。

第 1 个字母的意义：Ω 或 R(Round 的简称)=1 倍，K=10^3 倍，M=10^6 倍

第 2 个字母的意义：B=$\pm0.1\%$，C=$\pm0.25\%$，D=$\pm0.5\%$，

F=$\pm1\%$，G=$\pm2\%$，H=$\pm2.5\%$，J=$\pm5\%$，K=$\pm10\%$，M=$\pm20\%$

例如，R47K 为 $0.47\Omega\pm10\%$，3K9J 为 $3.9k\Omega\pm5\%$，33KJ 为 $33k\Omega\pm5\%$，1M2K 为 $1.2M\Omega\pm10\%$。

精密电阻器的电阻值还有一种直接标志方法，由 4 位数字和一个字母组成，开始 3 位数字为有效数，最后一个数字表示倍乘数（0 为×1，1 为×10，2 为×10^2，3 为×10^3，4 为×10^4，5 为×10^5），单位 Ω，4 位数数字后的字母表示允许误差（B 为 $\pm0.1\%$，C 为 $\pm0.25\%$，D 为 $\pm0.5\%$，F 为 $\pm1\%$）。

例如，1000D 为 $100\Omega\pm0.5\%$，2493F 为 $249k\Omega\pm1\%$，1872F 为 $18.7k\Omega\pm1\%$，1961F 为 $1.96k\Omega\pm1\%$，1003G 为 $100k\Omega\pm2\%$。

电阻器电阻值的色环表示方法有4色环和5色环两种，如图 26-3-1 所示。4 色环法在电阻体上的颜色环，由端头向中心排列，第 1 至第 2色环表示电阻的有效数字，第 3 色环表示倍乘数，第 4 色环表示允许误差。为了防止色环倒读，常把误差项色环稍微加粗。

例如，黄紫橙金为 $47k\Omega\pm5\%$，如仅有 3个色环，则表示该电阻的第 4 色环无色，误差为 $\pm20\%$。

精密电阻采用 5 色环法，第 1 至第 3 色环

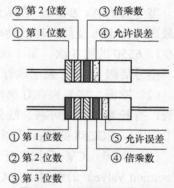

图 26-3-1　电阻的色环表示法

表示电阻的有效数字，第 4 色环表示倍乘数，第 5 色环表示允许误差。还有一种6 色环的精密电阻，第 6 色环表示温度系数，红色为 100×10^{-6}，橙色为 50×10^{-6}，黄色为 15×10^{-6}，绿色为 25×10^{-6} 电阻器色标见表 26-3-1。

例如，棕黑绿棕棕为 $1.05k\Omega\pm1\%$。

表 26-3-1　　　　　　　　　　　　　　电阻器色标

颜　　　色	第 1 位数	第 2 位数	第 3 位数	倍　乘　数	允 许 误 差
黑	0	0	0	×1	—
棕	1	1	1	×10	$\pm1\%$

续表

颜　　色	第 1 位数	第 2 位数	第 3 位数	倍　乘　数	允 许 误 差
红	2	2	2	×100	±2%
橙	3	3	3	×1000	—
黄	4	4	4	×10000	—
绿	5	5	5	×10^5	±0.5%
蓝	6	6	6	×10^6	±0.2%
紫	7	7	7	×10^7	±0.1%
灰	8	8	8	—	
白	9	9	9	—	+ 5/–20
金	—	—	—	×0.1	±5%
银	—	—	—	×0.01	±10%
无色	—	—	—		±20%

系列值

电阻的系列值（E 系列）为等比数列，也称优选值（preferred value）。它的每一取值都比它前面的一个值大一固定倍数，并为国际公认。规定的系列值再乘以 1、10、100 等倍数和单位（如 Ω、kΩ、MΩ），采用这种系列值可使整个给定范围内的所需元件数减到最少。恒定倍数值取决于元件值的允许误差，如 E6 系列，允许 20%误差，系列值为 1.0、1.5、2.2、3.3、4.7、6.8，E12 系列允许 10%误差，增加下述中间值 1.2、1.8、2.7、3.9、5.6、8.2，E24 系列允许 5%误差，再加增 1.1、1.3、1.6、2.0、2.4、3.0、3.6、4.3、5.1、6.2、7.5、9.1。E 数字越大，越能具备精密的电阻值。

4．高性能电子管放大器电路回顾

自 1906 年实用的电子管面世，1912 年高真空管研制成功以来，就有了声频放大器（当时称低频放大器），声频放大器最先应用于收音机，随着唱片技术的发展，电唱机对大音量和高音质的要求，有声电影的实现，剧场对扩音设备急需革新，所以到 20 世纪 30 年代电子管声频放大器已进入全盛时期。1937 年贝尔实验室《稳定化反馈放大器（Stabilized Feed-back Amplifier）》论文的发表，是电子管放大器的一次革命。基于电子管的改良，负反馈技术的成熟，第二次世界大战后，慢转密级唱片、调频广播的出现，更激发了人们对高性能声频放大器的研究开发，一些高保真放大电路相继发表，揭开了真正高保真放大的帷幕。

最为著名的当推 1947 年 4 月英国的 D.T.N.威廉逊发表在《无线电世界》（Wireless World）杂志上的威廉逊放大器（具体电路见图 26-4-1），该放大电路及其变形可说是风靡一时。这种放大器的特点为，从电压放大到功率输出全部采用三极电子管，输出级将集射功率管并接成三极功率管使用；四级放大的第一级与第二级间采用直接耦合；输出变压器次级加到第一级电子管阴极负反馈 20dB；使用优质输出变压器。从现代技术角度看，该电路在设计上并不是非常合理，如耦合电容器 C3、C4 和 C6、C7 的电容量若取得更大些，放大器的低频特性会有改善，工作将更稳定，高频补偿电路 R26、C10 的的补偿频率若降低些，可能对它的高频段的尖峰有所改善。

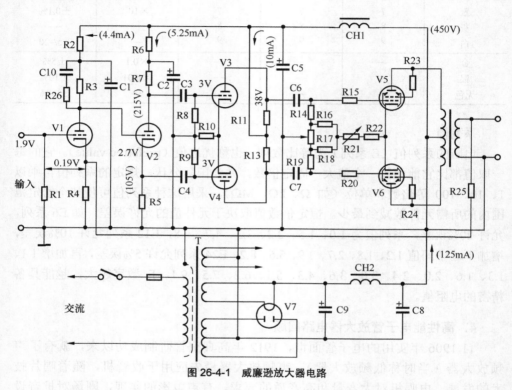

图 26-4-1　威廉逊放大器电路

　　图中所注的电压值是输出 15W 时各部分的信号电压幅度，（ ）内表示直流电压值。

R1：	1MΩ ¼W ±20%：	R25：	1.2kΩ 音圈阻抗 ¼W：
R2：	33kΩ 1W ±20%：	R26：	4.7 kΩ ¼W±20%：
R3：	47 kΩ 1W ±20%：	C1、C2、C5、C8	8μF 500V：
R4：	470 kΩ ¼W ±10%：	C3、C4	0.05μF 350V：
R5、R7：	22 kΩ 1W ±5% *：	C6、C7	0.25μF 350V：
R6：	22 kΩ 1W ±20%：	C9：	8μF 600V：
R8、R9：	470 kΩ ¼W ±20%：	C10：	200pF 350V：

R10：	390Ω ¼W ±10%：	CH1：	30H 350V 20mA：
R11、R13：	47 kΩ 2W ±5% *：	CH2：	10H 150mA：
R14、R19：	100 kΩ ¼W ±10%：	T：	次级 425V-0-425V 150mA：

5V 3A，6.3V 4A 中心抽头：

R15、R20：	1 kΩ ¼W ±20%：	V1、V2：	L63 或 6J5 (6SN7GT)：
R16、R18：	100Ω 1W ±20%：	V3、V4：	L63 或 6J5 (6SN7GT)：
R17、R21：	100Ω 2W 线绕可变：	V5、V6：	KT66
R22：	150Ω 3W ±20%：	V7：	53KU，5V4
R23、R24：	100Ω 1W ±10%：	* 需正确配对	

不能不提的是 1951 年 11 月美国的 D.哈夫洛和 H.克劳斯发表在《声频工程》（Auido Engineeing）杂志上的超线性放大器，不仅轰动一时，广为流传，还被人们奉为高保真的经典，至今仍普遍采用（具体电路见图 26-4-2）。这种放大电路的

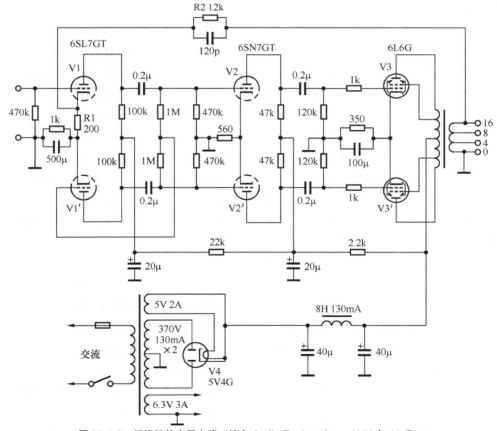

图 26-4-2　超线性放大器电路（摘自 Audio Engineering，1951 年 11 月）

特点是输出功率电子管具有帘栅极反馈，使用优质输出变压器。电路中输出变压器帘栅极部分线圈与初级线圈的比值，对电子管都有一个特定的最佳值，使得最大的奇次谐波失真减小和输出内阻下降，而对输出功率并无太多减少。这种电路的关键在于一个漏感极小和高度对称的输出变压器。

超线性放大器实质上是负反馈电路的一种，它有减小最大输出功率的缺点，从现代电路技术角度看，这种多极功率管帘栅极反馈的超线性接法，用标准接法加多重负反馈来替代，不论从特性方面还是输出功率都会更好，所以不推荐超线性电路。

1954 年 5 月美国 UTC 公司发表在《无线电与电视新闻》（Radio & Television News）杂志上的线性标准放大器，是一种多重负反馈放大器电路，除每个放大级的本级负反馈外，还施以包括输出变压器在内的环路负反馈 12dB，在输出级采用多达 3 重的反馈，使输出电子管的内阻大大降低。该电路设计比较合理，有充分的工作稳定性。

调整信号平衡电阻 R15，使 R26 两端的信号电压为最小，必要时可去掉 C7C。

R1:	470kΩ 1W ±10%;	R26:	150Ω 5W ±10%。
R2、R9、R30:	3.3kΩ 1W ±10%;	R27:	20kΩ10W ±10%线绕
R3、R10、R12:	80kΩ 1W ±10%	R28:	6kΩ 5W ±10%线绕。
R4:	1MΩ 1W ±10%;	C1:	10μF 450V。
R5:	10kΩ 1W ±10%;	C2A、C2B、C2C:	4/8/1μF 450V。
R6:	68kΩ 1W ±10% *;	C3:	0.02μF 600V。
R7、R18、R24、R32:	180Ω 1W ±10%;	C4、C6、C8、C9:	0.25μF 600V。
R8、R35:	500kΩ ½W ±10%;	C5:	150pF 云母。
R11:	2.2kΩ 1W ±10%;	C7A、C7B、C7C:	8/8/100μF 450/450/50V。

R13:	150kΩ 1W ±10%;	C10、C11:	8μF 450V。
R14:	1kΩ 1W ±10%;	L1:	UTC R201。
R15、R29:	1kΩ 微调电位器;	T1:	UTC R1051。
R16、R23、R31:	330kΩ 1W ±10%;	T2:	UTC LS63。
R17:	1.5kΩ 1W ±5%;	V1、V1':	12AX7。
R19、R34:	100kΩ 1W ±1%;	V2、V2':	6AU6。
R20、R33:	510kΩ 1W ±5%;	V3、V3':	5881，1614 或 KT66。
R21:	220kΩ 1W ±10%;	V4:	5V4。
R22、R25:	100kΩ 1W ±5%;	* 参照（具体电路见图 26-4-3）。

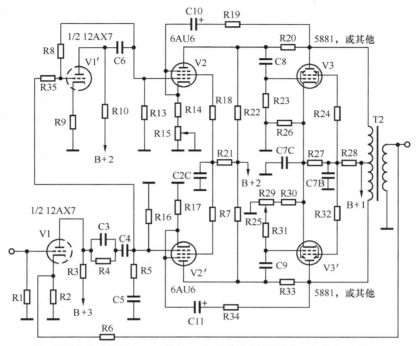

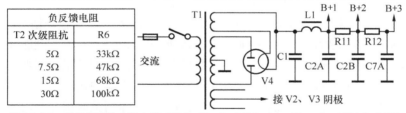

（注）调整信号平衡电阻 R15，使 R26 两端的信号电压为最小，必要时可去掉 C7C。

负反馈电阻	
T2 次级阻抗	R6
5Ω	33kΩ
7.5Ω	47kΩ
15Ω	68kΩ
30Ω	100kΩ

图 26-4-3　线性标准放大器电路（摘自《Radio & Television News》，1954 年 5 月）

5．音响设备中的电阻器

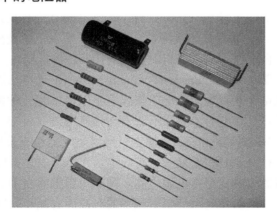

电阻器（resistor）通常指固定电阻器（fixed resistor），简称电阻，它在音响设备中有 3 个用途：调节电流和电压，做成分流器或分压器，负载。

在声频设备中，大量使用的固定电阻器，现在基本都是薄膜电阻器和线绕电阻器两类。线绕电阻器是由电阻丝绕在陶瓷等绝缘骨架上构成，外层涂釉或其他耐热且导热良好的绝缘材料，一般使用在大功率场合。薄膜电阻器是在绝缘基体上被覆一层薄膜电阻体加工而成，电阻膜外涂有保护层或密封外壳，有碳膜、金属膜和金属氧化膜等，用途广泛而被普遍采用。

碳膜电阻器（carbon film resistor）是用碳氢化合物在真空下高温热分解的碳沉积在绝缘基体上形成的电阻膜层，以刻槽控制阻值，性能稳定、阻值范围宽、价廉，被广泛应用。

金属膜电阻器（metal film resistor）是以特种金属或合金用真空蒸发或溅射在陶瓷基体上形成电阻膜层，以刻槽控制阻值，耐热、低噪声、高稳定、低温度系数，体积比碳膜电阻器小，作为精密和高稳定性的电阻器而被广泛应用于高质量电子设备。

金属氧化膜电阻器（metal oxide film resistor）是由能水解的金属盐溶液在灼热的陶瓷表面分解沉积而成电阻膜层，耐高温、可短时过载、温度系数可与金属膜电阻器匹敌、高频特性良好，有较好的抗氧化性和热稳定性，但阻值较小，可作为金属膜电阻器低值部分的补充。

块金属膜电阻器（bulk metal film resistor）为平面结构，电阻体是粘贴在基体上的电阻合金箔，再涂敷环氧树酯，性能稳定可靠、噪声小、体积小、高频性能好（5MHz 以下基本是纯电阻）、响应快、电阻温度系数极小，是当前最精密的电阻器之一。

精密电阻器（precision resistor）并不是在普通电阻器中挑选出来的高准确电阻器。实际精密金属膜电阻器在生产工艺上增加了基体高温锻烧、直流老炼、二次刻槽等工序，有密封外壳。精度高（±0.5%～0.01%）、温度系数小、噪声小、稳定性高、可靠性高。

功率型被釉线绕电阻器（wire wound power resistor）通称珐琅电阻（enamelled resistor），耐高温、小体积、低温度系数、低噪声，但受电感及分布电容影响，不能用于较高频率场合，也不易取得高阻值（≥100kΩ）。

矩形线绕电阻器（rectangular wire wound resistor）通称水泥电阻，为矩形陶瓷壳以类水泥无机粘合剂封装的低电阻值线绕电阻器，是一种体积小而安全的大功率电阻器。由于其具有电感，同样不适于高频使用。

底板安装型（chassis mounted）金属密封线绕电阻器带有金属散热器外壳，体积小、性能稳定，有普通型和无感型，其额定功率会因安装条件而异。

普通线绕电阻器大多使用在电源电路。薄膜电阻器本身的分布电容和电感虽然很小，但其高频特性仍使电阻值随着频率的升高而有减小，实际上于 200MHz

以下频率时，其电阻值变化小于 20%～25%，不过低值电阻器则随频率的升高其电阻值增大。碳膜电阻器工作在 10MHz 以下频率时不会有问题，可使用于一般高频电路，金属膜电阻器的频率特性比碳膜电阻器好。

电阻器的噪声是不可避免的，其固有噪声包括热噪声和电流噪声，电流噪声也称过剩噪声。当放大器的输入灵敏度在 0.5mV 以上时，电阻器的热噪声就可忽略不计。有电流流过就有电流噪声，一般而言，电阻器的电阻值越小、额定功率越大，则电流噪声越小。在各种电阻器中，以线绕电阻器的噪声最小，金属膜电阻器次之，但远比碳膜电阻器为小，所以在声频设备中，使用得最多的是金属膜电阻器。

在音响设备中，除个别场合外，电阻器对音色并无太大影响。但放大器的信号输入回路、电子管栅极回路及信号输出回路的电阻器对音色有一定影响，宜选用优质金属膜或金属氧化膜电阻器，电子管屏极电阻器、阴极电阻器对音色的影响虽较小，但仍以选用金属膜电阻器为宜，大功率的阴极电阻要用无感线绕电阻器。在信号通路、反馈回路等处，不宜使用大体积的电阻器。块金属膜电阻器一般并不适宜在音响设备中使用。

电阻器的阻值越大、温度越高，则噪声越大，为了降低噪声，就必须抑制温度的上升，所以电子管放大器中的屏极电阻器、阴极电阻器和晶体管放大器中的集电极电阻器、发射极电阻器的额定功率要有相当富裕量，以免电阻器温度上升过大，选用额定功率值应为计算值（$P=I^2R$）的 2 倍以上，如电子管前级放大的屏极电阻要选 2W 电阻器。功耗超过 2W 的电阻会很热，可使用铝壳的底板安装型线绕电阻，并固定在底板上帮助散热。

电阻器的主要参数有标称阻值、允许误差（精度）、额定功率。电阻器的额定功率是在额定环境温度下的容许功率，其大小取决于结构、尺寸及材料。实际选用电阻器时，功率的安全系数必须保证，待用的电阻器额定功率应当比计算值大一倍。当环境温度低于额定温度时，可满负载使用，环境温度高于额定温度时，应降低额定功率使用，额定环境温度对大部分电阻器是 70℃。

电阻器除额定功率外，还有一个最大工作电压（直流或交流有效值），由电阻器最大电流密度、电阻体击穿和产品结构等因素限定。若电阻器两端所加电压超过最大工作电压，电阻器内部会产生火花而引起噪声。对额定功率为 1/4W 的碳膜电阻器，其最大工作电压为 350V，1/2W 为 500V，1W 为 700V；金属膜电阻器和金属氧化膜电阻器的最大工作电压，1/2W 为 350V，1W 为 500V，2W 为 750V。

碳膜电阻器表面一般涂以淡棕色作为标志，金属膜电阻器表面涂以淡蓝色作标志，金属氧化膜电阻器表面涂以亚光的灰色作标志。国产电阻器的老产品电阻器的表面则以绿色标志碳膜，红色标志金属膜，棕色标志金属氧化膜。

电阻器的稳定性主要体现在电阻温度系数，即电阻值随温度发生可逆性变化的特性，以及电压系数，即电阻值随外加电压发生变化的特性，电压系数大小表示电阻器非线性的优劣。精密电阻器的稳定性远比同类普通电阻器为高。温度系数 ppm/℃中 ppm 表示百万分之一，即相当于辅助单位的μ，如 200 ppm/℃即平均每 1℃的温度变化有万分之二的电阻值变动，就是±0.02%。

音响设备中采用精密电阻器，并非是为了高的误差精度，而是为了取得高的稳定性和可靠性。绝缘型金属膜电阻器由圆筒形塑模外壳密封，简单密封型在电阻体外由聚合树脂包封，比仅有表面保护漆层涂装的非绝缘型金属膜电阻器有更高的稳定性和精度。但价高的无感块金属膜电阻器虽有高分析力却并不具有高超的音色表现。

电阻器的选择，首先检查外观，应无机械损伤和变色，特别是非绝缘电阻器的表面漆层不能有划伤和剥落，然后用万用表进行测量，测得阻值应在标称值误差允许范围内。电阻器的误差等级，除特别要求精密或对称的电路中，应选±1%误差外，一般电路中选±5%即可。

电阻器在接入电路时，其引线长度应适当，过长过短均非所宜，不要将引线作锐角弯折或在引线根部弯折。安装时远离发热源，防止电阻器表面保护涂层的擦伤。焊接时间不要太长以免电阻器过热，焊点离电阻体也不要过近，以免造成电阻器变值。

优质电阻器的著名品牌，有 VISHAY 金属膜 Dale 精密电阻器（"维萨"），DALE 精密电阻器（"戴尔"，美国）、IRC 军规金属釉膜电阻器（美国）、Holco 军用规格金属膜电阻器（"汉高"，英国）等。

电阻器的串联和并联

几个电阻器串联时，其总阻值等于这些电阻的总和，即

$$R_{总} = R_1 + R_2 + \cdots + R_n$$

相等阻值电阻器并联时，总阻值等于一个电阻器阻值除以电阻器个数。两个不同阻值电阻器并联时的总阻值，可用下式求得：

$$R_{总} = \frac{R_1 R_2}{R_1 + R_2}$$

不管电阻器是串联还是并联，其总功率都是各电阻器额定功率之和。

微调电位器

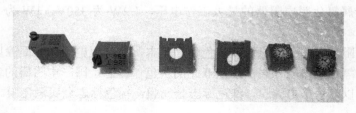

微调电位器（trimmer potentiometer）是作微量调节用的电位器，适用于辅助调节。在电路中作分压元件或可变电阻，如用作偏压调整，可分为普通型微调电位器和多圈型精密微调电位器。

6. 音响设备中的电容器

电容器（Capacitor）在音响设备中，有 3 个用途：旁路、去耦及耦合。实际上旁路和去耦电容器的作用是相同的，都要求在低频端有足够低的电抗，耦合电容器在每级的输入和输出端隔直流，其值影响工作频率的下限。

在声频设备中，大量使用的电容器，现在主要有薄膜电容器和电解电容器两类。在音响电路中，电容器的介质损耗（Dielectric Loss）会引起声频信号的谐波，造成失真。通常介质损耗用损耗角正切（Loss angle tangent）$\tan \delta$ 表示，它是因介质极化过程和电流的漏导等在介质内产生的能量损耗。电容器的损耗因数（DF，dissipation factor）等于其损耗角正切。电容器的品质因数（Q-factor）等于损耗角正切的倒数，用以评价高频电容器的质量。电容器导体部分自身的电感量（等效串联电感 ESL）也会对声频信号产生影响，金属化电容器及卷绕的叠层结构方形电容器自身电感小，影响就小，将圆形电容器压扁成厚片状，可减小自身电感。电容器的介质吸收（Dielectric absorption）就是介质滞后现象，会使电容器在放电后，电极上重新出现电位，这种不完善的介质特性，将影响声频电路对脉冲性或快速信号的控制速度和控制作用。电容器的等效串联电阻（ESR，equivalent series resistunce）是表征电容器损耗角大小的一个代替性参数。

电容器的主要参数有标称电容量、容许误差（精度）、损耗、额定工作电压及绝缘电阻等。电容器必须具有高绝缘电阻，一般在 5000MΩ 以上，电解电容器的绝缘电阻以漏电流表示。电容器的损耗由介质损耗和金属部分损耗组成，介质损耗与电容器的介质特性、使用频率、温度等有关，金属部分损耗则与电容器中采用的引出线、极片等所用的材料及芯子结构等有关。

电容器通常按所用介质而分类，音响设备中使用的电容器，主要是有机介质电容器和电解电容器。有机介质电容器使用电容器纸或合成有机薄膜为介质材料。纸介（Paper）电容器基本上以铝箔或锡箔为电极，由经油浸或蜡浸的电容器纸作介质卷绕而成。薄膜（Film）电容器是以金属箔为电极，低损耗塑料薄膜为介质，重叠卷绕成圆筒状或扁平矩形状的电容器。在介质薄膜上直接蒸发金属作电极的电容器，称金属化薄膜（Metallized Film）电容器，不仅体积小，还有自恢复作用（Solf Healing Action）。根据介质种类不同，有机介质电容器又可分为极性介质和非极性介质两类，极性介质的有聚对苯二甲酸乙二酯（PT，Polyethylene Terephthalate）简称聚酯（Mylar）俗称涤纶、聚碳酸酯（PC，Polycarbonate）以及纸介电容器等。非极性介质的有聚丙烯（PP，Polypropylene）、聚苯乙烯（PS，Polystyrene）、聚四氟乙烯（Polytetrafluoroethylene）等电容器。极性介质电容器比电容大，耐热性好，耐压强度高，非极性介质电容器损耗小，绝缘电阻高，介质吸收作用小，转换速率高，温度和频率特性稳定，温度系数为负。在音响电路中，极性介质电容器一般声音偏暖，但分析力较差，非极性介质电容器一般分析力高，但声音偏冷。

金属化薄膜电容器因其优良的特性而被大量应用于模拟电路，在音响电路中，使用最多的是金属化聚对苯二甲酸酯（MKT）电容器、金属化聚丙烯（MKP）电容器，以及金属化聚苯乙烯（MKS）电容器。聚丙烯电容器电性能好（tan δ < 0.0002），耐热性较好，比电容大，但超高频特性不太好，不宜用于 DAC 输出数字滤波等部位，在音响电路中能得到优良的分析力，但普通品的音色一般偏冷，泛音不够丰富。聚苯乙烯电容器电性能优良（tan δ < 0.0002），绝缘电阻很高，介质吸收小，而且超高频性能好，精度高，一般不需要外壳封装，使用在对电容量要求精确和稳定的场合，但这种电容器不耐热（70℃以下）。金属化聚碳酸酯（MKC）电容器的温度特性好，电性能比聚酯好一些，损耗较小，在要求温度稳定性高的场合使用，但不宜用于耦合。聚对苯二甲酸酯（聚酯）电容器的电容量和电压范围很宽，价格便宜，损耗较纸介电容器小（tan δ < 0.003），比电容大，耐热性好（125℃以下），是中频电容器，可运用到几兆赫兹，能用在一般高频电路，在音响电路中能得到较温暖的音色，但分析力较差，不适于高频率大电流用途。

纸介（Paper）电容器有箔片卷绕式和金属化纸（MP）两类，如图 26-6-1 和图 26-6-2 所示。纸介电容器比电容较大，但损耗较大（$\tan\delta < 0.01$），温度系数较大。金属或陶瓷管密封的密封型纸介电容器性能较高，有足够的可靠性。油浸纸介电容器的耐压比普通蜡浸纸介电容器高，稳定性也较高，在音响电路中使用音色温暖，泛音丰富，但分析力稍差。因为纸介电容器的浸渍剂会引起环保问题，目前已停止生产。

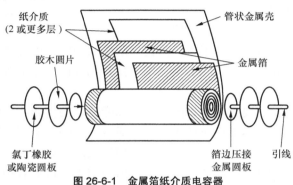

图 26-6-1　金属箔纸介质电容器

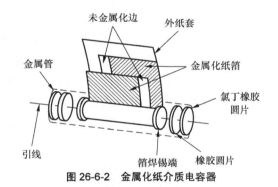

图 26-6-2　金属化纸介质电容器

电解（electrolyte）电容器的电介质是一层薄的氧化膜，它是在以铝箔为正极，电解液为负极的电解过程中形成，见图 26-6-3。因为氧化膜有单向导电性，故而电解电容器具有极性。铝电解电容器应用最为广泛，单位体积电容电压乘积较大，价格便宜，但稳定性差，介质损耗、介质吸收、等效串联电阻和漏电流较大，不适于在高频和低温下运用。由钽金属作正极的钽电解电容器，温度特性、频率特性和可靠性均优于普通铝电解电容器，特别是漏电流小，寿命长。但钽电容器具有半导体效应，非线性引起的失真大，不宜在音响电路使用，特别是耦合电路，但钽电容器阻抗很低适用于逻辑电路用作集成电路的电源旁路，另外，钽电容器还不耐机械冲击。

铝电解电容器工作时，不允许有反向电压存在，应严格按实际电路中的电压极性连接。在交流成分较多的场合，如分频、耦合等，以采用无极性（Non-polar）铝电解电容器为宜。低电压工作应选低额定电压铝电解电容器，不要在远低于额定电压状态下工作，以免电容量减小。铝电解电容器

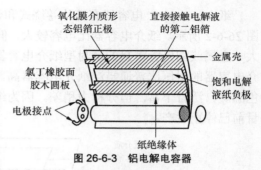

图 26-6-3　铝电解电容器

是不耐热元件，不要置于热源附近。为提高耐压而用两只电容器串联使用时，应在每只电容器上各并联一只 100kΩ～1MΩ 的均压电阻，以免电容器漏电流影响电压分配。

音响电路中，在需要大电容量的场合，如旁路、去耦或滤波电路，可选用铝电解电容器。铝电解电容器对重放声音的音质音色影响也是不可忽视的，有的声音单薄，有的声音较厚，分析力也有差异，但以低漏电流及低阻抗的高速品种或音响专用型为宜。不过某些高速铝电解电容器的交流阻抗随着频率的升高而变差的转折频率较低，落在声频范围内（而且电容量越大转折频率越低），会在较大程度上影响重放声音的表现及音质，特别对声音的生动感影响极大。铝电解电容器的性能一般要在使用一两个月后才会稳定。

不同类型的电容器只适用于某些特定的用途，如频率均衡电路、数字滤波电路可使用聚苯乙烯电容器；耦合、负反馈隔直流常使用电性能好的聚对苯二甲酸酯、聚丙烯或复合介质电容器；电源滤波、去耦及旁路使用频率特性好的高速铝电解电容器，而电源滤波等瞬间电流大的场合，要求低 ESR、高纹波电流，不宜使用小型化型号，体积小的电解电容器 ESR 较高，纹波电流额定值较小。

电源滤波电容器以多只小容量电容器并联替代单只大容量电容器，更有利降低内阻，而且由于充电速度较快，高频供电状态较好。

对耦合电路而言，信号电平越高，耦合电容器性能对失真的影响越大。故而在晶体管后级放大中，不宜用电解电容器作耦合元件，宜选用聚对苯二甲酸酯、聚丙烯等电容器，不同介质和不同金属箔极片材料（如铝箔、锡箔、铜箔、银箔）的电容器在音色上会有相当的差异，对高中低频的表现不尽相同，声音密度也不一样，哪种电容器的声音最好，视具体电路及其他元件的配合等情况而定，不能一概而论，更非价格高就是好。

电容器应工作在其额定工作电压（WV，Working voltage）之内，可参考表 26-6-1。为了延长使用寿命，提高可靠性，实际工作电压应低于额定工作电压 15%～20%，其实际工作电压是包含电路中直流电压和交流电压峰值之和。

电容器的选择，首要是绝缘电阻高，至少数百兆欧，否则会影响电路正常工作。铝电解电容器的漏电流是电容器寿命的重要因素，应选漏电流小的。滤波用电解电容器在充电时有很大的脉动电流通过，其峰值可达几安，要选用体积大的型号，体积过小，有可能发热。不要一味追求昂贵的元件，因为昂贵的元件未必是适合的元件。通常高品质电容器的体积较大。

表 26-6-1　电容器额定工作电压对照

直流额定电压	交流额定电压*
16V	12V
25V	20V
50V	40V
100V	75V
200V	120V
250V	150V
400V	200V
630(600)V	250V
1000V	400V
2000V	500V

*有效值，50 / 60 Hz

一般电解电容器储存时间较长后，在使用前需重新进行充电极化处理，方法是先以额定工作电压值的 15%充电 10～15min，随后每过 4～5min 升高额定工作电压值的 5%，直至升到额定值。通常在额定电压和常温下，完好的铝电解电容器的漏电流不大于 0.025～0.05mA/μF。

电容器在接入电路时，应将外壳上有黑圈或类似标记的一端，或连金属外壳的电极一端，接到电路低阻抗或低电位端，使电容器的外电极兼有屏蔽作用。电容器对振动敏感，特别是低频，故在印制电路板上安装时，对电解电容器等最好设以吸震垫。

音响用优质电容器的品牌，有 Audio Cap（"奥迪"，音响用高性能薄膜电容器，扁圆柱形，有 PPF 聚丙烯铝箔、PPT 聚丙烯锡箔、RT 聚苯乙烯锡箔等系列，美国），Auri Cap（"奥里"，高分析力电容器，美国），Cornell-Dubilier（"杜百利"高性能电容器，美国），ERO（高性能薄膜电容器，绿色外壳，德国），Infini-Cap（"英菲奈"，Wonder 的音响用薄膜电容器，白色圆筒形，美国），MIT CAP（"米特"，薄膜复合电容器，美国），Multi Cap（"马蒂"高性能薄膜电容器，采用多只并联结构，白色扁圆形黑色封胶，有 RTX、PPFXS 聚丙烯锡箔、PPMFX 金属化聚丙烯等系列，美国），Music Cap（"缪西克"，音响用薄膜电容器，淡黄色圆筒形绿色封胶，美国），Rel-Cap（"雷尔"，高性能薄膜电容器，多只并联结构，淡黄色扁圆柱形，美国），RIFA（"里法"，高性能薄膜电容器，淡蓝色外壳，瑞典），Solen（"索伦"，黑色圆筒形，大容量的 MKP 用于高级扬声器分频电路，法国），WIMA（"威马"，红色 MP-10 是优秀的旁路电容器，德国）。BHC/Aerovox（电源滤波用高性能电解电容器，黑色外皮金字，英国），Nichicon（"尼希康"，MUSE 系列音响用，电解电容器，棕色外皮，日本），Rubycon（"红宝石"，电解电容器，日本），Black-Gate（"黑爵"，音响用电解电容器，已停产，日本），Elna（"埃尔那"，音响用电解电容器，有 Cerafinf 高压型红袍系列、FOR AUDIO 黑底金字、DUOREX 奢华系列、SILMIC、For Audio、Duorex、Silmic 小型等系列，日本），Jensen（"强生"，音响用电解电容器，丹麦），Mallory（"马罗里"，高性能电解电容器，淡蓝色外皮，美国），NIPPON CHEMI-CON（日本化工，AUDIO系列），Philips（"飞利浦"，电解电容器，淡蓝色外皮，类六角形），Rifa（"里法"，高性能电解电容器，灰色外皮，瑞典），Roe（"罗伊"，高性能电解电容器，金黄色外皮，德国）。

电容器的串联和并联

相等电容量电容器串联时，总电容量等于一个电容器电容量除以电容器个数。两个不同电容量的电容器串联时，总电容量为

$$C_总 = \frac{C_1 \cdot C_2}{C_1 + C_2}$$

电容器并联时的总电容量等于各电容器电容量的总和，即

$$C_总 = C_1 + C_2 + \cdots + C_n$$

电容量相等的电容器串联时额定工作电压相加，电容器并联时，额定工作电压不变。

7. 音响设备中的音量控制

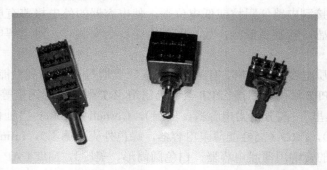

音量控制（volume control）也称电平控制（level control），在声频放大器中用以控制信号电平，使音量大小适于聆听需要的电路。可分平滑变化和步进变化两种控制形式。音量控制时要求频率响应不发生变化，无额外失真，调节平滑而范围大，不产生噪声。

人耳对声音响度变化的感觉，大致同声强变化的对数成比例，故用作音量控制器的电位器的阻值变化与旋转角度的关系应该符合对数关系，即起始转角附近的电阻变化很小，而在终端附近的电阻变化很快，这在国外称左旋对数曲线，国内称指数曲线。音量控制的范围，一般要求应可衰减46dB（IEC标准）。

典型的音量控制电路如图26-7-1所示，实质上是一个分压器，用电位器对放大器的输入信号加以控制，只要转动电位器就可把电位器上的某一个分压加到放大器，这种电压型电路在后面的负载阻抗极高时，输出信号将与电位器的阻值变化成相应的变化。图26-7-1（a）在调节时容易因电位器动臂与电阻体的接触缺陷而引起动噪声，而图26-7-1（b）则由于栅极电阻R_g提供对地通路而避免了前述

动噪声。由于所有信号都要经过音量电位器，其品质对声音有影响。还有一种较少被采用的分流器形式的音量控制，如图 26-7-2 所示。

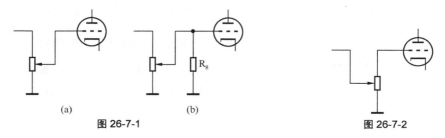

图 26-7-1

图 26-7-2

(a)　　　　　(b)

大多数音量控制都是左、右声道同时由一个旋钮同轴控制，要达到两个声道的音量控制曲线相同，左、右声道必须同步控制，使左、右声道能得一致的增益和输出，所以要使用质量好的双连同轴电位器。

音量控制电位器一般采用碳膜电位器，因为价格便宜，调节时噪声比较小，有优越的高频性能，耐磨性好，具有较小的电感量和分布电容，工作寿命也长。利用电位器作音量控制器，调节平滑，经济实用，所以得到普遍采用。普通音量电位器的缺点是同步对称性精度差，特别在音量起始段常会有 2dB 以上差异。而且普通电位器对放大器的音质有很大的负面影响，会降低声音细节的分辨能力，损害透明度和生动感。对音质影响小的优质电位器价格都不便宜，它们有很小的声道间偏差、特制的碳膜、镀金的滑动触点和金属切削的外壳。

音量控制用电位器，必须是高品质的，在选用时还应检验其同步性能，以免造成两个声道的增益不一致。当然旋转时的手感也要细腻平滑。

步进式音量控制电路如图 26-7-3 所示（注），这种音量控制的同步对称性很好。实际上它的工作原理和电位器控制并无本质区别，仅只以开关控制固定电阻的组合替代了电位器动臂的变化。由于人耳能分辨到的最小响度变化是 1dB，故而步进式音量控制每挡衰减量常取 1～2dB。

为了得到更大的控制范围，又不因挡位太多而使结构复杂，根据人耳听觉特性，可分段采用不同衰减程度的方式，如 0～-30dB 每挡衰减 2dB，-30～-42dB 每挡衰减 4dB，-42～-60dB 每挡衰减 6dB，这样用 22 只电阻（每声道）组成一个步进式音量控制器，能以 23 挡得到最大衰减达 60dB 的控制范围。这时组成电阻的阻值为，$R1=100\Omega$，$R2=100\Omega$，$R3=200\Omega$，$R4=390\Omega$，$R5=470\Omega$，$R6=750\Omega$，$R7=1.2k\Omega$，$R8=820\Omega$，$R9=1k\Omega$，$R10=1.3k\Omega$，$R11=1.6k\Omega$，$R12=2.0k\Omega$，$R13=2.6k\Omega$，$R14=3.3k\Omega$，$R15=4.3k\Omega$，$R16=5.1k\Omega$，$R17=6.8k\Omega$，$R18=8.2k\Omega$，$R19=10k\Omega$，$R20=13k\Omega$，$R21=16k\Omega$，$R22=20k\Omega$。音量控制器总阻值 99.23kΩ。该音量控制各挡的衰减量分别为：0dB、-2dB、-4dB、-6dB、-8dB、-10dB、-12dB、-14dB、-16dB、-18dB、-20dB、-22dB、-24dB、-26dB、-28dB、-30dB、-34dB、-38dB、-42dB、-48dB、-54dB、-60dB。

步进式音量控制细节较好，声音清晰。步进式音量控制器（常见实物见图26-7-4）的频率响应可达 50MHz，立体声声道分离度极高，但步进式音量控制难以做到音量的精细调节，特别是小音量时变化较粗糙，而且价格昂贵，所以难以普遍采用。

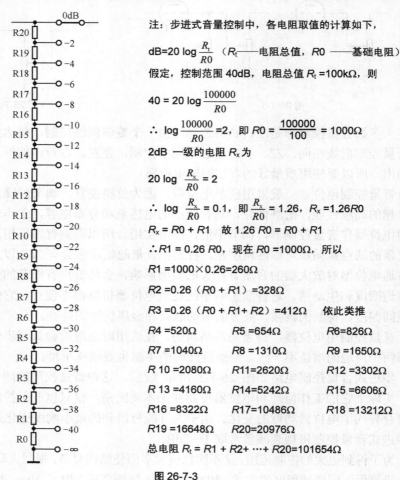

注：步进式音量控制中，各电阻取值的计算如下，

$dB = 20 \log \dfrac{R_t}{R0}$ （R_t——电阻总值，$R0$——基础电阻）

假定，控制范围 40dB，电阻总值 R_t =100kΩ，则

$$40 = 20 \log \dfrac{100000}{R0}$$

∴ $\log \dfrac{100000}{R0}$ = 2，即 $R0 = \dfrac{100000}{100}$ = 1000Ω

2dB 一级的电阻 R_x 为

$20 \log \dfrac{R_x}{R0}$ = 2

∴ $\log \dfrac{R_x}{R0}$ = 0.1，即 $\dfrac{R_x}{R0}$ = 1.26，R_x =1.26$R0$

$R_x = R0 + R1$ 故 1.26 $R0 = R0 + R1$

∴ $R1 = 0.26\ R0$，现在 $R0$ =1000Ω，所以

$R1 = 1000 \times 0.26 = 260Ω$

$R2 = 0.26\ (R0 + R1) = 328Ω$

$R3 = 0.26\ (R0 + R1 + R2) = 412Ω$ 依此类推

$R4$ =520Ω	$R5$ =654Ω	$R6$=826Ω
$R7$ =1040Ω	$R8$ =1310Ω	$R9$ =1650Ω
$R10$ =2080Ω	$R11$=2620Ω	$R12$ =3302Ω
$R13$ =4160Ω	$R14$=5242Ω	$R15$ =6606Ω
$R16$ =8322Ω	$R17$=10486Ω	$R18$ =13212Ω
$R19$ =16648Ω	$R20$=20976Ω	

总电阻 $R_t = R1 + R2 + \cdots + R20 = 101654Ω$

图 26-7-3

图 26-7-4

图 26-7-5 所示为一种简单的步进式音量控制电路，每挡衰减约 3dB，最大一挡衰减 30dB，特别适合自制，电阻可选用±1%误差的优质小型金属膜电阻。

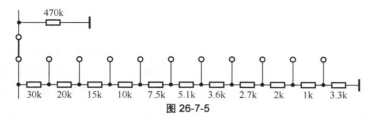

图 26-7-5

音响用优质电位器的品牌，有 ALPS（"阿尔派斯"，日本），Noble（"贵族"，日本），TKD（Tokyo Ko-0n "东京光音"，日本），DACT（丹麦），Elma（瑞士）等。

8．音响设备中的开关、接插件与连接线

声频设备工作时，需要把各单元进行连接，使各单元的信号通路顺畅，这就需要使用一些机电部件，如图 26-8-1 所示。

图 26-8-1

开关（switch）是电子设备中用以接通、断开和转接电路的机电部件，一般由触点"刀"、定触点"位"或"掷"、转动定位机构及装置部件等组成。

波段开关（band switch）是一种多刀多位的同轴开关，作换接高频低电流（<0.5A）电路用，有旋转式、拨动式及直键式。旋转式（rotary）开关由转轴带动具有动触点刀的绝缘基片旋转，达到使动触点与定触点接通、断开和换位目的，

可组装成不同的层数，常按位数和刀数组成不同规格，以旋转利落和接触簧片弹性好为宜。拨动式（slide）开关也称滑动开关，是靠使控制杆从一个位置滑动到另一个位置来实现开关作用。直键式（key）开关的工作是按推动方式进行，由若干挡的单键开关组成，这种开关可直接接入所需的某挡电路。

钮子开关（toggle switch）供电子设备中作瞬时通断电源或换接电路用，由一引长杆操纵开、闭的双位置快动开关，其触点及转换机构安装于绝缘壳内，触点可得到快速的接通和断开，能使用于数千赫兹到 1MHz 电路。波动开关（rocker switch）也称船形开关，是钮子开关的一种，其钮柄呈船形，由揿按钮柄作波浪形动作完成通断控制工作。

接插件（connector）也称插头座或连接器，它能为电子设备提供简便的插拔式电气连接。接插件一般包括插头、插口、接线柱、保险丝座和电子管管座等。插头（plug）也称塞子，一般指不固定的那一半，插口（jack）也称插孔，一般指固定的那一半。

电子管管座（tube socket）是供安装接插电子管之用，有胶板、胶木和陶瓷 3 种。陶瓷管座分布电容小，漏电仅是胶木管座的 1/10，有利于噪声减小。要注意金属套夹与管脚的接触良好而不过紧为好。

保险丝座（fuse block）供安装管型保险丝管用，上面装有保险丝夹或其他能支承保险丝的接点的绝缘底座。

二芯插头、插口常配套使用，供电子设备作耳机、话筒、声频信号等接换之用，接触点的紧密是关键。常用的有作信号连接的 RCA 插头、插口，也称唱机塞子（phono plug）、唱机塞孔（phono jack），这是有两条同轴形内通路的针形插头座，中间为热端，四周为冷端（接地），最初用来连接唱机和放大器的声频信号，现广泛应用于如射频等类型信号。所谓无磁插头是采用无磁镍制作外套，能有效屏蔽各种电磁干扰，使信号能在接口处免受污染。还有作话筒、耳机连接的电话塞子（phone plug）、听筒塞孔（插座，phone jack）是一种插入式连接器件，塞子与耳机、话筒以及其他声频设备配合使用。塞子与塞孔连接，由塞筒、塞尖和手把组成，手把中包括内通路、接线夹、绝缘物，塞孔是可以接纳两个或更多电路的插口，插口可以有短路的接点和（或）相互隔绝的接点，经相匹配的插塞可与外电路相连接。

接线柱（binding post）作低频电路或分路的连接端子之用，是具有螺栓和螺帽的端子，可用以完成临时的电气连接。作为扬声器的连接端子，以金属接触面积大的纯铜制大型接线柱为宜，接触面应保持清洁，不受尘埃、油脂污染。

接线架（terminal block）作元器件或电路的连接和分路之用，上面装有一个或多个用于连接的导体端子的绝缘片。

焊片（lug）也称接线片，用于焊接在导线末端，以便于固定在接线柱螺帽下的带孔或钩叉的连接金属片。

开关及接插件在保存及使用中会出现一些情况，如各导电金属表面在大气中会受到油污、灰尘等的污染，大气中的氧、二氧化硫及其他腐蚀性气体也会使金属表面产生化学反应，在触点表面形成特殊的金属层，使导电性能变差，发生微小信号劣化，甚至引起失真，为此开关和接插件接点处镀金是唯一可靠解决办法。

继电器（relay）是一种电磁器件，采用由电磁衔铁控制的机械式开关，电磁铁控制其接点的开与合，从而控制同一电路中的其他器件或其他电路的工作，实现控制和保护目的。继电器断开、闭合电路可分常闭（动断）、常开（动合）、转换（断合）等状态。继电器通常由 3 部分组成①线圈，②磁回路，③接点弹簧组。影响继电器寿命的主要因素有接点的污染和磨损、簧片断裂、线圈损坏及连接不牢固等。

音响设备中使用的连接导线是传输电能和信号的传输线，由导体、绝缘层、屏蔽层、护套等部分组成。有安装线和屏蔽线两种。

安装线（hook-up wire）是电子设备内部电气连接用的绝缘导线及设备各部件间的连接导线。安装线是单根绝缘导线，有单股硬安装线和多股软安装线，一般采用镀银（锡）铜线作导体，以改善焊接性能，外面的绝缘层除特殊要求外，常用彩色交联聚乙烯或聚氯乙烯—尼龙复合材料。屏蔽线（shielded hook-up wire）是外加屏蔽层的安装线，最常用的是铜线编织屏蔽，有些屏蔽线还有外护套。

单根硬安装线在震动和弯曲状况下易折断，限于在不要求柔软或短的引线以及要求稳固的接线情况下使用。多股软安装线具有良好的柔软性能，耐弯曲和震动，使用最广。屏蔽安装线只适于使用在低频范围。一般安装线不耐高温，在焊接时不能时间过长，剥线头，去除绝缘层以及缠绕作机械连接时，不能对导体造成任何机械损伤。选用时应注意其导体材质的优劣，如无氧铜。

长久以来，音响设备内部各部件的连接没有引起必要的重视，但音响系统中进行连接用的接插件应该与其他元器件一样受到重视，特别是连接线、开关或继电器的触点，应选择适当的线径、合理的分布、合适的型号，以免发生传输故障。

互相滑动的开关或继电器触点，如有较大电流流过，就有可能产生电火花，使触点表面腐蚀。所以最好选镀金的钯-镍合金触点，以保证性能及寿命。

为了防止开关、接插件金属表面的氧化及腐蚀，最好选表面镀金的产品。

9．常用分贝（dB）表

分贝（dB，decibel）是功率、电压或电流电平的实用单位。分贝在电子学中用来比较功率电平和电压（电流）电平，并用以表示传输的增益与损耗。它简化了数据处理，还能把很大的倍数缩小到一个易于记忆的小数字。

设备的整个增益是它各单独部分增益的总和，增益实际数用+dB，衰减用-dB。

电压或电流增益 dB：$N=20 \lg (V_2/V_1)$、$N=20 \lg (I_2/I_1)$，电压或电流比：$V_2/V_1 = \text{antilg} (N/20)$、$I_2/I_1 = \text{antilg} (N/20)$。

功率增益 dB：$N=10 \lg (P_2/P_1)$，功率比：$P_2/P_1 = \text{antilg} (N/10)$。

增益的分贝数就是对放大倍数取对数后再乘以 10（功率）或 20（电压、电流）。对数能把乘法运算简化为加法或减法运算，所以只要把放大器各级的增益 dB 数相加就可得到总增益的 dB 数。对电压、电流每增大 10 倍，相当于增加 20dB，对功率每增大 10 倍，相当于增加 10dB。例如，某放大器第 1 级增益 34dB（50.12 倍），第 2 级增益 34dB（50.12 倍），负反馈 20dB（0.1 倍），其总增益为 34dB+34dB–20dB=48dB，即 50.12×50.12×0.1=251.2 倍。

表 26-9-1 中列出了电压（或电流）增益或衰减的分贝与倍数的对照，超出表列数值时，可用 2 数相加与相乘求得，例如，增益 68dB=30dB+38dB，即 31.62×79.43=2511.57 倍。

表 26-9-1 $N = 20 \lg V_2/V_1$（电压 dB）

dB	增益	衰减	dB	增益	衰减	dB	增益	衰减	dB	增益	衰减
0.5	1.059	0.944	8.0	2.51	0.398	15.5	5.96	0.168	26	19.95	0.05012
1.0	1.122	0.891	8.5	2.66	0.376	16.0	6.31	0.158	27	23.39	0.04467
1.5	1.188	0.841	9.0	2.82	0.355	16.5	6.68	0.150	28	25.12	0.03981
2.0	1.259	0.794	9.5	2.98	0.335	17.0	7.08	0.141	29	28.18	0.03548
2.5	1.334	0.750	10.0	3.16	0.316	17.5	7.50	0.133	30	31.62	0.03162
3.0	1.413	0.708	10.5	3.35	0.298	18.0	7.94	0.126	31	35.48	0.02818
3.5	1.496	0.668	11.0	3.55	0.282	18.5	8.41	0.119	32	39.81	0.02512
4.0	1.585	0.631	11.5	3.76	0.266	19.0	8.91	0.112	33	44.67	0.02239
4.5	1.679	0.596	12.0	3.98	0.251	19.5	9.44	0.106	34	50.12	0.01995
5.0	1.778	0.562	12.5	4.22	0.237	20.0	10.00	0.100	35	56.23	0.01778
5.5	1.884	0.531	13.0	4.47	0.224	21	11.22	0.0891	36	63.10	0.01585
6.0	1.995	0.501	13.5	4.73	0.211	22	12.59	0.0794	37	70.80	0.01412
6.5	2.11	0.473	14.0	5.01	0.200	23	14.13	0.0708	38	79.43	0.01259
7.0	2.24	0.447	14.5	5.31	0.188	24	16.85	0.0631	39	89.13	0.01122
7.5	2.37	0.422	15.0	5.62	0.178	25	17.78	0.0562	40	100.00	0.01000

10．电子管特性的电压变换图

电子管特性手册不可能把电子管在所有电压下的参数完全列出。

当功率放大电子管采用不同于特性手册所列的屏极电压时，其特性参数的变化，可根据图 26-10-1 求得。原标称屏极电源电压 V_P 与实际屏极电源电压 $V_P{}'$ 之比，即电压变换系数 $F_V = V_P{}' / V_P$，根据 F_V 从图得出各参数的变换系数 F_P、F_i、F_r、F_{gm}，再乘以各参数的原标称值，即得实际值。当 F_V 在 0.7～1.5 之间时，该图准确程度很高。

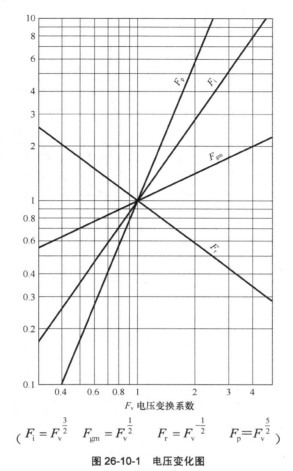

$$\left(F_{i} = F_{v}^{\frac{3}{2}} \quad F_{gm} = F_{v}^{\frac{1}{2}} \quad F_{r} = F_{v}^{-\frac{1}{2}} \quad F_{p} = F_{v}^{\frac{5}{2}} \right)$$

图 26-10-1　电压变化图

例如，某功率管 $V_P = 250V$，$V_{sg} = 250V$，$V_g = -15V$，$I_P = 30mA$，$I_{sg} = 6mA$，$R_L = 10k\Omega$，$P_o = 2.5W$，$g_m = 2mA/V$，$r_P = 0.13M\Omega$。

当 $V_P' = V_{sg}' = 200V$ 时，$F_V = 200/250 = 0.8$，则 $F_P = 0.57$，$F_i = 0.72$，$F_r = 1.06$，$F_{gm} = 0.89$，故 $V_g' = -12V$，$I_P' = 21.16mA$，$I_{sg}' = 4.3mA$，$R_L' = 10.6k\Omega$，$P_o' = 1.42W$，$g_m' = 1.78mA/V$，$r_P = 0.14M\Omega$。

11．典型电子管特性曲线

一些常用电子管的屏极特性曲线（V_P-I_P 特性曲线）见图 26-11-1 至图 26-11-30。有 2A3，6AK5/EF95，6AQ8/ECC85，6AU6/EF94，6BA6/EF93，6BQ5/EL84，6BX6/EF80，6CA7/EL34，6CG7，6DJ8/ECC88，6L6GC，6SN7GTB，12AT7/ECC81，12AU7/ECC82，12AX7/ECC83，12BH7A，807，300B，6080，6201/E81CC，6267/EF86，7027A，E182CC，E188CC，KT88，6 н 1 п /6N1，6 н 3 п /6N3，6 н 5 с /6N5P，6 н 6 п /6N6，6 н 8 с /6N8P。

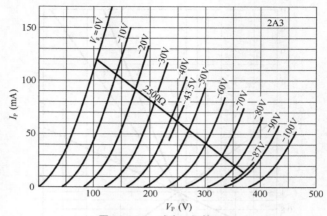

图 26-11-1　功率三极管 2A3

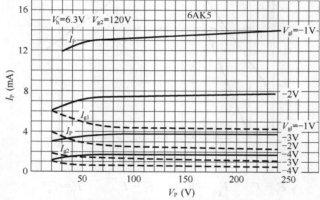

图 26-11-2　锐截止五极管 6AK5/EF95

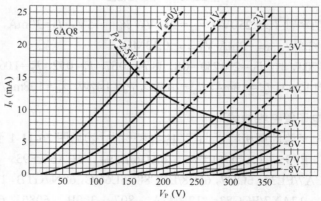

图 26-11-3　高频双三极管 6AQ8/ECC85

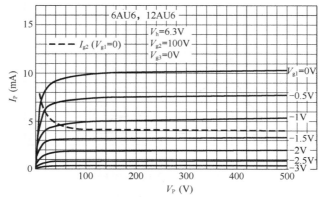

图 26-11-4 锐截止五极管 6AU6/EF94

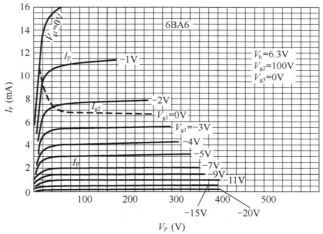

图 26-11-5 遥截止五极管 6BA6/EF93

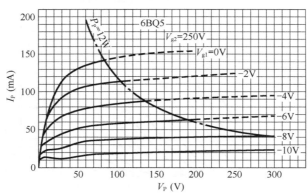

图 26-11-6 功率五极管 6BQ5/EL84

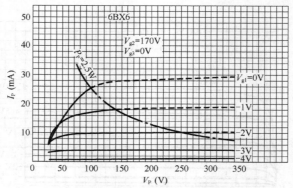

图 26-11-7　锐截止五极管 6BX6/EF80

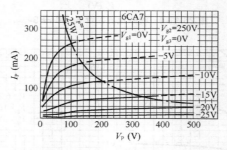

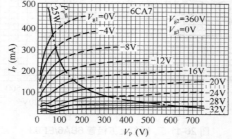

图 26-11-8　功率五极管 6CA7/EL34

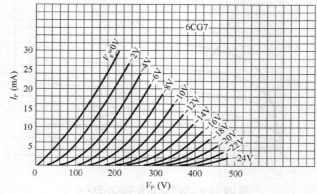

图 26-11-9　双三极管 6CG7

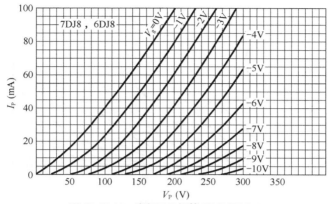

图 26-11-10　高频双三极管 6DJ8/ECC88

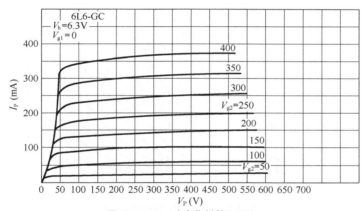

图 26-11-11　功率集射管 6L6GC

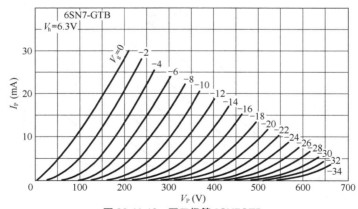

图 26-11-12　双三极管 6SN7GTB

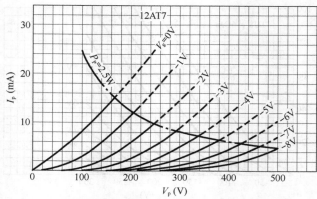

图 26-11-13　高频双三极管 12AT7/ECC81

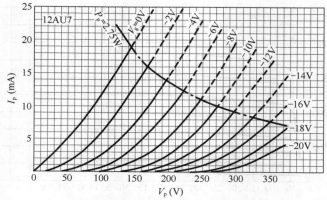

图 26-11-14　双三极管 12AU7/ECC82

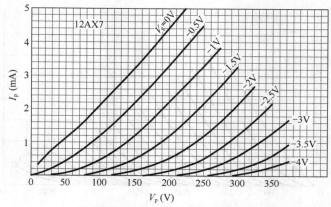

图 26-11-15　双三极管 12AX7/ECC83

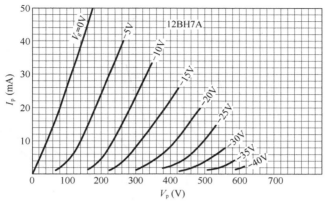

图 26-11-16　双三极管 12BH7A

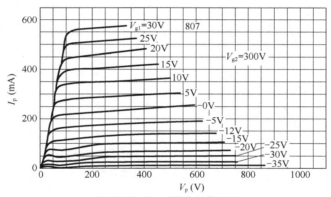

图 26-11-17　功率集射管 807

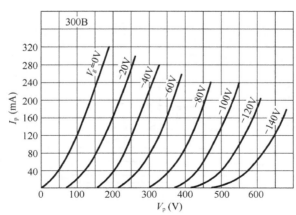

图 26-11-18　功率三极管 300B

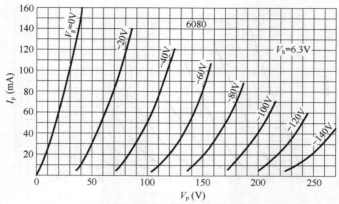

图 26-11-19　功率双三极管 6080

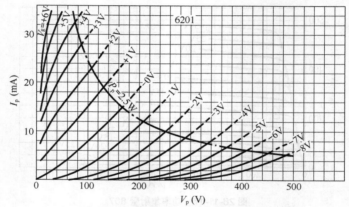

图 26-11-20　高频双三极管 6201/E81CC

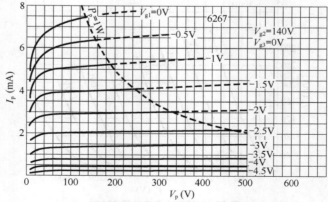

图 26-11-21　锐截止五极管 6267/EF86

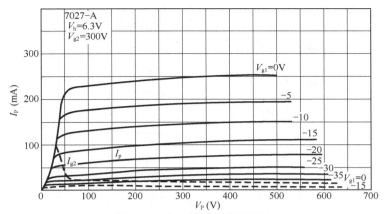

图 26-11-22　功率集射管 7027A

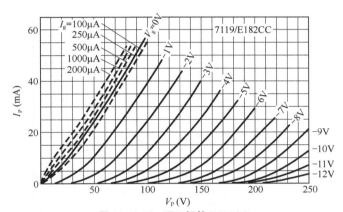

图 26-11-23　双三极管 E182CC

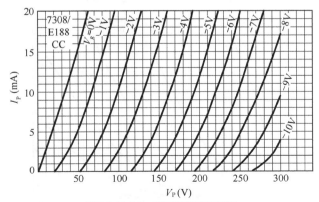

图 26-11-24　双三极管 E188CC

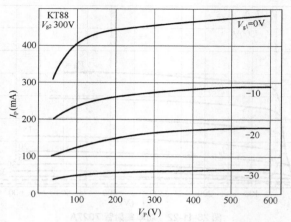

图 26-11-25　功率集射管 KT88

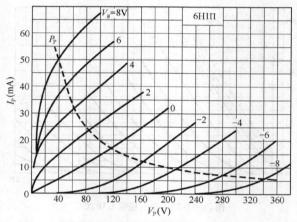

图 26-11-26　双三极管 6 н 1 п /6N1

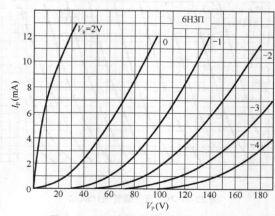

图 26-11-27　高频双三极管 6 н 3 п /6N3

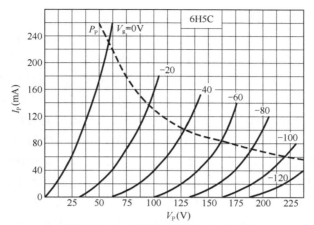

图 26-11-28　功率双三极管 6 н 5 с /6N5P

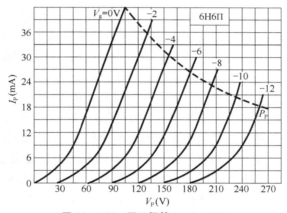

图 26-11-29　双三极管 6 н 6 п /6N6

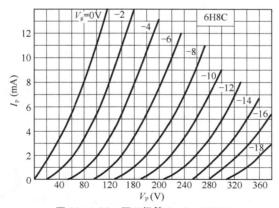

图 26-11-30　双三极管 6 н 8 с /6N8P

12．印制电路板设计要领

电子管放大器用印制电路板（PCB），最好选基板厚 1.5mm，加厚铜箔为 50μm，优先考虑双面印制板，以避免复杂的连线及跨线，并镀金，镀金能弥补印制电路铜箔通过声频信号时产生性能劣化的缺陷。印制电路板的精细设计和加工对高品质放大器的性能至关重要，印制电路板上元器件及连线的布局，必须加以周密考虑。

首先根据电原理图确定元器件特别是体积较大元器件的布局，从而决定电路板的实际尺寸。元器件的排列除均匀利用空间外，还应考虑散热、机械强度、电气性能以及整齐美观。元器件及电路的布局，一般可按电原理图中电路的顺序，以主要元器件的功能着眼做直线布置，以使各级的地电流不致流到其他级去。

元器件的焊点不要置于大面积的覆铜面上，以免焊接困难。双面印制板两面互连采取金属化孔，以避免跨线，并增强焊盘附着力，重新焊接时不易脱离，双面印制板的一面首选作为地的印刷面，可能范围内要加宽地线的宽度。输入地、退耦地、输出地、电源地都应汇集到一个星形接地点。连线布局要保持每根信号线与它的接地回路尽可能贴近，并要尽可能减小信号通路连线与电源线间的感应，电源线产生的电磁辐射影响必须考虑，故而要远离输入部分和输出连线。电子管灯丝要直接用双绞线连接。

滤波电容器有很大的充电电流，故其引线必须从整流管输出直接连接到电容器接线端，再由该接线端引出到放大器部分，如图 26-12-1 所示，否则输出直流电压会叠加上充电尖脉冲，使交流声增大。两个滤波电容器的任一接线端都不要作星形接点的连接，星形接点应在该两个电容器连线的分支点上，如图 26-12-2 所示，否则由于充电脉冲，将使放大器失真增大。退耦电容器要使用单独的接地线，不能与信号地共用，即此两接地线必须分别通向星形接地点，否则纹波和失真会添加到信号中去。要尽量减小输入电路和反馈电路的分布面积，并尽量减小它们为声频地所构成回路形成的面积。

图 26-12-1　滤波电容器的连接　　　图 26-12-2　星形接点

一般低功率、小信号的印刷连线的宽度为 1.5mm 左右，导线间最小间隔为0.8mm，导线或元件引线的焊接点，应成圆环形的焊盘，其半径为连线宽度的0.75～1.5 倍，通常取相同值。印刷连线应分布均匀，连线走线除直线外，转折处不要做直角转折，应是圆弧或 45°斜线，如图 26-12-3 所示，以减小分布电感。弯折出现尖角时，尖角处铜箔易剥落。

图 26-12-3　连线转折方式

普通印制电路印刷连线宽 1mm 时可承受 2.3A 电流，两连线间隔 0.6mm 时，可耐压 150V，间隔 1.3mm 时可耐压 300V。

　　声频用印制电路板上有大片面积没有铜箔，但不适宜铺铜箔来增加美观，以免造成分布耦合等不良结果，引起噪声干扰。大面积铜箔地，只适合高频电路采用。

　　电子管放大器的印制电路板实例见图 26-12-4，为前置放大器的双面印制电路板图，输入端周围用接地导线包围，是为了防止附近电源线产生漏电流对输入端的影响，并作屏蔽。

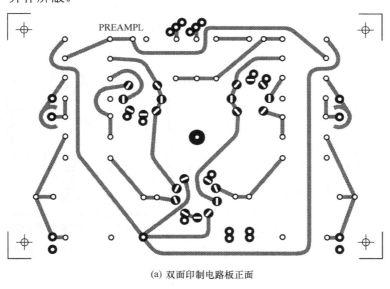

(a) 双面印制电路板正面

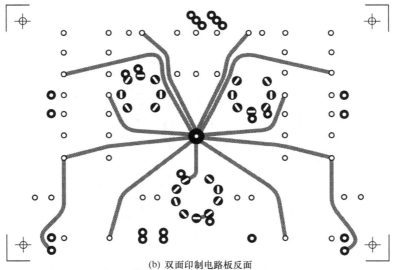

(b) 双面印制电路板反面

图 26-12-4　前置放大器印制电路板实例

13．电子管放大器中的特殊电路

（1）功率管偏置电路

功率电子管要正常工作，必须对控制栅极进行偏置。采用固定偏压时，由于需要专门的偏压电源，电路较复杂。采用自给偏压时，需要用很大功率的阴极电阻。图 26-13-1 是一种不需专门偏压电源取得栅极偏压的特殊方法，栅极偏压由稳压电路提供，偏压值取决于稳压管，稳压电路中 PNP 功率管的 V_{CE} 及 I_C，均不能超出额定值的 50%，它们对应的是功率管的偏压值 V_G 及阴极电流值 I_K。（摘自美国 1966 年 1 月份《无线电电子学》（Radio-Electronics）杂志）

（2）提高输出电压的电路

低内阻大功率三极管需要的激励电压高，但是一般激励放大级又难以取得较大输出电压，会引起激励电压不足。图 26-13-2 电路提供一种提高输出电压的方案，电路中长尾对倒相电路（–）电源连接五极管 6267 恒流电路，以恒流电路取代耦合电阻，不仅提高了倒相平衡性能，还由于直流压降小使倒相电路实际工作电压增

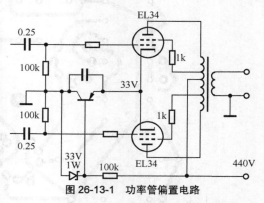

图 26-13-1　功率管偏置电路

高，提高了输出电压，并改善瞬时峰值处理能力，后面再加单独的激励放大级就能得到足够大的激励电压。

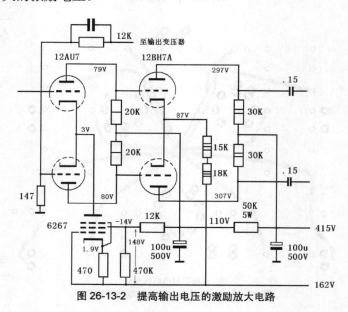

图 26-13-2　提高输出电压的激励放大电路

（3）超线性放大电路

超线性功率放大需要使用优质的带帘栅极抽头输出变压器。图 26-13-3 是一种只要使用普通输出变压器的超线性放大电路,帘栅极的反馈由电位器动臂提供,电位器动臂的位置决定电路工作状态。（摘自美国 1959 年 6 月份《无线电电子学》（Radio Electronics）杂志）

（4）直热式功率管冲击电流防止电路

屏极电流 I_P 较大的直热式功率管在高压电源没有延迟供给时,开机瞬间会产生很大的冲击电流,易导致电子管受损缩短寿命。图 26-13-4 是一种冲击电流防止电路,利用旁热式整流管阴极加热的 10 余秒时间,使开机后功率管的屏极电流 I_P 逐步增大。

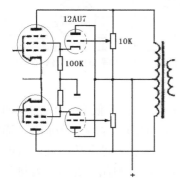

图 26-13-3 特殊的超线性放大电路

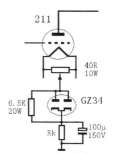

图 26-13-4 冲击电流防止电路

（5）直接耦合 2A3 功率放大电路

直接耦合由前级的输出与下级的输入直接连接构成,结构简单,低频相移小,瞬态特性也好。图 26-13-5 是一种直接耦合 2A3 功率放大电路,级间没有耦合电容器,电路中输出级的工作点由加高 2A3 栅极负偏压值到等于前级管屏极电压及 2A3 栅极偏压之和确立。

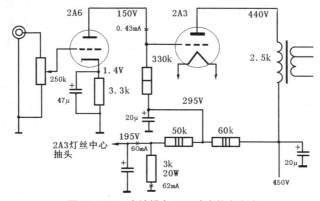

图 26-13-5 直接耦合 2A3 功率放大电路

（6）功率管帘栅极降压电路

功率放大管帘栅极电压的稳定对其不失真工作，至关重要，如若帘栅极电压不稳定不仅输出功率受制，还使失真增大。某些功率放大管，如 KT88、807 等在帘栅极电压低于屏极电压时，由于帘栅极电流在工作时变化很大，就不能采用简单的串联电阻降压。

图 26-13-6 所示功率管帘栅极供电方式，用三极功率管 6N5P（6080）作为降压元器件，对帘栅极能提供较稳定的供电。电路中 6N5P 栅极加以固定电位，达到稳压作用，阴极电位即为帘栅极电压，当帘栅极电流发生很大变化时，阴极电位仅变化数 V。为了不使阴极与热丝间绝缘击穿，应单独供给灯丝电压。调整栅极端分压电阻，可以改变阴极端输出电压——帘栅极电压。在此，降压电子管还有调声作用。

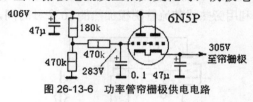

图 26-13-6　功率管帘栅极供电电路

（7）音调控制电路

音调控制能在足够宽的范围内调整高音（TREBLE）及低音（BASS）的频率响应（对中音 1kHz 频率而言），调整范围低频（100Hz）及高频（10kHz）通常为 ±10dB。音调控制的作用在于能在很大程度上补偿由于房间声学特性、音响系统频率特性、人耳对不同频率听觉的灵敏度等因素产生的缺陷，或者对声音进行润色加工，以适应个人的爱好。

音调控制如果使用不当，会使重放声的平衡受到破坏，这对于追求音质的爱好者来说是不能容忍的，所以随着音响的普及，认识的提高，现在音调控制已很少人采用。

音调控制的基本工作原理是利用电容器对不同频率声频信号产生不同容抗，当与电阻串联和并联组成频率分压器或频率负反馈网络时，就能获得高音或低音的提升或衰减作用。音调控制电路可分 RC 衰减型及反馈型，RC 衰减型控制范围较大，但对中音频（1kHz）有 ≥20dB 衰减，需增加一级放大作抵偿，反馈型对中音频的增益 ≈1。为使音调控制工作于最佳状态，电路的前级应是低阻抗驱动。

图 26-13-7 是巴克森道尔（Baxandall）电路，为英国的 P.J.巴克森道尔发表的利用频率负反馈工作的低失真音调控制电路，它有多种电路形式。电路中电位器动臂位于左端时，电路处于最大提升。高音控制使用带有中心抽头电位器，但一般不必受这种限制，工作仍然出色。放大电子管的开环增益应达 50，可使用高 μ 三极管或五极管，以降低闭环失真。该电路的特点是控制范围很宽，而且两只电位器都置于中间位置时，能得到平坦的响应曲线。控制时，高音频率响应曲线的形状几乎不变，而是沿频率轴平移，低音频率响应曲线虽非恒定不变，但其变化比大多数连续可调的电路要小。（摘自英国 1952 年 10 月份《无线电世界》（Wireless World）杂志）

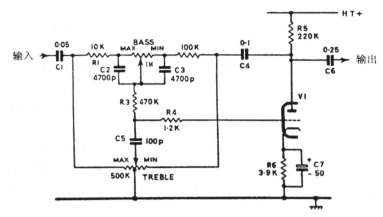

图 26-13-7 巴克森道尔音调控制电路

一种用于高质量声频放大器的反馈型音调控制电路见图 26-13-8，它的中频增益为 1，与使用电子管特性参数关系不大，但还是宜用高放大系数三极管或五极管，为保证电路性能，前级最好低阻抗输出。

（8）无变压器输出电路

输出变压器在很大程度上限制了电子管功率放大器的性能，鉴于优良输

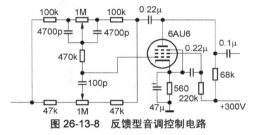

图 26-13-8 反馈型音调控制电路

出变压器很昂贵，故而 20 世纪一度曾为取消功率放大器的输出变压器而努力，并取得成果。例如 1951 年，弗莱彻和库克用 8 只 6AS7G 三极电子管并联连接成无输出变压器放大器。1952 年，飞利浦（PHILIPS）公司研制成功单端推挽 OTL 放大器，电路采用低屏极电压、低内阻电子管 EL86，及 200～800Ω 高阻抗扬声器。1954 年 6 月，美国 RCA NewYork 实验室 A．麦科夫斯基在 Audio Engineering（声频工程）杂志发表使用三只 6082 的 OTL 后级电路，输出 26W(16Ω)。

直接把扬声器接到放大器输出级电子管，有一系列问题须解决。如低阻抗的扬声器如何与放大器匹配，推挽放大两臂间的耦合，屏极电压与放大器负载的直流分隔，对称推挽放大电路输出端转换为非对称扬声器电路等。

采用单端推挽（SEPP）电路能很好解决从推挽输出向无变压器输出的过渡。电路中的两臂对交流而言为并联，故匹配所需负载阻抗较小，仅为一般推挽电路的 1/4 左右。为分隔负载上的直流电压，可接入一电容器。采用低内阻电子管和电压负反馈，能进一步降低放大器输出阻抗。当年曾生产过专为无变压器输出用的功率管 EL86 等，特点是工作电压较低。适于作无变压器输出放大的电子管有 6AS7G、6080，6336A 等低内阻、低电压、大电流双三极管，一些较

低工作电压、低内阻的功率管，如 6Y6G、6HB5、EL500、EL509、以及交直流两用收音机用功率放大管 25L6GT、35L6GT、50L6GT、35B5、35C5、50B5、50C5 等。

为简化电路，取消倒相管，如图 26-13-9 所示，电路中信号电压加在输出管 V_2，而加到输出管 V_1 的信号则取自 V_2 的屏极电阻，为减小 V_1 的失真，其阴极电阻不用旁路电容器。与有变压器的单端电路相比，简化的无变压器电路能在较小的非线性失真系数下，获得双倍的输出功率。

为了获得更大的输出功率，可采用 BTL 电路，如图 26-13-10 所示。BTL 电路是把两个功率放大器作平衡驱动的桥式（Bridged）连接电路，两个功率放大器的输出端之间接入扬声器，使效率提高获得更大输出功率。通常 BTL 电路的输出功率可达原功率放大器功率的 3 倍左右。

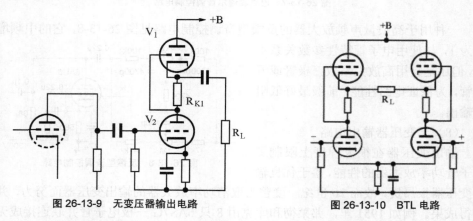

图 26-13-9　无变压器输出电路　　　　　图 26-13-10　BTL 电路

电子管无变压器输出电路在采用多极功率管时，帘栅极的供电显得有些复杂，图 26-13-11 是利用扼流圈供电的方案，图 26-13-12 是利用变压器的供电方案，图中箭头表示绕组的方向。

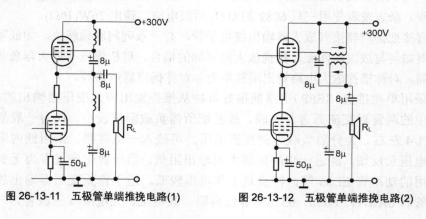

图 26-13-11　五极管单端推挽电路(1)　　　图 26-13-12　五极管单端推挽电路(2)

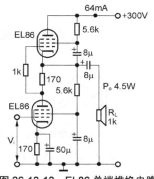

图 26-13-13　EL86 单端推挽电路

一种实用的无输出变压器单端推挽输出电路见图 26-13-13。该电路使用 EL86 五极功率电子管，电源电压 300V，输入 5.4Vrms 时，输出功率 4.5W，总谐波失真 9.3%。EL86 的等效管有 6CW5、6П18П 等。

几种低屏极电压功率管的特性见附表。

另一种无输出变压器单端推挽输出电路见图 26-13-14，采用平衡驱动的 OCL 电路。

型　号	25L6GT (50L6GT)		35L6GT	6Y6G
热丝 电压/电流	25V/0.3A	(50V/0.15A)	35V/0.15A	6.3V/1.25A
屏极 电压/电流	110V/49～50mA	200V/46～47mA	110V/40～41mA	135V/58～60mA
帘栅极 电压/电流	110V/4～10mA	125V/2.2～8.5mA	110V/3～7mA	135V/3.5～11.5mA
栅极电压	−7.5V	(R_K 180Ω)	−7.5V	−13.5V
屏极内阻	13 kΩ	28 kΩ	14 kΩ	9.3 kΩ
互　导	8000μA/V	8000μA/V	5800μA/V	7000μA/V
负载阻抗	2000Ω	4000Ω	2500Ω	2000Ω
输出功率	2.1 W	3.8 W	1.5 W	3.6 W
总谐波失真	10%	10%	10%	10%
最大屏极电压	200V		200V	200V
最大帘栅电压	125V		125V	135V
最大屏极耗散	10W		8.5W	12.5W
最大帘栅耗散	1.25W		1.0W	1.75W
最大阴极-热丝电压	150V		90V	180V

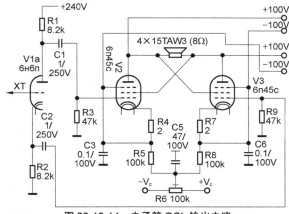

图 26-13-14　电子管 OCL 输出电路

（9）混合桥式整流电路

对于电源变压器只有一个高压绕组，需要全波整流时，可采用半导体二极管和全波整流电子管混合组成桥式整流电路，见图 26-13-15。

（10）差动放大电路

声频电路大多是单端形式，只有一个输出端，差动放大器（differential amplifier，也称差分放大器），则具有两个输入端，并且对两个输入信号之差进行

图 26-13-15　混合桥式整流电路

放大，有两个反相的输出端，这种电路也称长尾对（long-tailed pair）或阴极耦合放大电路。差动放大电路只对输入的两个电压或电流之差起作用，输出信号与两个输入信号之间的差值成正比，能有效地抑制相同的输入电压或电流，对共模（common-mode）信号完全抑制，只放大大小相等极性相反的差模信号。所以差动放大器利用它的平衡对称电路，可以达到抑制零点漂移的目的。

差动放大电路采用三极管共阴极基本电路，见图 26-13-16。这种电路的缺点是增益只有普通阴地电路的一半，欲使差动放大工作好，要选高 μ 电子管并匹配对称，选用大的 R_K，所以差动放大常用恒流源替代 R_K。

图 26-13-17 为差动直流放大电路，将 V2 栅极接地，V1 栅极输入信号，V1 屏极电阻忽略，V1 为阴极跟随器，V2 阴极输入信号，放大后由屏极输出，差动放大就可用于直流放大，电路增益 $G_V=\mu R_P/(R_P+rp)$。长尾对倒相电路也是差动放大的一种。

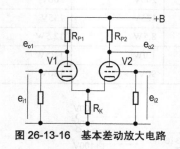

图 26-13-16　基本差动放大电路

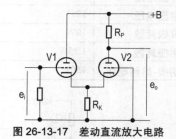

图 26-13-17　差动直流放大电路

14. 发射电子管在音响中的应用

在音响设备中，为了获得较大的单端输出功率，常使用一些耗散功率较大的发射用电子管作声频输出管，那些电子管原是作高频放大、振荡及调制之用，如 211、845 等三极管，由于工作电压高，所以都是直热式敷钍钨灯丝，但这些电子管所要的激励电压很高，而且允许的栅极回路直流电阻只有 5kΩ，所以设计难度较大，市场上成功的机型不多，大多在设计上都存在一些问题。

211、845 等电子管使用在声频放大时，由于允许栅极直流电阻值小，只宜用于变压器耦合，这时栅极回路的电阻即耦合变压器次级直流电阻，由于阻抗

低，工作就稳定。211 放大系数比 845 大，易激励，845 屏极内阻较小，阻尼好些，但因 845 所需激励电压远大于 211，设计激励电路难度更高。它们的具体参数见表 26-14-1。

典型的 211 单端输出电路见图 26-14-1，电路中的输入、输出变压器的频率特性好。输入变压器的变压比为 1:2（阻抗比 10k:40k）或 1:3，以激励电压不超过栅极负压为准。输入变压器次级在空载时，从初级视入的阻抗随着频率的不同而变化，所以应在次级并联一个 47～100kΩ 电阻作为负载，使从初级视入的阻抗为一定值，改善频率响应特性的平坦度。

表 26-14-1

型　号	屏极电压/电流	栅极电压	峰值激励电压	负载阻抗	输出功率	总谐波失真	屏极内阻	μ	工作状态
211	750V/34mA	−46V	41V	8800Ω	5.6W	5%	4400Ω	12	A_1 类单端
	1000V/53mA	−61V	56V	7600Ω	12W	5%	3800Ω		A_1 类单端
845	750V/95mA	−98V	93V	3400Ω	15W	5%	1700Ω	5	A_1 类单端
	1000V/90mA	−145V	140V	6000Ω	24W	5%	1700Ω	3	A_1 类单端

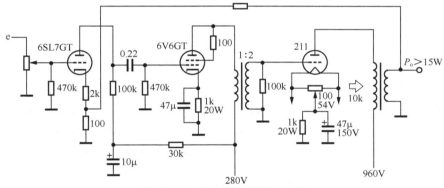

图 26-14-1　211 单端功率放大电路

211 的等效管有 VT4B（美国，军用），242C（美国，WE）、4242A（英国，STC），RS-237（德国，Tel.），835，4C21。845 的等效管有 VT43（美国，军用）。

发射电子管中，还有一些耗散功率大，放大系数也高的正栅极偏压的右特性直热式三极管，它们的截止偏压小，效率较高，也比较容易激励推动，如 805、833A、838 等，常用作大功率输出场合，805、838 的具体参数见表 26-14-2。但这些电子管虽然容易激励，但由于工作时栅极有电流流动，使输入阻抗急剧减小而变化大，将使耦合电路设计变得复杂而困难，其栅极回路的直流电阻最大只有 3kΩ，只宜用变压器或阻抗耦合。由于输入变压器初级有直流电流通过，使铁心易饱和，造成电感量下降，劣化特性，所以可以采用并联馈电方式。此外，B 类放大需要一定的输入激励功率，用低内阻功率管作激励管时，输入变压器可取较小的圈数比，并尽量减小其漏感。一种输入变压器的结构见图 26-14-2，次级线圈必须有很低直流电阻，通常可按 10W 单端输出设计。

表 26-14-2

型　号	灯丝电压/电流	屏极电压/电流	栅极电压	峰值激励电压(g-g)	负载阻抗(p-p)	激励功率	输出功率	总谐波失真	工作状态
805	10V/3.25A	1250V/148～400mA	0	235V	6700Ω	6.5W	300W	4%	B 类推挽
		1500V/84～400mA	−16V	280V	8200Ω	7W	370W	3%	B 类推挽
838	10V/3.25A	1000V/106～320mA	0	200V	6900Ω	7W	200W		B 类推挽
		1250V/148～320mA	0	200V	9000Ω	7.5W	260W		B 类推挽

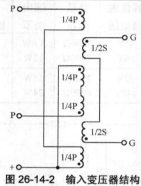

图 26-14-2　输入变压器结构

805 的等效管有 VT143（美国，军用）、FU5（中国）。

有栅流的放大器，要使栅极电路的直流电阻值尽可能小，其失真绝大部分是由激励级产生，无论设计如何适当，失真仍会相当大，必须引入负反馈。

典型的功率管 6V6GT 作激励的电路见图 26-14-3 及表 26-14-3。

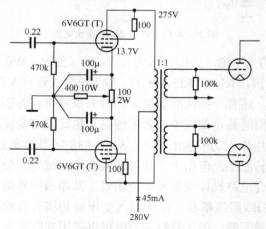

图 26-14-3　激励电路

表 26-14-3

输出电压(V_{rms})	60	70	100	150	200	250	300
THD(%)	0.095	0.115	0.16	0.21	0.28	0.37	1.5

其输入变压器圈数比 n =初级圈数/次级圈数 = 1～3。

发射用多极功率管，如 813、815、829B 等，使用在声频放大时，如果帘栅极耗散功率在额定值以内，帘栅极电压可以选得比高频放大时所用电压高，这样即使工作于 AB_1 类，也能得到较大输出。813、829B 的具体参数见表 26-14-4。

表 26-14-4

型　号	灯丝电压/电流	屏极电压/电流	帘栅极电压/电流	栅极电压	峰值激励电压(g-g)	负载阻抗(p-p)	输出功率
813	10V/5A	1500V/50～305mA	750V/2～45mA	−85V	160V	9300Ω	335W
		2000V/50～265mA	750V/2～43mA	−90V	160V	16000Ω	335W
		2250V/50～255mA	750V/2～53mA	−95V	170V	20000Ω	360W
829B	6.3V/2.25A 12.6V/1.125A	600V/40～110mA	200V/6～26mA	−18V	36V	13750Ω	44W

* AB_1 类推挽

813 的等效管有 VT144（美国，军用），4B13，5C/100A，QB2/250，FU13（中国）。829 的等效管有 VT259（美国，军用），3E21，ГУ29（苏联），FU29（中国）。

变压器输入功率放大的输入变压器，对 A 类放大应采用升压型，AB_2 类及 B 类推挽放大用降压型，例如，频率响应 5～40000Hz −1dB，圈数比 1+1:1+1，初级阻抗 5000Ω，次级最大输出电压 400V_{rms}(g-g)，初级电流 100mA。

各电子管实物图见图 26-14-4。

211 RCA 1943　　805 Amperex USA 1951　　833A RCA NOS　　833A GE NOS　　845 RCA 1970's and 1981

图 26-14-4

高效率大功率甚高频集射功率管 6146/A，是带屏帽 GT 管，可作射频功率放大、振荡（60～175MHz），或声频功率放大、调制。在音响电路中，适于作 50～

70W 的 AB$_1$ 类推挽功率放大，它的栅极电阻最大不能超过 100kΩ（固定偏压，AB$_1$ 类放大）。6146/A 的等效管有 2B46，QE05/40，FU46（中国）。6146/A 的类似管有 6883/B（除热丝 12.6V/0.625A 外，特性同 6146）。6146A AB$_1$ 类放大数据见表 26-14-5，接续图及实物见图 26-14-5。

表 26-14-5 6146A AB$_1$ 类放大数据

屏极电压	400V	500V	600V *
屏极电流	63～228mA	57～215mA	26～200mA
帘栅电压	190V	185V	180V
帘栅电流	2.5～25mA	2～25mA	1～23mA
栅极电压	−40V	−40V	−45V
激励电压	80V$_P$	80V$_P$	90V$_P$
负载阻抗 (p-p)	4000Ω	5500Ω	7000Ω
输出功率	55W	70W	82W

（两管值，*仅可间歇工作）

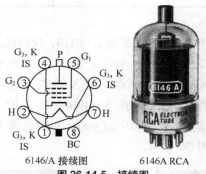

6146/A 接续图 6146A RCA

图 26-14-5 接续图

　　苏联制造的直筒瓶形直热式三极功率管 ΓM-70，在美国、日本等称 GM-70，有石墨屏和铜屏两种结构。该管原为射频设备中作低频功率放大用，在音响电路中适于作单端 A 类功率放大，额定输出功率 18W，最大输出功率可达 30W，特性与 845 近似，驱动电压稍低，可参考，该管 A 类单端放大数据见表 26-14-6，接续图见图 26-14-6。

表 26-14-6 ΓM-70 A 类单端放大数据

屏极电压	栅极电压	屏极电流	激励电压	屏极内阻	阴极电阻	负载阻抗	输出功率
862V	−80V	80mA	60Vrms	1169Ω	1kΩ	10kΩ	18W

15．行输出电子管在音响中的应用

电子管电视机中的行扫描输出管，为集射功率管结构，由于屏极内阻较低，耗散功率较大，适合作中等功率输出的声频功率放大之用，且因互导高而驱动电压低。但行扫描输出电子

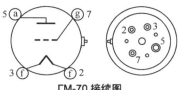

ГМ-70 接续图
图 26-14-6

管设计工作于 C 类脉冲状态，在作连续的声频功率放大时，必需注意屏极耗散功率不超标，为此就需降低电子管的帘栅极电压，而且要求工作时稳定，否则动态失真增大，不能采用普通串联电阻降压办法供电。栅极电阻宜在 470kΩ 以下。

常见的行扫描输出管有 6BQ6GTB、6CM5、EL36、6П31C、6BG6GA、6П13C（俄罗斯）、6P13P（中国）等，行扫描输出管用作声频输出功率放大的 3 种典型工作状态的实用数据见表 26-15-1，接续图见图 26-15-1。

表 26-15-1　　　　　　　行输出管声频功率放大数据

型　号	6BQ6GTB	6CM5 / EL36	6П13C (俄) / 6P13P (中)
屏极电压	270V *	300V	200V
帘栅电压	150V *	150V	150V
屏极电流	110～150mA	36～200mA	68mA
帘栅电流	3～8mA	1～38mA	8mA
阴极电阻	170Ω (共用) **	Vg －29V	140Ω
栅极驱动电　压	19V$_{rms}$	20V$_{rms}$	
负载阻抗	3kΩ (P-P)	3.5kΩ (P-P)	2.6kΩ
输出功率	20W	44.5W	5.6W
工作状态	AB$_1$ 推挽	B$_1$ 推挽	A$_1$ 单端

*　指屏-阴电压、帘栅-阴电压，供电电压为 300V

**　阴极电压 19.3V

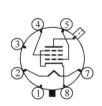
6BQ6GA 接续图

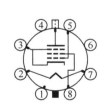
6BG6GA，6П13C（俄罗斯）6P13P（中国）接续图

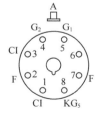
EL36 接续图

图 26-15-1　放大管接续图

16．视频输出电子管在音响中的应用

6AG7 为高互导五极功率金属管，6AG7 大多是金属管，GT 玻壳管电极外有

屏蔽罩，6AG7 等效管特性见表 26-16-1。6AG7 能高屏极电流电平工作，具有高互导和高功率灵敏度，原用于电视接收机中视频放大输出级或作阴极跟随器。由于互导高，在低的负载阻抗和输入电压时，仍能获得高输出电压。在音响电路中，可用作 A 类功率放大，要求帘栅极电压稳定，由于互导高要防止自激。6AG7 的等效管有 6AG7GT（日本，GT 管），6AK7，6Π9（俄罗斯，金属管），6P9P（中国，GT 管，部分带铝外壳）。

12BY7A 为小型 9 脚视频五极功率管，具有高互导、低极间电容和高功率灵敏度特点，原用于电视接收机中视频输出放大。12BY7A 等效管有 12BV7、EL180。12BY7A、12BV7 的特性见表 26-16-2。

6Π15Π 为前苏联生产的小型 9 脚高互导五极功率管，原用于电视接收机中视频宽带放大。在音响电路中，可用作 A 类功率放大，由于是小型管易过热，使用时要注意有良好通风，并注意帘栅供电的稳定。6Π15Π 的等效管有 6P15（中国）。6Π15Π 的类似管有 6CL6，EL180。6Π15Π、6P15、6CL6 特性见表 26-16-3。

视频输出电子管接续图见图 26-16-1。

表 26-16-1　　　　　　　　　6AG7 等效管特性

型　　　号	6AG7 *	6Π9（俄）	6P9P（中）
热丝电压	6.3V	6.3V	6.3V
热丝电流	0.65A	0.65A	0.65A
屏极电压	300V	300V	300V
屏极电流	30～30.5mA	30mA	30mA
帘栅电压	150V	150V	150V
帘栅电流	7～9mA	6.5mA	6.5mA
栅极电压	−3V	−3V	−3V
激励电压	3V（峰值）		
互　　导	11mA/V	10.5mA/V	11.7mA/V
屏极内阻	130kΩ	80kΩ	
负载阻抗	10kΩ		
输出功率	3W	≥2.4W	≥2.4W
总谐波失真	7%		
最大屏极电压	300V	330V	330V
最大帘栅电压	300V	330V	330V
最大屏极耗散功率	9W	9W	9W
最大帘栅耗散功率	1.5W	1.5W	1.5W
最大栅极电阻（F/C）	0.25MΩ/1MΩ	0.5MΩ/0.75MΩ	

* A₁ 类放大

表 26-16-2　　　　　　　　12BY7A、12BV7 特性

型　　号	12BY7A	12BV7
热丝电压	12.6V / 6.3V	12.6V / 6.3V
热丝电流	0.3A / 0.6A	0.3A / 0.6A
屏极电压	250V	250V
屏极电流	26mA	27mA
帘栅电压	180V	150V
帘栅电流	5.75mA	6mA
阴极电阻	100Ω	68Ω
互　　导	11mA/V	13mA/V
屏极内阻	93kΩ	80kΩ
g_1-g_2放大系数	28.5	28
最大屏极电压	330V	300V
最大帘栅电压	190V	175V
最大屏极耗散	6.5W	6.25W
最大帘栅耗散	1.2W	1W
最大阴极电流		
最大阴极-热丝电压	200V	200V
最大栅极电阻(F/C)	0.25MΩ / 1MΩ	0.25MΩ / 1MΩ

表 26-16-3　　　6П15П（俄）/6P15（中），6CL6 特性

型号	6П15П(俄)	6P15(中)	6CL6 *
热丝电压	6.3V	6.3V	6.3V
热丝电流	0.76A	0.76A	0.65A
屏极电压	300V	300V	250V
屏极电流	30mA	30mA	30~31mA
帘栅电压	150V	150V	150V
帘栅电流	6.5mA	6.5mA	7~7.2mA
阴极电阻	75Ω	75Ω	−3V
互　　导	14.7mA/V	≥12mA/V	11mA/V
屏极内阻	100kΩ	100kΩ	150kΩ
负载阻抗			7.5kΩ
输出功率			2.8W
总谐波失真			8%
最大屏极电压	330V	330V	300V
最大帘栅电压	330V	330V	300V
最大屏极耗散	12W	12W	7.5W

续表

最大帘栅耗散	1.5W	1.5W	1.7W
最大阴极电流	90mA	90mA	50mA
最大阴极-热丝电压	100V	100V	90V
最大栅极电阻 （F/C）	0.3MΩ / 1MΩ	1MΩ	0.1MΩ / 0.5 MΩ

* A₁类放大

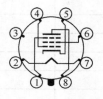

6AG7 接续图

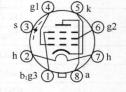

6П9（俄罗斯），6P9P（中国）接续图

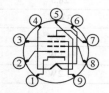

12BY7A，12BV7 接续图

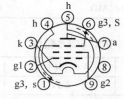

6П15П（俄）/6P15（中）接续图

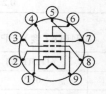

6CL6 接续图

图 26-16-1

17. 参考电路

下面是从外刊中选出的一些较有特点的电路，供参考。

（1）807 仿威廉逊电路 10W

仿威廉逊放大器电路，采用美编号电子管 6SN7GT 及 807。电路中，放大部分 V₁(6SN7GT)前级放大兼直接耦合剖相式倒相，V₂(6SN7GT)驱动放大，V₃、V₄(807)三极接法功率放大。电源部分 5U4G 全波整流，电容电感双 π 滤波。J₁、J₂ 是屏极电流测量端口。P₁ 是平衡调整电位器，807 仿威廉逊放大电路及电源电路见图 26-17-1 和图 26-17-2。

（2）6П41C 推挽电路 20W

电路中放大部分双三极管 6H24П 为变形的差动放大，其正、反相的输出分别直接耦合至双三极管 6H23П 作驱动放大，末级输出由功率管 6П41C 作推挽输出，屏极电流为 70～90mA，输出变压器初级阻抗 6000Ω（屏至屏），VL5 与 VL3 及 VL6 与 VL4 屏极间的 R10、R14 提供 VL5、VL6 本级。负反馈，VT，（BD169）作 VL₁ 及 VL₂ 恒流源长尾。见图 26-17-3。

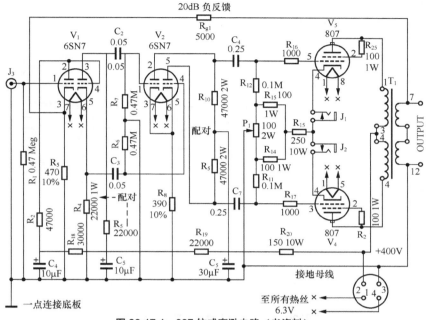

图 26-17-1　807 仿威廉逊电路（老资料）

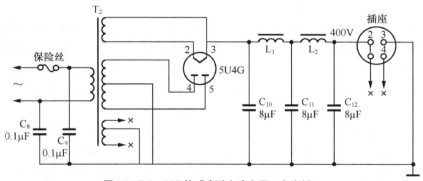

图 26-17-2　807 仿威廉逊电路电源（老资料）

电源部分半导体二极管 VD1 半波整流，集成电路 LM7905 稳压，提供 4 组 5V 电源，半导体二极管 VD2～VD5（UF5407）拆式整流，变压器高压绕组中心抽头提供半电压输出，场效应功率管 VT1、VT2 及 VT3、VT4（IRF840）分别作电子滤波，提供 2 组 310V 电源及 2 组 130V 电源，半导体二极管 VD6～VD9 及 VD10～VD13（UF4007）用以保护 VT1～VT4。见图 26-17-4。

6H23Π 等效于 ECC88，6DJ8。6Π41C 是行扫描输出管。

（6H24Π：热丝电压/电流 6.3V/0.34A，屏极电压/电流 90V/15mA，栅极电压−1.2V，互导 12mA/V，特性近似 ECC88 但管脚接续不同，框架栅小型九脚双三极管。）

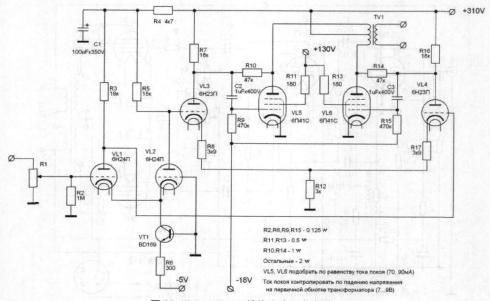

图 26-17-3　6Π41C 推挽电路（老资料）

（3）T-8 功率放大器　80W

美国卓越音响的 T-8 功率放大器（专利号 U.S. Pat. No. 5604461）是典型的电子管 OTL 输出放大电路，每声道用 4 只 EL-509 电子管（早期用 6C33C-B）。电路中 V1 前级放大，V2 长尾对倒相，V3、V5 阴极输出驱动，V4～7、V8～110TL 输出。电路特性：输出功率 80W(8Ω)/50W(4Ω)，输出阻抗 0.4 Ω，总谐波失真 < 0.5%，增益 20 dB，频响 5 Hz～50 kHz。

输出级电源由带中心抽头的桥式整流提供正负高压，驱动级和负偏压电源由倍压整流提供。热丝全部直流供电，T-8 功率放大器电路见图 26-17-5。

元器件数据：R1:10Ω；R2:100kΩ；R3:698kΩ；R4:220kΩ；R5:3kΩ；R6:100Ω；R7:1MΩ；R8:33kΩ，2W；R9:39kΩ，2W；R10:15kΩ，3W；R11、R12:2kΩ；R13、R14:300kΩ；R15:2.7kΩ，5W；R16:10kΩ，2W；R17～R20:33kΩ，2W；R21、R22:1kΩ；R23～R26:100Ω，5W；R27～R30:100kΩ；R31～R34:2Ω，5W；R35:30kΩ；R36～R39:100Ω，5W；R40:7.5Ω，2W；R41～R44:100kΩ；R45～R48:2Ω，5W；R49:30kΩ；C1:22μF，450V；C2:100μF，25V；C3:0.1μF，630V；C4:1500pF，500V；C5、C6:47μF，350V；C7、C8:1μF，630V，薄膜型；C9、C10:22μF，350V；C11:0.1μF，630V；

V1:12AX7A，电子管；V2、V3:12AU7A，电子管；V4～V11:EL509/6KG6，电子管；Z1～Z3:150V，5W 稳压管。

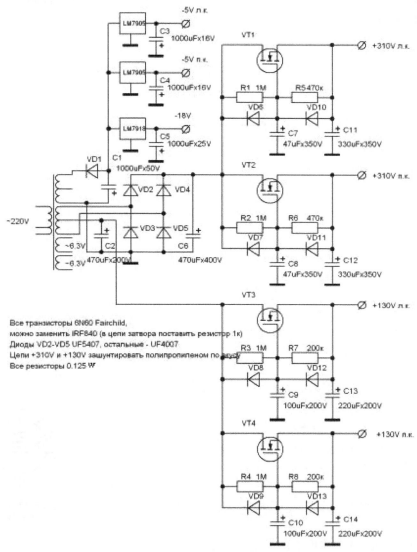

图 26-17-4　6П41C 推挽电路电源（老资料）

该机曾在 1998 年获得发烧天书《The Absolute Sound》金耳朵大奖，还被《Stereophile》杂志列入 1998 年、1999 年放大器 A 级龙虎榜。

（摘自《实用声频》（AUDIO REALITY））

（EL509：热丝电压/电流 6.3V/2A，最大屏极电压 900V，最大帘栅电压 300V，最大屏极耗散 35W，最大帘栅耗散 7W，屏极电压 500V，帘栅电压 280V，栅极电压−82V，互导 18mA/V，屏极内阻 8000Ω，负载阻抗 1650Ω，输出功率 14W，带屏帽 NOVAR 九脚小型高性能集射功率管，EL509 管脚接续图见图 26-17-6。）

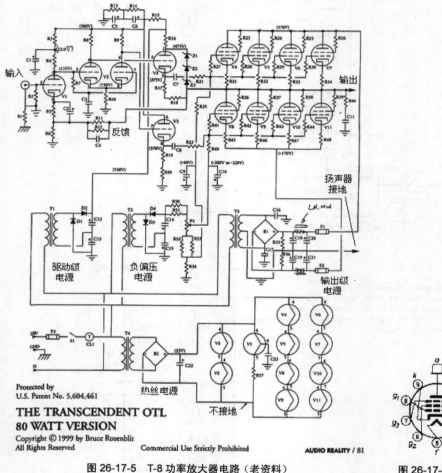

图 26-17-5　T-8 功率放大器电路（老资料）

图 26-17-6　EL509
管脚接续

（4）Mullard EL84 推挽放大电路 10W

这是英国 Mullard 电子管公司的推荐电路，如图 26-17-7 所示。电路中五极管 EF86 三极接法作前级放大，直接耦合至双三极管 ECC83 作长尾对倒相，五极功率管 EL84 输出放大，可以作超线性接法或标准接法两种工作模式。不同扬声器阻抗的负反馈阻容数据见右上角表示。

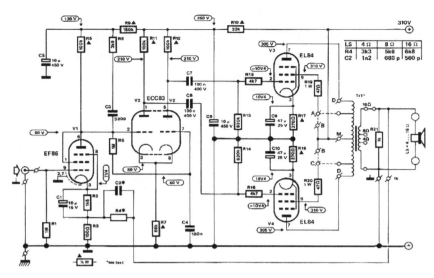

图 26-17-7　Mullard EL84 推挽放大电路（老资料）

（5）EL84 推挽放大电路 10W

图 26-17-8 所示电路中，输入放大由运算放大器 A1 (TL072) 担任，同时运算放大器 A2 (TL072) 作反相放大，分别以晶体管 Tr1、Tr2 (2SC7547E) 作驱动放大，输入电子管 V1、V2 (EL84) 作推挽功率放大。

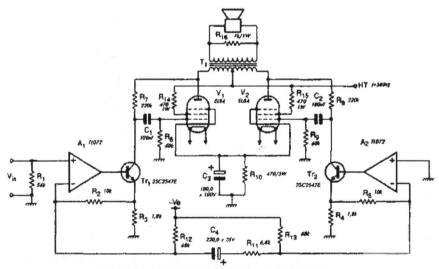

图 26-17-8　俄罗斯 EL84 推挽放大电路（老资料）

（6）ALTEC 1570B 功率放大器 100W

ALTEC "阿尔泰"是美国西电公司的分部，后来生产扬声器。

ALTEC 1570B 功率放大器电路中，电子管 12AX7 作前级放大及直接耦合剖相式倒相，电子管 6SN7GTB 作驱动放大，集射功率管 6W6GT 三极接法作阻抗负载阴极输出，驱动末级直热三极管 811A 作大功率放大，输出功率 100W，电路图见图 26-17-9，6W6GT 管脚接续图见图 26-17-10。

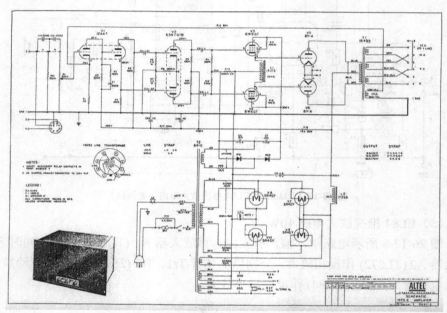

图 26-17-9　ALTEC 1570B 功率放大器电路（老资料）

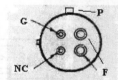

6W6GT 管脚接续　　　　　　811A 管脚接续

图 26-17-10

（7）McIntosh MC275 合并放大器 75W

McIntosh "麦景图" 是美国著名放大器品牌，公司成立于 1949 年。现为日本 D&M 控股公司的品牌。

McIntosh MC275 立体声合并放大器，是该公司 1962 年推出的经典，采用整体耦合电路（Unity Coupled Circuit）、双 C 型铁心三线并绕输出变压器的设计更是达到巅峰之作，最大输出可达 90W。电路中 12AX7 前级放大，12AU7 长尾对倒相，12BH7 驱动放大，KT88 输出功率放大，采用变形单端推挽电路，帘栅极连至另一臂电子管的屏极，阴极接输出变压器反馈绕组，输出级采用多重负反馈，环路负反馈由输出变压器单独绕组提供。高压电源采用桥式整流。电路图见图 26-17-11，实物图见图 26-17-12。

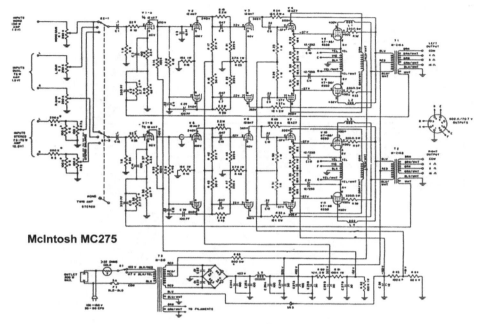

McIntosh MC275

图 26-17-11　McIntosh MC275 合并放大器电路（老资料）

图 26-17-12　McIntosh MC275

（8）WE 91A 功率放大器 10W

WE "西电" 制造的功率放大器，是美黑白电影时代，单声道时代，高级专业音响设备的典范。1929～1935 年专用于剧院的放大器有 Model 42A（二只 211E 或 205D 电子管）、95036G（二只 300A）。1936～1946 年 Reveiver W.E. 549 问世，与 W.E 555 并肩服役。同时 W.E.发展出更坚固耐用的高性能放大器，Model 91（一只 300A）及 Model 86（二只 300A）。1946 年开始生产 W.E. 288。

WE 91A 功率放大器是 WE 的经典之作，如图 26-17-13 所示，电路采用变压器输入，五极管 310A 两级电压放大，直热功率三极管 300A 功率输出放大，全波整流管 274A 整流。输入端变压器用以与光电管匹配。

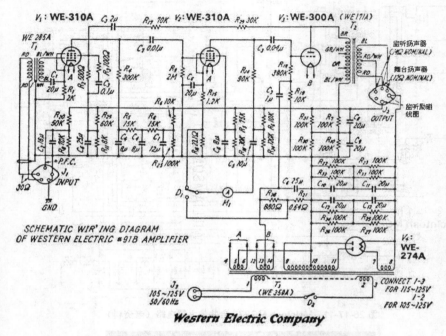

图 26-17-13　WE 91A 功率放大器电路（老资料）

WE 91A 是 20 世纪 30 年代为有声电影剧院开发的放大器，频率响应高端仅10kHz，并不适合用作高质量的音乐重放使用，实物图见图 26-17-14。

西电 91A 和 91B 的电路结构是相同的，两者的主要差别是电源供给规格，91A 仅适用于 60Hz，91B 能适用 60Hz 或 50Hz 的市电，但 91B 的电源功率比 91A 大 45W。

（9）Quad II 合并放大器 15W

这是英国声学制造有限公司推出的功率放大器，电路构思巧妙，配线精巧。电路采用 KT66 推挽结构，注重可靠性和稳定性。

图 26-17-14　WE 91A

如图 26-17-15 所示。电路中五极管 EF86 作前级放大，兼作倒相，两帘栅极间0.1μF 作旁路，共用阴极电阻有助于倒相平衡，集射管 KT66 阴极接输出变压器独立绕组，阴极线圈负反馈作用对于输入回路为串联运作，对输出回路则为并联运作，故输出电子管的内阻减小而输入阻抗增大。全波整流管 GZ32 担任整流。

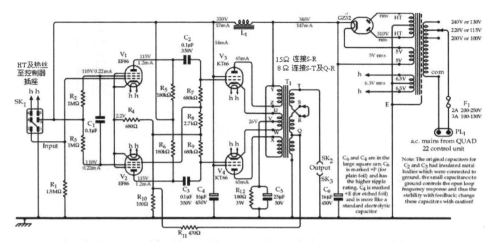

图 26-17-15　Quad Ⅱ 合并放大器电路（老资料）

Quad Ⅱ 输出变压器铁心采用单向镶片方式，即使输出功率管屏极电流不平衡，直流磁化产生的影响也较小，使该机具有软失真特性。

Quad Ⅱ 当时除用作 BBC 和加拿大等英系广播局的监听放大器外，许多研究机关及音响厂商还把它作为参考放大器。Quad Ⅱ 性能指标：额定正弦波输出功率 15W，总谐波失真 0.1%（12W 时），频率响应 20～20000Hz ± 0.2dB、10～50000Hz ± 0.5dB，输入灵敏度 $1.4V_{rms}$。

该机同时推出的配套前置放大器，电源可从本机获取，实物图见图 26-17-16。

图 26-17-16　Quad Ⅱ

（10）3C33 推挽放大电路 10W

如图 26-17-17 所示，电路中五极管 717A 作三极接法前级放大，双三极管 14AF7 长尾对倒相，双三极功率管 3C33 推挽输出，加有包括输出变压器在内的 12dB 大环路负反馈。全波整流管 5U4GB 担任整流。

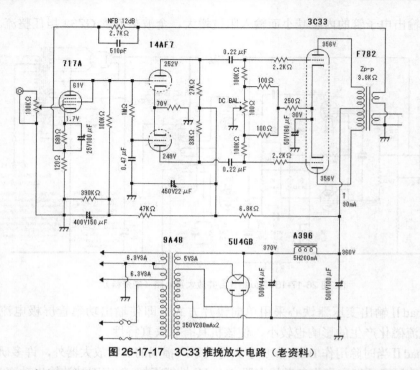

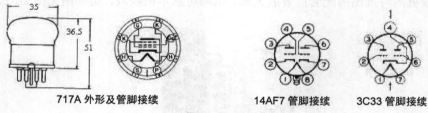

图 26-17-17 3C33 推挽放大电路（老资料）

717A 高频五极管，g_m=4000μA/V。14AF7 中放大系数双三极管，μ=16。3C33 双三极功率管，热丝 12.6V/1.125A，I_{Pm}=120mA，P_{Pm}=15W。717A、14AF7 和 KIAE7.3C33 接续图见图 26-17-18。

717A 外形及管脚接续　　14AF7 管脚接续　　3C33 管脚接续

图 26-17-18

（11）845 单端放大电路 22W

如图 26-17-19 所示，电路中五极管 5693 作前级放大，直热三极功率管 300B 作驱动放大，倒相由输入变压器担任，末级功率放大由直热三极功率管 845 完成，输出变压器次级与前级管阴极间提供环路负反馈。半导体二极管 1N5408 桥式整流提供前级 340V 高压电源，全波整流管 5AR4 全波整流及半导体二极管 1S2711×2 全波整流叠加提供末级高压电源，以 400V 较低交流电压提供 960V 直流高压电源，整流桥 D15×B60 通过稳压集成电路 LM317 提供 300B 灯丝电源，整流桥 D25×B60 通过 π 形滤波电路提供 845 灯丝电源。

（摘自 Valves'World，2004.12.10）

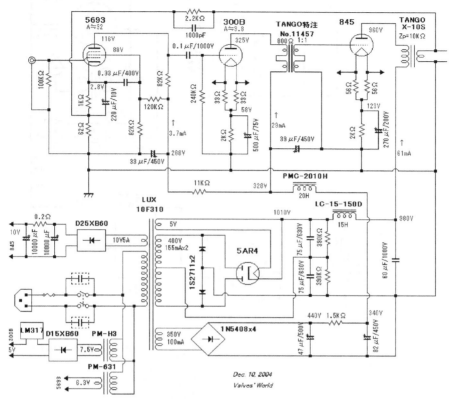

图 26-17-19　845 单端放大电路（资料）

（12）6V6 直耦阴极输出电路 4.5W

如图 26-17-20 所示，电路中五极管 6SJ7 作前级放大，直接耦合驱动集射功率管 6V6 作阴极输出，R3、R5、R6、R7 组成的分压电路提供 6V6 栅偏压及 6SJ7 屏极电压和帘栅极电压。全波整流管 5Y3 担任整流。

R1—250kΩ，电位器；

R2—560Ω，1/2W；

R3—1kΩ，10W，线绕；

R4、R6—100kΩ，1/2W；

R5—355Ω，10W，线绕；

R7—24kΩ，1/2W；

C1、C2—20/20μF，450V，电解；

T1—输出变压器 6 kΩ，

　　（初级直流电阻 250 Ω）；

T2—电源变压器 350V-0-350V/60mA，

　　6.3V/4.5A，5V/3A；

CH1—12H，60mA；

J1、J2—开路插座；

PL1—6.3V 指示灯；

S1—S.p.s.t.开关；

V1—6SJ7 电子管；

V2—6V6 电子管；

V3—5Y3 电子管。

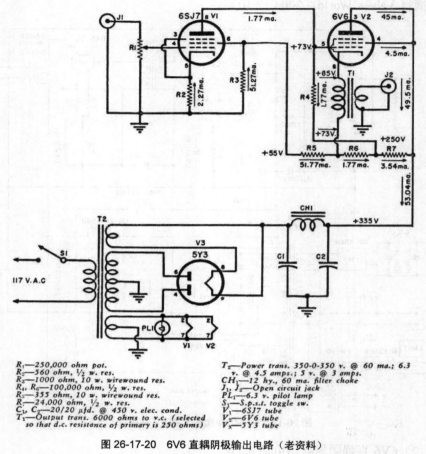

R_1—250,000 ohm pot.
R_2—560 ohm, 1/2 w. res.
R_3—1000 ohm, 10 w. wirewound res.
R_4, R_6—100,000 ohm, 1/2 w. res.
R_5—355 ohm, 10 w. wirewound res.
R_7—24,000 ohm, 1/2 w. res.
C_1, C_2—20/20 μfd. @ 450 v. elec. cond.
T_1—Output trans. 6000 ohms to v.c. (selected so that d.c. resistance of primary is 250 ohms)

T_2—Power trans. 350-0-350 v. @ 60 ma.; 6.3 v. @ 4.5 amps.; 5 v. @ 3 amps.
CH_1—12 hy., 60 ma. filter choke
J_1, J_2—Open circuit jack
PL_1—6.3 v. pilot lamp
S_1—S.p.s.t. toggle sw.
V_1—6SJ7 tube
V_2—6V6 tube
V_x—5Y3 tube

图 26-17-20　6V6 直耦阴极输出电路（老资料）

（13）KT120 超线性放大电路 200W

如图 26-17-21 所示，电路中 SRPP 前级放大由高放大系数双三极管 ECC83 担任，长尾对倒相由双三极管 ECC81 担任，帘栅反馈集射管功率放大由集射功率管 KT120 担任，场效应管 BUZ50A 和 19V×5 稳压管组提供末级栅偏压电路。

（14）并联输出推挽放大电路 15～18W

如图 26-17-22 所示，电路中双三极管 6SN7GT 作前级放大兼直接耦合剖相倒相，两只五极管 6SJ7 作驱动放大，两只集射管 6L6 作自给偏压并联推挽功率放大，输出变压器输出，输出级下管偏压用 R1、R2 并联取得，输出级上管偏压由 R2 100kΩ 电位器调整。

（15）线路放大电路

这是一个非常典型的线路放大器电路，如图 26-17-23 所示。电路中三极接法的 6Ж3П 作前级放大，½6H1П 作直接耦合阴极输出，前级放大级同时加有电流负反馈及电压负反馈，无旁路电容器的 1kΩ 阴极电阻提供电流负反馈，环路并联负反馈由 1MΩ 电阻和 47kΩ 电阻组成，输出耦合电容器取 2.2μF 是考虑使用输入阻抗较低的晶体管后级放大器，为了提高信噪比高压电源最好稳压供给，热丝直流供电。经实验三极接法前级管 6Ж3П 屏极电流 1.5mA 时有最佳声音表现，输出管 6H1П 工作电流 7mA。（实验电路）

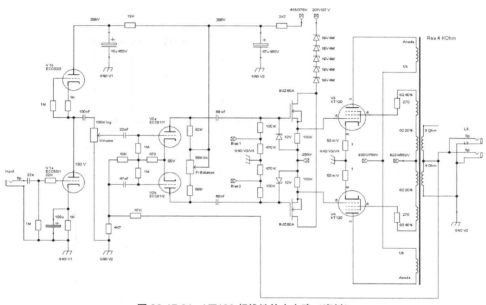

图 26-17-21　KT120 超线性放大电路（资料）

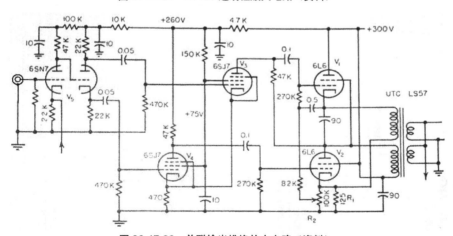

图 26-17-22　并联输出推挽放大电路（资料）

（16）6DJ8 带唱头放大的前级电路

如图 26-17-24 所示，电路中两只双三极管 6DJ8 分别担任 RC 衰减式频率补偿

MM 唱头放大及屏极耦合 SRPP 线路放大，MC 唱头通过升压变压器输入，电子管热丝直流供电。MC 唱头切换由继电器 Ry-1、Ry-2 担任，唱头选择由三刀三位开关 HM-3 担任（MM，高阻 MC 及低阻 MC）。

（摘自 Valves'World，2011.4.27）

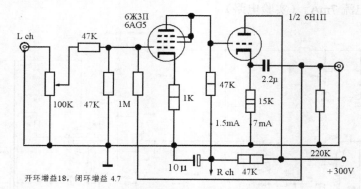

图 26-17-23　线路放大电路（资料）

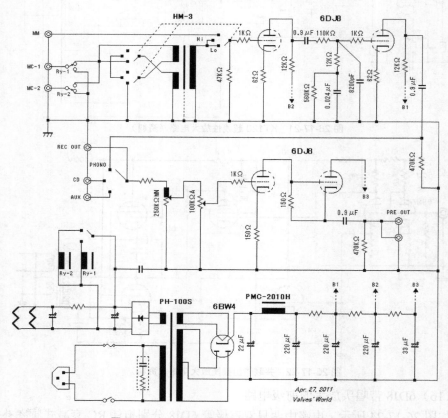

图 26-17-24　6DJ8 带唱头放大的前级电路（资料）

（17）低噪声平衡话筒放大电路

如图 26-17-25 所示，电路中两只高放大系数双三极管 ECC83 组成低噪声平衡输入话筒放大器，由差分放大及阴极输出组成，差分放大阴极以可调稳压集成电路 LM334 构成恒流源提高性能。

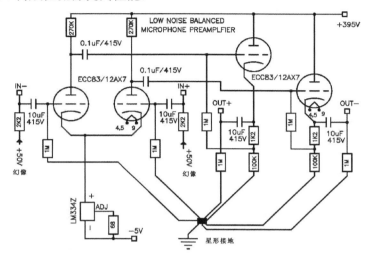

图 26-17-25 平衡话筒放大电路（资料）

（18）EF86 RIAA 放大电路

MM 唱头放大器，电路中低噪声五极管 EF86 前级放大，半只双三极管 12AX7LPS 第二放大，输出端与前级管阴极间引入 RIAA 反馈网络（R11、C8、R12、C10），补偿录音频率特性，另一半 12AX7LPS 作阴极输出，电路图见图 26-17-26。

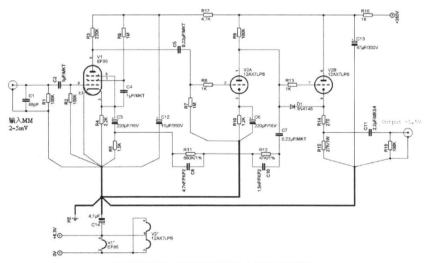

图 26-17-26 EF86 RIAA 放大电路（资料）

285

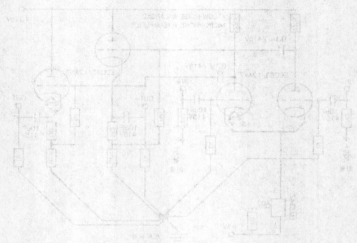